U0160725

生命密码 ③ 瘟疫传

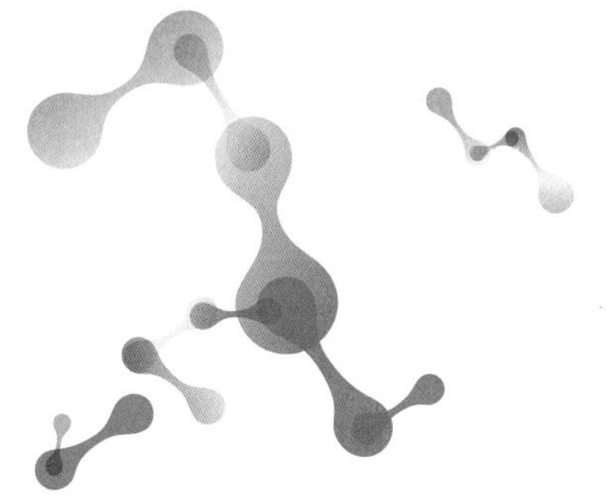

尹烨 著

中信出版集团 | 北京

图书在版编目（CIP）数据

生命密码 . 3, 瘟疫传 / 尹烨著 . -- 北京 : 中信出版社 , 2022.3（2024.5重印）
ISBN 978-7-5217-4019-6

Ⅰ . ①生… Ⅱ . ①尹… Ⅲ . ①瘟疫－普及读物 Ⅳ . ① Q1-0 ② R254.3-49

中国版本图书馆 CIP 数据核字 (2022) 第 036995 号

生命密码 3——瘟疫传
著者：　尹烨
出版发行：中信出版集团股份有限公司
（北京市朝阳区东三环北路 27 号嘉铭中心　邮编　100020）
承印者：　北京启航东方印刷有限公司

开本：880mm×1230mm 1/32　印张：14.25　字数：376 千字
版次：2022 年 3 月第 1 版　印次：2024 年 5 月第 8 次印刷
书号：ISBN 978–7–5217–4019–6
定价：78.00 元

服务热线：400–600–8099
投稿邮箱：author@citicpub.com

目 录

天花 我是杀人冠军，然而默默退群了……

疟疾 我最爱蚊子，本书唯一寄生虫

霍乱　如果没有我，你喝不上自来水

肺结核　我爱持久战，看咱俩谁能杠过谁

流感 年年我都来，最熟悉的陌生人

脊髓灰质炎 防必大于治，从铁肺到吃糖丸

朊病毒　问我吃什么？那就吃你的大脑吧

艾滋病　敌后武工队，看你怎么对付我

非典 我头戴王冠，新世纪的下马威

埃博拉 丧尸真来了？不过是我在作祟

新冠　再登铁王座，生物世纪未来已来

推荐序

从微生物的角度了解过去、明白未来

复旦大学附属华山医院感染科主任　张文宏

人类在漫长的发展史中长期受瘟疫的困扰，瘟疫对人类历史的影响不亚于战争。如果说战争是政治的延续，那么瘟疫则是人类与微生物关系的延续。政治是一个中性的名词，有好的政治关系，也有坏的政治关系。战争则是政治关系破裂的激烈表达方式。

微生物与人类的关系也是如此。人类从自然界中走出来，一路坎坷，直至今天统治全球，无数物种在人类的占领过程中灭绝。但有那么一些物种，在地球上的时间长达数十亿年，它们从来没有停止过演化，陪伴人类从动物界慢慢走出来，不断进化，不断开疆扩土。人类在自然界中与微生物相遇、共生、摩擦，甚至战争。这些微生物包括病毒、衣原体、支原体、立克次体、细菌、真菌、螺旋体、原虫、蠕虫等各种形式。它们在我们的生活中占据着重要的地位，我们可能平时根本不会关注到它们，但是它们就在那里，在不经意的时候还会掀起惊天巨浪。这次新冠肺炎疫情暴发，蔓延全球，对于世界未来的影响可能现在还很难预估。

有谁能够想到世界的巨大不确定性居然是因为这样一个小东西——你我都看不见的微生物引起的呢？

新冠肺炎疫情初起之时，没人预料到今天这个局面，我们至今还很难预料它的结局。

但如果换个角度来看，就会发现，新冠病毒也只是自然界的一种微生物而已。类似的戏码在人类历史上曾无数次地上演，犹如战争之于人类，有开始，有高潮，也必有结局。

只是结局我们难以预料，微生物或归隐，或占领，或与人类共生。从这个角度来思考，我们就会对未来有更多的确定性认知。

《生命密码 3》就是这样一本好书，一个懂微生物、懂生命基因密码与基因技术的亲历者给大家提供了独特视角，让我们更清晰地了解过去、明白未来。

自序
微生物改变世界

微生物塑造人类史。

世上什么事物杀人最多？不是战争，而是看不见的微生物。

雅典曾有希望统一希腊，但来得蹊跷的疾病暴发，消灭了1/3的雅典人。雅典不仅败于斯巴达，而且永远失去了翻盘的机会。这是一个现实版的蜉蝣撼大树的故事吗？

古罗马盛极一时，无论是城市建设，还是经济政治文化水平，都代表着早期人类文明的巅峰。可就在帝国度过1400岁以后，这一璀璨的古文明轰然陨落，疾病在其中扮演着怎样的角色？

在文人的笔下，中世纪的欧洲是片乐土，充满田园诗意。事实上，历史上真正的中世纪是一个宗教统治下的黑暗时代。促使人们冲破黑暗并迎来文艺复兴的原因，瘟疫是否为其中之一？

欧洲大航海运动带来了贸易和经济的繁荣，但也让一些地区居民的生活落入深渊。安居美洲大陆的绝大多数印第安人被天花、鼠疫和疟疾等瘟疫消灭，为补充劳动力，大批非洲黑人被非法贩卖到美洲。应该为这样的人类灾难负责的，究竟是瘟疫，还是人类自身？

翻开历史，在人类社会发展过程中，疾病如影相随。当物质丰富到一定程度，城市化进程越来越快，交通越来越便利后，不仅人类的各种需求得到满足，疾病的狂欢时刻也已到来。人类的野心和贪欲，将自己推向深受疾病威胁的境遇。

现代医学给了许多人信心，人类自认为站在食物链顶端，已经摆脱了被吞噬的命运。果真是这样吗？那些肉眼看不到的微生物，正虎视眈眈地随时准备着将人类拉下王者宝座。哦，不，其实人类从未登上过生物界王者宝座。

生命之源，万物源起微生物

问渠哪得清如许，为有源头活水来。

——南宋·朱熹《观书有感》

生命从无到有，变化万千，构成了五彩缤纷的世界。虽然从复杂程度上来说，人这种生物远超过微生物，但从时间尺度来看，微生物的出现比人类早得多，甚至称得上是人类的老祖先。

达尔文的演化论提到，地球上所有生物都有共同的祖先，随之而来的是不断遗传和突变，才有了大千世界。从构成生命的基本物质来说，我们都具有相似的细胞；从遗传物质来说，绝大多数生物都由DNA（脱氧核糖核酸）或RNA（核糖核酸）构成。从这个角度来看，DNA（或RNA）才是这个星球生命的基石，它们由无机物经过化学变化演变而来，它们的组合构成了世间万物，而人类与地球万物都有亲缘关系，或近或远。

在地球46亿年的历史中，微生物存在了至少34亿年。在长达20多亿年的时间里，细菌、古菌、真菌是地球上数量最多的单细胞生物，独居于地球的微生物改变了这个星球的外貌，改良了海洋、土壤和大气，创造了适合动植物生存的空间。而后多细胞生物出现，直到5亿多年前，生命大爆发，越来越复杂的动植物开始涌现。尽管如此，从数量和分布广度上来看，微生物还是绝对的地球之主。

它们无处不在，土壤、天空、海洋、冰川、极地……无论怎样恶劣的环境，都有它们的身影。与微生物相比，人类实在是太挑剔生活环境的生命了。人类繁盛发展的时期，是地球上少有的日照强度、氧气浓度、温度范围都很适宜的时期。对地球来说，只有几百万年历史的我们才是初来乍到者。

我们体内的微生物细胞，比我们自身的细胞还多许多。《免疫》一书中提到，有免疫学家说，“如果有外星人从外太空低头观察我们，他可能会以为我们仅仅是微生物的交通工具”。更重要的是，如果没有口腔、体表、肠道等处的微生物，我们的生存都成问题。

从某种程度上说，微生物塑造了人类历史。

成长之侣，你我亲密本无间

我见青山多妩媚，料青山见我亦如是。

——南宋·辛弃疾《贺新郎·甚矣吾衰矣》

时至今日，或许还有人认为，我们与微生物的实力区别是大象与蚂蚁级别，实际上大多数时候，微生物更胜一筹。它们深谙生存之道、寄居之法，了解人体的破绽，人类稍不注意就被它们钻了免疫系统的空子。当你以为人类获得了战争的胜利时，它们又会不时改头换面，再次出现，将你的生活搅得天翻地覆。

不时冒出的疫情，让人类的心态在与微生物的博弈中从一个极端走向另一个极端，从自大走向恐惧，在看不见的敌人的阴影下惶恐不已。其实，未必需要如此，微生物感染不是新事物，流行病也不是现代才出现的，人类从诞生之日起，就与之相处，只是因为工具的进步我们才得以“看见”。

热带雨林是地球上孕育了最多物种的地方。不仅我们的祖先喜爱生活在雨林，那些看不见的微生物同样钟情热带雨林，那儿有着地球上最为丰富的生物类型，它们互相交错，彼此联系紧密。

数百万年前，人猿相揖别。喜爱生活在雨林的黑猩猩是我们的近亲，它们身上有着比我们更丰富的微生物类型，而且与大多数微生物和平共处。原本生活在热带雨林的现代人祖先从树上走下来，开始用双脚丈量世界。逐渐地，他们学会群居、采集狩猎，还学会了用火烹煮食物，有了更窄小的下腭，微生物多样性也随之降低。

人类在走出雨林、走出平原、走出非洲的过程中，渐渐丢失了不少微生物，同时也接纳了一些新的微生物。在人类的演化历程中，微生物一路相伴，通过分娩和群居传承，它们帮助我们消化食物，塑造我们的行为，干预我们的情绪，影响我们的健康。

人们对微生物存在刻板印象，如今一说起它们联想到的就是脏污与疾病，事实并非如此。我们习惯于按照微生物对人类是否有好处来区分它们，将那些致病的微生物称为有害的微生物，将与人类共生并发挥功能的微生物称为有益的微生物。虽然微生物之间也有“内讧”，人体微生物帮我们抵御有害微生物的入侵，但从本质上来说，微生物没有严格的好坏之分，说到底，都是为了生存而已。

在史前社会，人以部落的形式群居，以狩猎采集为生，流动性高，疾病只在部落中传播，因为人数稀少，往往很快停止，一些人死去，一些人免疫。直到 1 万年前，人类开始种植粮食，驯养家畜，有了稳定的食物来源后，人口爆发式增长，往来频繁，传染病也逐渐开始流行。

随着大型城市的形成，交通工具日新月异地发展，传染病的传播效率越来越高，一旦暴发，往往就是一场疫情乃至全球性的瘟疫，让人避无可避。

瘟疫是由病原体引起的一种恶性传染病，无论中外，古已有之。

古巴比伦《吉尔伽美什史诗》中提到的“神的天谴”，说的就是瘟疫;《圣经 · 出埃及记》中说，瘟疫是上帝降下的十灾之一。先秦《周礼 · 天官 · 冢宰》记述的“疾医掌养万民之疾病，四时皆有疠疾”，指的便是瘟疫；中国东汉时期医学家张仲景所著的《伤寒论》，里面提到的伤寒也包括了致死性极强的瘟疫。

如果要列举人类历史上的恶性传染病，疟疾、鼠疫、霍乱、肺结核等自然是“老资格”，虽然在埃博拉、疯牛病、艾滋病等新型传染病的衬托下，它们已经过于古老，但每隔一段时间，仍会卷土重来，显示出老当益壮的威力。而新世纪以来以 SARS（严重急性呼吸综合征）、MERS（中东呼吸综合征）、新冠为代表的冠状病毒家族“三连击”，则着实让人类社会必须重新审视与自然乃至与微生物相处的态度。

共生之因，基因内藏演化史

> 纸上得来终觉浅，绝知此事要躬行。
>
> ——南宋 · 陆游《冬夜读书示子聿》

肉眼，这个只有 70 微米分辨率的精妙“机器”限制了人类对微生物的了解。绝大多数时候，我们并没有感觉到这位“看不见的朋友”的存在。细菌被人类观察到是在光学显微镜发明以后，距今仅 300 多年；微生物学科的建立，距今才 100 多年；20 世纪 30 年代电子显微镜发明后，人们才能观察到病毒，距今只有数十年；我们从真正意义上了解微生物，是在有了基因测序技术之后，那已经是 20 世纪 70 年代后的事情了。

工具的进步让我们更好地厘清人与微生物的关系。

光学显微镜催生了细菌学说的建立，是医学进入现代的标志之一，也是我们真正直面对手的开始。面对强大的微生物，我们幸运地发现了抗生素，发明出了不少疫苗，也成功消灭了天花。这也一度让人类自以为具有了消灭致病微生物的王牌，并自大地宣称，将要很快消灭所有传染病。殊不知，这才是噩梦的开始。拥有超强变异能力的微生物，总会找到自己的出口，发展出耐药性，或是人类无法对付的变异型。现代医学与超级细菌的博弈，像是在人类头顶上悬挂了一把达摩克利斯之剑。

测序仪则打开了认识微生物和宿主基因互作的终极奥妙之门。20 世纪 70 年代，科学家们就已掌握了测序病毒基因组的方法。通过检测基因信息，不仅能了解病毒谱系，还能认识到它们与其他生物协同演化的历史。20 世纪 90 年代，科学家们开始探究人类基因组，藏在人体中那 8% 的病毒基因组，究竟是潜伏其中伺机而动，还是发挥着举足轻重的作用？人体微生物到底发挥着怎样的功用？这其中的演化奥秘，科学家们至今仍在探索。

我们要的是一个完全没有微生物的世界吗？

答案并非如此，这样的目标也并不现实。毕竟，微生物对地球生物极为重要。地球可以没有人类，但不能没有微生物。假如没有人类，地球照样运行；假如没有微生物，地球上大多数生命终将死去，地球也将不再是蓝色。

那么，我们与微生物的关系，是你死我活的竞争吗？

其实也不是。如果从 DNA 的视角检视物种之间的关系，必然是一片混沌中的拆分与整合。不同物种间的 DNA 互相交流，早已分不清你我。微生物会往宿主的基因里塞“私货”，宿主也会将寄居或共生的微生物基因加以整体利用。按理查德 · 道金斯在《自私的基因》里的说法，我们都只是基因的载体，基因们在大部分时间里也会互惠互利、各取所需。

与其猜测，不如采取行动：

2007 年，人类微生物组计划启动，如今已完成第二阶段，立志破解微生物与人类疾病的因果关系。

2008 年，欧洲肠道宏基因组计划（MetaHIT）是众多微生物计划中的一项，华大集团参与了 200 多个欧洲人肠道微生物样品的测序及分析，发现肠道微生物的丰富程度与人的胖瘦呈正相关。

2010 年，地球微生物组（EMP）计划启动，旨在对地球尽可能多的生态环境的微生物群落进行检测，覆盖了从南到北的 7 大洲 43 个国家和地区，深化了人们对微生物多样性的理解及其与包括植物、动物和人类在内的环境之间关系的认识。

2012 年，美国能源部等机构联合完成了对几十种真菌基因组的系统分析，指出能分解维持植物细胞壁刚性木质素的真菌，可能在终止地球煤层形成中发挥了关键作用。真菌不仅存在于自然界，也存在于我们的肠道中，影响着人类的疾病和健康。

2014 年，美国圣迭戈州立大学科学家发现一种叫作 crAssphage

的肠道病毒存在于全球75%的人口中；2021年，欧洲科学家在人类肠道中发现了一个名为Gubaphage的新病毒分支，含量仅次于crAssphage。尽管有研究报道肠道病毒跟人类的疾病和健康存在关系，但绝大多数病毒的功能仍然处于人类的认知空白区。

2016年，美国首次把微生物研究提高到国家战略地位，发起国家微生物组计划（NMI），设计顶层战略规划，支持跨学科合作，构建完善技术体系，研究微生物组与人类健康的关系，并促进科研成果进行产业转化，服务人类健康。

2017年，华大集团参与发起了以测序全球所有物种为目标的地球生物基因组计划（EBP），计划在10年时间里完成这一任务。在这些测序成果里，相信有很多我们想要的答案。

2019年10月26日，华大集团联合多国科学家在深圳第14届国际基因组学大会（ICG–14）上正式启动“百万微生态”国际合作计划（MMHP），旨在对人类肠道、口腔、皮肤、生殖道等器官的微生物组样品进行大规模测序分析，破解微生物与人体共生的奥秘。

相处之道，团结方为共命体

> 相濡以沫，不如相忘于江湖。
>
> ——《庄子·内篇·大宗师》

在稳定的生态环境中，微生物与其他生命的相处是和谐的。可一旦人类过度打扰，让其生存环境发生改变，微生物也会及时做出应对。基因重组是它们的繁殖方式，不同微生物间会交换基因，产生适应性更强的个体，而这个结果对其他生命的影响是未知的。比如，大肠杆菌原本是人体肠道中的正常菌种，但在 2011 年时发生了基因重排的大肠杆菌，最先在德国引发了大肠杆菌疫情，疫情蔓延到欧洲其他国家，波及 4000 多人，数百人患有严重后遗症，数十人因此死亡。

基因重组不仅发生在微生物之间，还发生在微生物与其他生命之间。进入分子生物学时代后，随着工具的进步，我们逐渐认识到，在人类基因中，有 8% 左右的 DNA 其实来源于病毒。当生态环境发生改变，原本无害的微生物也会成为致病根源，何况自然界还有一些以传播疾病为己任的病原体呢？

那么，病原体就是疾病流行的唯一因素吗？

并非如此，甚至病原体都不一定是导致疾病的主要因素，环境和社会因素可能才是主要因素。

环境更复杂，微生物也更复杂。有人说，南美洲的一只蝴蝶扇动翅膀，一个月后就可能引起北美洲的一场龙卷风，其实人类行为同样如此。

我们肆意改造环境，破坏其他物种的栖息地，影响它们的生存，原本稳定寄生在这些物种身上的微生物，被迫找寻下一个寄主。

我们毫无界限感，擅自闯入地球未经开发之地，过分猎奇的结果，便是受到未知病毒的诅咒，在人类中掀起新一轮的瘟疫传播。

我们的活动让全球变暖、冰川融化，沉睡的古老病毒可能醒来，喜爱温暖潮湿环境的微生物将疯狂繁殖，生态失衡的结果，人类需要负责。

我们为满足口腹之欲，将野生动物作为佳肴端上餐桌，也为原本并不打算侵扰人类的微生物打开方便之门。

……

人类社会的经济发展和全球化正以前所未有的速度进行：我们拥有了无比丰富的物质生活、非常便捷的交通网络；我们用高耸而庞大的钢筋水泥人造建筑，宣示着人类对自然的改造多么成功。

但日益严峻的疾病威胁，告诉你这只是人类的错觉。每一次传染病大流行，人类都只能被动抵抗。这个看不见的对手，正让人类社会悄然改变。

人类命运相连，人与万物同样共存共生。短视带来的后果，便是人类需要为自己的行为买单。甚至我们为压制疾病所采取的治疗措施，也给了微生物反扑的机会。超级细菌的出现，真正让人类面临无计可施的境地。

我们该拿致病微生物怎么办？

2020 年注定载入医学史册。在西班牙流感暴发百年之后，又一场席卷世界的大瘟疫让全球人民为之不安。

当疫情来袭，我们理所当然地将解决问题的重担压在科学家、医务工作者、生物技术公司等专业人士和机构的身上，而逃避自己同样作为地球人所应尽的责任，忘记了人类其实休戚与共。

在疫情威胁面前，我们面对前所未有的平等——没有人能置身事外，没有人能绝对安全。在微生物的阴影下，我们必须前所未有的团结，寻找解决之道，正视在日益复杂的生态系统中人类的正确位置，以及在致病菌全球化的背景下，人类如何发展。

微生物的威胁从不以个体面貌出现，人类没理由在应对时分而治之。我们要避免额外的苦难，那些可能人为导致的阻碍，比如国与国之间的推诿与责难，比如科学发现的延迟与误区，比如无谓的恐慌与谣言。

我们不妨将微生物的威胁理解成一种试炼，修正我们的认知，重塑我们的文化，建立新的秩序，给予我们重要启示——让我们认识到人力之有限、命运共同体的现实，以及充满挑战的未来。

共享之美，博弈造就新未来

各美其美，美人之美，美美与共，天下大同。

——费孝通

在地球历史进程中，微生物与其他生命一直是以共生的方式共同演化的。在可预见的未来，它们也将与人类长期共存下去。

瘟疫流行，带给人类的不只是肉体的疾病，还有精神瘟疫。在《十日谈》里，薄伽丘写出了瘟疫时期人们的多种表现，故事的主题便是十个年轻人来到郊外别墅躲避瘟疫，他们在十天的时间里讲述了大量中世纪社会生活的故事，爱情是主基调，仿佛爱是绝望中的希望和救赎。其中《霍乱时期的爱情》，给相思的反应安上了患上霍乱的症状，结尾处插着代表霍乱旗子的小船成了主角爱情的保护伞，似乎也透露了处在瘟疫威胁中与陷入爱情一般孤独。

如果把瘟疫当作不时到来的访客，则设好彼此的界限是什么；如果视瘟疫为老朋友，则想好相处的要诀是什么；如果将瘟疫看成敌人，为战斗而分泌的肾上腺素不仅让人警觉，或许还会让人永远陷在恐惧之中，因为，这是一个可能永远也无法消灭的敌人。

何况，从病原体的角度来说，它的最佳生存策略并不是弄死宿主，而是适应共生，并繁衍传播给更广泛的宿主。如果宿主死亡，传播链断裂，病原体也会消亡，这对病原体来说，也是致命打击。

病毒虽然能成为消灭生物的武器，但也会选择最符合自身利益的寄生方式。同样，为了生存，生物也会产生适应性的变化，最后的结果是二者之间达到某种平衡，稳定地共生发展。

因此，我们与微生物的博弈，最佳结局并不是东风压倒西风，或西风压倒东风，而是平衡——我们共同生存的星球的生态平衡。至于那些将病毒当作生物武器的行为，就不在道德及伦理允许的讨论之列了。

如果人类无法抗衡微生物，那么微生物本身呢?

疫苗的研发，就是人类巧用微生物的例子。去除或降低病毒活性，保留抗原，注入人体，训练人体的免疫系统，人体便能抵抗这种病毒的入侵。

病毒也能作为药物研究中的载体，通过基因工程技术，实现精准用药。

海洋里有着众多的微生物，病毒与细菌的斗争，每秒都在发生。有研究显示，病毒每天都会杀死海洋中 15%~40% 的细菌，保持着海洋的物种平衡，避免细菌的垄断发展。

20 世纪初期，德国科学家就尝试用噬菌体来治疗痢疾、霍乱等疾病。虽然在抗生素发明后，噬菌体研究停滞，但发现细菌耐药性后，21 世纪的科学家们重拾噬菌体研究，寄望于它能解决超级细菌的难题。

为了解决每年带来约 4 亿病例的登革热问题，科学家们把目光放在了传播疾病的蚊子身上。他们改造了埃及伊蚊的基因，让蚊子体内有对抗病毒的抗体，并防止蚊子将病毒传给人类。

人类与微生物的对抗，最终可能变成微生物与微生物的较量，这种“师夷长技以制夷”的策略是当下可见的更智慧的策略。未来，在生态平衡的基础上，人类可以与微生物建立全新的共生关系，利用微生物为人类服务，或许是人类能争取的最大利益。

同时，我们也要冷静看待，环境改变、技术进步都可能会让人类社会出现不少未知病毒。严峻的未来要求我们提前布局，完善防疫措施和流行病预警机制，以能够在疫情呈星火燎原之势时及时扑灭，避免不可控制的局面出现。

成书之心，志存救济曲碎论

知不知，尚矣；不知知，病矣。

——老子《道德经·七十一章》

致病病原体中，有两个是首先会被提及的——细菌和病毒。这两种微生物都曾在历史上留下“辉煌战绩”，时至今日仍是人类的噩梦。

人类曾经战胜过天花病毒、脊髓灰质炎病毒等少数几种病毒，但时至今日从未彻底战胜任何一种细菌。如果按消灭人数来排名，病毒有时略胜一筹。比如天花病毒，据史料推测，可能是历史上消灭人口最多的微生物。但如按致死率来算，细菌也不遑多让。比如肺/败血型鼠疫，致死率也超过了90%。而如果按传染性来说，病毒又和细菌平分秋色。历史上大型流行病的主角，都具有高传染力的特性，它们从地球一隅随人类出发，散播到世界各地。除此之外，寄生虫的威胁也不容小觑，在欠发达地区，寄生虫对人类的威胁不亚于细菌和病毒。

在这本书里，我们尝试通过梳理历史，回答几个问题：

那些改变历史的瘟疫，到底是怎么发生的？

瘟疫产生的原因，究竟是什么？

瘟疫在多大程度上，改变了我们的社会和文化?

人类曾尝试的瘟疫治疗方法，是有奇效还是徒劳?

现代医学能为攻克疫情提供多大的帮助?

科技能为人类未来做些什么?

在一些故事里，你还将看到，人类的残忍尤胜于瘟疫，造成大瘟疫的源头或许是人类自身。谴责不是目的，希望能引发大家思考：作为万物中的一员，犹如有主角光环加持的人类，究竟自大到了什么地步；号称“万物灵长”的我们，又愚昧到了什么程度。

此外，尹哥还想多记录一些国人参与过的事件以及大师。

古代中国抗疫史大医精诚，张仲景的《伤寒论》、葛洪的《肘后备急方》、孙思邈的《千金方》、吴有性的《瘟疫论》……这些先贤悲天悯人的共情、博通古今的智慧，留下了宝贵的精神财富。

现代中国抗疫史群星闪耀，如“首擒肺鼠疫”伍连德，“衣原体之父”汤飞凡，“天花疫苗铁三角”齐长庆、李严茂、赵铠，首创病毒体外培养法新技术的黄祯祥，“糖丸爷爷”顾方舟，分离出中国首株艾滋病病毒的曾毅，“中国干扰素之父”侯云德……有些名字或许不为公众熟知，但这些防疫先驱贡献卓越，不声不响地在过去百年内把一个个瘟神收进了“魔瓶”。

当代中国抗疫史人才济济，新冠疫情伊始，钟南山、李兰娟、张伯礼、高福、陈薇、张文宏、汪建……他们都有不甘宿命的勇气和与疫情一战到底的决心，助百姓安康、护山河无恙。

总有一股力量让我们泪流满面。每一代人终将死去，什么又该永存呢？作为地球过客，我们又该给后代留下些什么?

是为序。

鼠疫：

我敢称死神，试问还有谁配当？

尹哥导读

黑死病，一个令欧洲人谈之色变的恐怖瘟疫，在对微生物缺乏认知的年代，俨然就是死神的化身。而引起黑死病的元凶竟然是一种小小的细菌——鼠疫耶尔森菌！虽然它的基因组并不比大肠杆菌的基因组复杂，但要论历史上哪一种细菌杀人最多，它必然坐上铁王座。

- 鼠疫曾是欧洲大陆上最令人闻之色变的瘟疫，仅 14 世纪的那次大流行，就带走了数千万人的生命，那时候的世界总人口也才几亿。
- 鼠疫在世界范围内的蔓延，与战争和贸易有关。而认为瘟疫来自东方的说法，并没有足够的证据支持。
- 19 世纪末，耶尔森发现鼠疫病原体是鼠疫杆菌，西蒙德发现鼠蚤是传播鼠疫杆菌的中间宿主。20 世纪初中国东北暴发鼠疫，伍连德发现通过飞沫传播的肺鼠疫，并成功地在 4 个月内控制住疫情。
- 分子生物学研究发现，鼠疫杆菌早在 4900 年前就已存在。
- 鼠疫曾带来不少文化影响，历史上曾出现在迫害犹太人时，鼠疫病菌被制成细菌战武器的情况。和天灾比起来，人祸更可怕。

一个脸色蜡黄的男人，衣衫褴褛，蹒跚走在满是污秽的街道上。他正在发热，虚弱得随时都可能倒下。他走到黑暗且简陋的屋子里，躺在勉强可称为床的木板上，连盖上破旧棉被的力气都没有。若不是浅浅起伏的胸膛，和不时发作的剧烈咳嗽及呕吐，旁人几乎无法辨认出这是一个活人。

屋子里安静极了，连过往常在房梁、灶台、桌上出现的老鼠也没有动静。如果你有勇气细心观察，就会发现，在短短三天内，男人腹股沟和腋下出现了如同鹅卵石一般的硬质结节，腹部等位置开始出现黑斑，明明还活着，身体却呈现着死气。生命进程的最后，他开始出现幻觉、呓语，直至最后失去生命体征。

这样的场景，在中世纪的欧洲并不鲜见。在可见的历史文献里，每隔一段时间，就会有大量人口因病死亡的记录。这种具有传染性的疾病，人们在很长时间里都不知道病因，基于它让人皮肤发黑的症状，14 世纪时人们将它命名为黑死病（Black Death），后来称之为鼠疫（plague）。在欧洲史上，鼠疫一度是瘟疫的代名词，可见其影响之大。

据历史记载，黑死病曾在欧洲有过三次大暴发。

死神降临

从古希腊时代开始，瘟疫就如影随形，能追溯的史料显示，欧洲本土发生了不少大的瘟疫，甚至影响了国家的兴衰。

公元 541—542 年，拜占庭帝国的君士坦丁堡（今土耳其第一大城市伊斯坦布尔）暴发了一场大型瘟疫，史称“查士丁尼瘟疫”。感染者最开始会发烧、浑身乏力、呕吐，继而腋窝、腹股沟等位置的淋巴结开始肿胀发硬。接着，感染者身上会出现黑色斑点。仅仅几天之后，一些感染者会昏迷或出现幻觉，大部分患者会死亡。

没有确切的史料记载，据估计，这场瘟疫在 4 个月内造成了地中海地区 1/3 的人口死亡，高峰时期每天的死亡人数达到 1 万人，挖坑填埋的速度比不上死亡的速度。城里弥漫着尸臭味，幸存者要么瘫痪，要么语言功能出现问题。这场瘟疫浇灭了拜占庭皇帝查士丁尼一世如熊熊烈火般炙热的扩张野心，也催化了拜占庭帝国的灭亡。由于瘟疫的影响，人口大量减少，经济停滞，没过几年，拜占庭帝国就走向衰败。

“查士丁尼瘟疫”的余波绵延了两百年，而这只是欧洲噩梦的开始。

公元 1346 年，瘟疫卷土重来。欧洲众多港口城市都被卷入这场劫难。其中，尤以佛罗伦萨的受灾情况最为严重。一位名叫博卡奇奥的佛罗伦萨人记录了患者病症：最初症状是腹股沟或腋下出现淋巴肿块，然后，胳膊、大腿以及身体其他部分会出现青黑色的疱疹。

《1348 年佛罗伦萨的瘟疫》，来源：维基百科

薄伽丘是这场瘟疫的见证者，他在《十日谈》里记录了当时的情景，昔日繁盛的佛罗伦萨仿若人间地狱，友好亲和的邻居变成躲避不及的陌生人，人的精神世界已然崩塌：有的人花天酒地，在死神的威胁面前束手投降；有的人仓皇外逃，试图在混乱中搏一线生机。

《十日谈》书中十个男女讲故事，1996 年约翰·威廉·沃特豪斯绘，来源：维基百科

> 每天，甚至每小时，都有一大批一大批的尸体运到全市的教堂去，教堂的坟地再也容纳不下了。
>
> ……
>
> 等坟地全葬满了，只好在周围掘一些又长又阔的深坑，把后来的尸体几百个几百个葬下去。就像堆积在船舱里的货物一样，这些尸体，给层层叠叠地放在坑里，只盖着一层薄薄的泥土，直到整个坑都装满了，方才用土封起来。
>
> ……
>
> 从三月到七月，佛罗伦萨城里，死了十万人以上。
>
> ——《十日谈》

薄伽丘在书中对这种传染病的病症也做了详尽的描述。

> 这里的瘟疫，不像东方的瘟疫那样，病人鼻孔里一出鲜血，就必死无疑，却另有一种征兆。染病的男女，最初在鼠蹊间或是在胳肢窝下隆然肿起一个瘤来……这死兆般的“疫瘤”就由那两个部分蔓延到人体各部分。这以后，病症又变了，病人的臂部、腿部，以至身体的其他各部分都出现了黑斑或是紫斑，有时候是稀稀疏疏的几大块，有时候又细又密；不过反正这都跟初期的毒瘤一样，是死亡的预兆……任你怎样请医服药，这病总是没救的。也许这根本是一种不治之症，也许是由于医师学识浅薄，找不出真正的病源，因而也就拿不出适当的治疗方法来……大多数病人都在出现“疫瘤”的三天以内就送了命，而且多半都没有什么发烧或是其他的症状。
>
> ——《十日谈》

不仅是佛罗伦萨，1347—1353 年，整个欧洲都被瘟疫的黑云笼罩着，有约 2500 万人因此丧生，是最恐怖的欧洲瘟疫事件之一。

1665 年的伦敦，如果你看到一座房子的外墙上画着红色十字架，那多半意味着这家有人不久于世。第一例瘟疫病例出现在郊区贫民窟，接下来便一发不可收拾。伦敦政府采取了不少措施，试图遏制住瘟疫的蔓延，但有些做法恰恰助长了瘟疫的蔓延。比如，当局下令在全城范围内消灭猫狗，认为它们是传播病菌的始作俑者。当局还下令在全城多处点燃大火，焚烧香料，鼓励市民（甚至是儿童）吸烟，试图用火、香味和烟雾来驱散瘟疫。

这些措施被证明毫无作用，因瘟疫死亡的人数不减反增。很快，死亡人数便上升到了每周 7000 人。

尽管伦敦已经有了几家医院，但当时的医学知识非常有限，并没有培养出理论和实践俱佳的医生。除了在医学院里研究体液说的学生，就是理发师在兼任外科医生职责，主要工作是给病人放血。而兴起于瘟疫时期的瘟疫医生，现在看来更像是一场闹剧——他们身着皮外套，戴着黑色礼帽、鸟嘴面具、皮手套，鸟嘴中塞满了各种被认为能清洁空气的香料，为减少呼吸频次在患者房间里缓慢行走，用手中的木棍掀开病人衣物检查病情。事实证明，这些做法徒劳无功，大批瘟疫医生死亡，民众也对他们不抱希望，甚至渐渐有了统一的认识——死亡是瘟疫医生带来的，因为他们走到哪里，哪里就有死亡。

1665 年的伦敦约有 50 万人，瘟疫暴发后，短短的两年里失去了 1/5 的人口。直到 1666 年，一场大火烧了四天四夜之后，伦敦的疫情神奇地平息了。

瘟疫医生（The Plague Doctor/Medico della Peste），尹哥摄于奥胡斯大学博物馆

频频敲门的死神并未因此消失，在接下来的数百年里，它仍不时造访。1720 年，马赛暴发瘟疫，法国政府铁腕隔离马赛、普罗旺斯等地区，修建瘟疫隔离墙，如有人违反隔离规定则判处死刑，这才控制住瘟疫的进一步蔓延。可即使如此，也有 10 万人在这次疫情中丧生。

鼠疫所影响的国家和城市不胜枚举。几次大疫情过后，人们似乎终于认识到卫生的重要性，开始了大力的整顿。得益于此，自此之后，欧洲没有大范围暴发过这种瘟疫。但这一瘟疫究竟从何而来？这个问题一直困扰着欧洲人。

瘟疫从何而来？

瘟疫最先攻陷的地方，往往是经济较为繁荣的地区。究其原因，与战争及发达的贸易通路有关。

“查士丁尼瘟疫”的暴发，是在查士丁尼一世为了收复失地、恢复罗马帝国的荣耀而四处征战之时。这位进取型的军事家、领导者，迅速收复了西罗马帝国大片地域，正当统一指日可待时，从埃及蔓延而来的瘟疫如当头一棒，既击倒了查士丁尼一世本人，也基本破灭了他的西征之梦。

而最为惨烈的 1348 年瘟疫，意大利商人加布里埃莱・德姆西所著的《1348 年的瘟疫和死亡》一书显示，疫情的暴发源于一次攻城战。

相传，意大利商人与穆斯林人发生纠纷，打死了一名穆斯林人。为帮助死去的穆斯林人讨回公道，蒙古大军围攻了塔纳城。破城之后，城中的意大利商人逃往隶属热那亚的贸易之都卡法，又遭到蒙古军队的追击和围攻。按照当时战争的打法，围城是常规手段。在此期间，蒙古军队中暴发了瘟疫，患病的士兵很快死去，深感恐惧的蒙古人将尸体当作武器，投入卡法城中。

投石机示意图，传言蒙古军队以此投掷过因鼠疫死亡的人的尸体

卡法城里的人们仓皇地将尸体扔进了大海。从接触尸体的人开始，瘟疫逐渐蔓延开来。虽然蒙古大军因为瘟疫而退兵，但对卡法来说，留下的疫病却是比围城更大的危机。

城里的人恐慌无助，决定外逃，瘟疫也趁乱席卷欧洲。威尼斯倒是很有防疫意识，拒绝热那亚的船只上岸，但瘟疫仍然在威尼斯蔓延开来。《黑死病》中君士坦丁堡的皇帝约翰·坎塔库津记述："疫情当时（1347 年）在赛西亚北部流行，接着便穿越海岸，席卷了整个世界。疫情不仅传到了蓬蒂斯、色雷斯和马其顿，还传到了希腊、意大利、海中的岛屿、埃及、利比亚、朱迪亚，几乎整个宇宙都有疫情。”这一次蒙古大军的西征，被当时的欧洲人称为“黄祸”（蒙古族群为黄色人种），除了钢铁造的兵器，更有病菌助攻的疫情——“黑死”，这“一黑一黄”两个颜色着实让欧洲紧张了数百年。实际上，将瘟疫的由来归结为蒙古人投尸体到卡法城中，这个说法还有待考证。

无论是君士坦丁堡还是卡法，在当时都是繁荣的贸易城市。君士坦丁堡作为拜占庭帝国的首都，是地中海沿海城市的贸易枢纽。蒙古人在各地流动，不光征战，也活跃在贸易活动中，卡法是当时东西方贸易的中心。城市人口密集，交通发达，贸易往来频繁，满足了疾病传播的基本条件。瘟疫伴随着战争、贸易、城市化进程奇袭各地，在人类文明史上扮演了死神的角色。

不少研究者认为，鼠疫来自东方，甚至点名中国，指鼠疫经由海上丝绸之路，通过战争和贸易从亚洲传播到地中海沿海城市，继而来到欧洲。这么推断的原因，是零散的历史记载显示，同一时期东西方都暴发了瘟疫，而时间有先后，由此推断出瘟疫源头在亚洲。

伴随文明而生的传染病，随着文明进程的推进而渗透到世界各地，中国也不例外。经过无数次瘟疫洗礼的古代中国人，在民族融合的大潮中，难免遭遇新的流行病的侵袭，而不同病原体在交流中发生变异，也可能形成新型传染病。总之，无论是战争还是贸易，人口的迁徙都将欧亚人民（以及动物）紧密联系到了一起。他们之间不仅交换着丰富的物质，还交换着不同的病原体。病原体在交流中产生，在某种环境下激发了其传播属性。我们很难给瘟疫打上某地的标签。相对而言，瘟疫是如何传播给人的，是更值得深究的问题。

鼠与疫

“东死鼠，西死鼠，人见死鼠如见虎；鼠死不几日，人死如圻堵。昼死人，莫问数，日色惨淡愁云护。三人行未十步多，忽死两人横截路。”清代云南诗人师南道在《鼠死行》一诗中描写了鼠疫暴发时死人无数的凄惨场景，让人读之心有戚戚焉。从诗作中可以看到，至少从那时起，先民们已经了解了这种瘟疫与鼠有关，而且已有了应对之法，多位中医编著鼠疫防治著作，其中以广东中医罗汝兰的《鼠疫汇编》影响最大，加减解毒活血汤这一药方备受推崇。

作为四大文明古国之一，中国幅员辽阔、历史悠久，很长一段时间处于农耕文明时期。大多数人定居于某地，开荒种地，形成紧密的小社会。田里的庄稼和仓库里的粮食吸引了不少动物，以鼠为主。为了减少损失，人们开始养狗和猫来抓老鼠，也驯养了不少动物作为家畜。正因为人与动物的频繁互动，一些疾病开始在二者之间流转。

自秦汉时期起就有了不少关于瘟疫的记录。由于气候变化、自然灾害、人口迁徙、连年征战及贸易通商等因素，民间不时暴发传染病，死亡者众多。甲骨文的“疫”字由来，便是战争期间军队中容易暴发瘟疫。

汉朝与匈奴持续130余年的战争，不仅让异族的铁蹄踏上中原大地，还令来自游牧民族的人畜共患病病原体肆意传播。匈奴败北后的西迁，又将本地病原体带往欧洲。汉代张骞出使西域，打通了丝绸之路，这条起始自西汉的贸易通路将亚洲与地中海各国联系在一起。明朝郑和下西洋，扩展了自先秦时期就有的海上丝绸之路，加强了王朝与他国的联系。丝绸之路的兴起，也让贸易通道成为疾病传播的桥梁。混在商队中的动物可能顺着丝绸之路走向世界各地，也将未知的病原体传播到世界各地，或从世界各地带回中国。

明朝万历时期，由于异常干旱和寒冷的天气，饥荒肆虐了整个中国北方，民不聊生，兵荒四起。而这次气候反常推测与公元 1257 年左右发生的萨拉马斯火山爆发所导致的小冰期有关。无论原因为何，结果是确定的，包括鼠疫在内的瘟疫合并着饥荒造成大明王朝最终被女真人所建立的清朝取代，中国本土的瘟疫学说也从此开始。

1642 年，即大明崇祯十五年，也是明朝最后的时期，全国瘟疫横行，十户九死。彼时医生们都用伤寒“经方”治疗，但毫无效果。来自江苏吴县的吴有性（字又可）亲历了多次疫情，大胆提出“疠气”致病之学说，肯定了瘟疫的感染源自某种物质，开创我国传染病研究的先河，影片《大明劫》正是描述了这一段历史。吴有性后著有《瘟疫论》，被后世称为“瘟疫学派”的创始人。

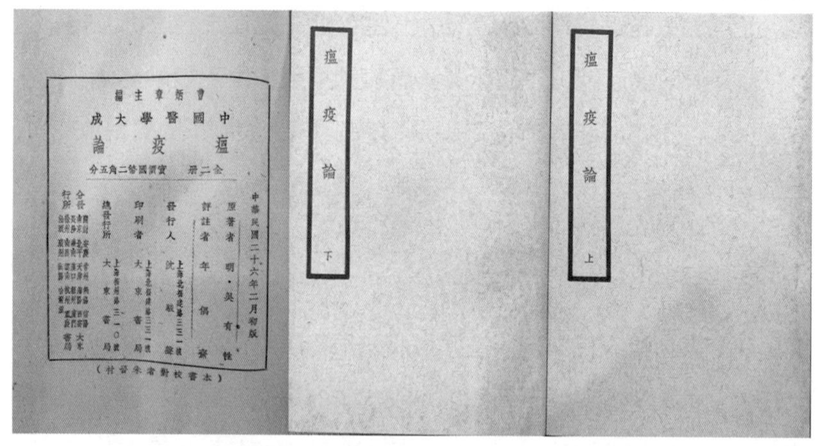

吴有性的《瘟疫论》（民国二十六年二月初版）封面

现在我们知道，这种物质就是微生物。而且恶性传染病多是由动物传播给人类，经过变异后具有人传染人的能力。但在一般情况下，动物身上的病原体并不会贸然传染给人，那些已经与动物宿主和平共处的病原体，在寄生环境发生变化时，为了自己的生存，会换一个宿主，只不过刚好选中了人而已。气候变化和人类活动对动物栖息地的破坏，都可能导致传染病病原体从动物到人体的传播，所谓“天灾人祸大疫饥荒”往往同时发生。

19 世纪末的中国，又是这样一个境况，正处于内忧外患中。1894 年，清政府又遭遇当头一击——岭南暴发瘟疫。这次疫情是 19 世纪中期云南鼠疫的延续。由于特殊的地理环境，云南自古就是一个多瘟疫的地方。对于云南鼠疫的扩散，有两种不同的说法。一说是由于云南种植鸦片原料罂粟，鼠疫随贸易路线传播至广东地区，另一说是镇压云南起义的军人将鼠疫带往全国。

岭南瘟疫迅速传播至广州、香港等地。广州因疫情死亡人数有十万余人，香港及时施行防疫措施，死亡人数约为 2500 人，1/3 香港居民外逃，贸易一度停滞。

作为一个开放的港口城市，当时香港居住着不少欧洲人，这波疫情自然引起了多方关注。正是在这次疫情中，鼠疫这一古老瘟疫的病原体终于被科学家找到了。

发现鼠疫病原体

曾经在很长一段时间里，欧洲人都不知道引发鼠疫的罪魁祸首是什么，直到人们用显微镜观察到微生物，才开始将瘟疫与病原体对应起来。作为微生物领域的先驱，那个时候，路易斯·巴斯德（Louis Pasteur）的“细菌致病理论”和罗伯特·科赫（Robert Koch）的“科赫法则”（Koch’s postulates，鉴定细菌感染的金标准）正在结出细菌学硕果。听说香港疫情时，科赫和巴斯德都派出了研究人员去香港寻找病因。科赫门下的日本微生物学家北里柴三郎（Kitasato Shibasaburo）和师从巴斯德的瑞士人亚历山大·耶尔森（Alexandre Yersin）于 1894 年 6 月先后来到香港，分别开展研究工作。

由于名声在外，北里柴三郎被当时负责疫情管控的苏格兰医生詹姆斯·劳森（James Lawson）寄予厚望，获得了关于疫情的第一手资料，也能随时了解病人情况。有着优越实验条件的北里柴三郎，很快就从尸体上分离出一种细菌，命名为革兰氏阳性菌，支持他的劳森立即向著名医学期刊《柳叶刀》（*The Lancet*）通报，说北里柴三郎发现了导致此次疫情的病原体。

比北里柴三郎晚了三天到达香港的耶尔森，此前游历于越南和印度，相当于自由研究者，此次虽受法国巴斯德研究所的委派来到香港研究疫情，但劳森并未认可他的资质，没有为他提供可研究的样本，更别说实验室了。被忽视的耶尔森没有放弃，他想了点办法——买通负责安葬死者的英国水手，支付几美元以获得在尸体安葬之前从死者身上取下淋巴样本的机会。

在临时搭建的简陋实验室里，耶尔森通过显微镜观察死者的淋巴样本。他发现，不同死者的淋巴样本中都有一群杆菌。他在取了些淋巴结分泌物寄往巴黎巴斯德研究所的同时，遵从科赫法则仔细地进行了验证，证明这种杆菌确实能在小鼠身上引发与死者症状一致的腺鼠疫。接着，他进一步证明了这种杆菌能让鼠疫病菌从一只小鼠身上传到另一只小鼠身上。他这才对外宣布，确定发现的杆菌是此次疫情的病原体。为了表示对巴斯德的尊敬，他将这一杆菌命名为“巴氏鼠疫杆菌”（*Pasteurella pestis*）。直到 70 多年后，为了表彰他对研究鼠疫的贡献，“巴氏鼠疫杆菌”才被学界改为“耶尔森氏鼠疫杆菌”

（*Yersinia pestis*）。

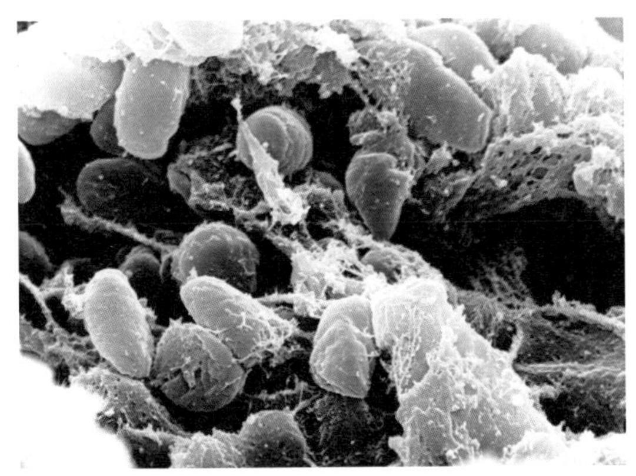

鼠疫耶尔森菌的显微图像，来源：维基百科

由于防疫措施得当，1894 年 8 月，香港疫情就被控制住，《柳叶刀》上发表了北里柴三郎的研究报告。数日后，法国科学院也公布了耶尔森的研究成果。只要看过两人的研究报告，就会知道二者发现的并不是同一种病原体。到底谁才是对的？

很快，《柳叶刀》又发布消息称，北里柴三郎不确定自己的样本里是否混入了其他细菌，这动摇了他研究的准确性。但出于尊重他在微生物界的地位，人们将他和耶尔森视为鼠疫杆菌的共同发现者。

耶尔森发现了导致鼠疫的病原体，但鼠疫究竟是如何传播到人身上的，中间宿主是什么，这一点还不清晰，不过，耶尔森的研究已经让学界看到了真相的曙光。

确定病原体后，针对鼠疫的疫苗研究开始了。1895 年，耶尔森发现了对抗鼠疫的血清，这在当时缺少对抗鼠疫有效药物的情况下，为鼠疫病人争取了一线生机。1896 年，细菌学家沃尔夫·哈夫金（Wolffe Haffkine）制出灭活型鼠疫疫苗；1908 年，减毒活疫苗投入使用，以便在高危人群中预防鼠疫；1946 年，全细胞鼠疫疫苗投入使用。时至今日，科学家们仍未放弃研究新型鼠疫疫苗，为能扑灭这类型瘟疫做着准备。值得一提的是，1949 年中国东北暴发鼠疫，正是我国著名科学家汤飞凡研究出国产鼠疫减毒活疫苗，才迅速扑灭了疫情。

汤飞凡（1897—1958 年），微生物学家、病毒学家，沙眼衣原体发现者

1898 年，印度暴发鼠疫，50 万人因此死亡。此后的 10 年间，因鼠疫而死亡的印度居民达千万。服务于巴斯德研究所的法国医生保罗·路易斯·西蒙德（Paul Louis Simond）当时正在印度工作，他怀疑鼠疫不是直接从老鼠传给人，中间还存在一种媒介动物。通过在健康老鼠和病鼠身上的种种实验，他最终揭示，跳蚤就是在老鼠和人之间传播鼠疫杆菌的中间宿主。跳蚤叮咬病鼠，病原体就会在跳蚤胃部聚集繁殖，最终堵塞跳蚤胃部，导致跳蚤因饥饿而不停叮咬不同的宿主，传播病菌。

困扰人类千百年的鼠疫就此真相大白，但这并不意味着鼠疫的终结。20 世纪初一场发生在中国东北的瘟疫和一位特别的医师，让我们对鼠疫的了解更进了一步。

东北瘟疫

火车正在缓慢行驶，窗外是一片茫茫雪原。坐在车厢里的络腮胡大汉是第一次来到中俄边境满洲里打猎，带他来的同乡果然没有说谎，那不时出没的旱獭（又名土拨鼠），有的行动迟缓，极好捕捉，这一大袋子的皮毛，可以卖个好价钱了。

大汉一边做着美梦，一边兴致勃勃地与周围的人侃大山，车厢里并不寒冷，人与人毫无间隙地挤在一起，刚刚认识的人也显得无比亲密。大汉要回到关内的家，需要转几趟车，到了中转地后，时间已晚。他随意找了家旅馆住下来，热情的陌生人互相寒暄，喝酒聊天，驱散了寒冷。

在旅馆歇脚的时候，大汉和他的同伴将打来的旱獭皮毛好好整理了一下，打算卖给当地的商人。这可是一大笔收入，这些旱獭皮经过皮毛商人的加工后，足以仿制貂皮大衣，卖给贵妇人，价格还能涨几倍。在大汉眼里，这是一门稳赚不赔的生意，也是他愿意在天寒地冻的日子出门谋生的原因。

第二天，大汉准备回家。此时他已经有些发热，还有些咳嗽，但他没有在意，以为是受凉了，回去抓点中药发发汗就好。可病来如山倒，还没等他坐上回家的车，就体力不支地倒下了，被好心人送到了医院。

接下来的几天里，和大汉症状相似的病人越来越多，医院人满为患。即使在医院里躺着，他们也没有得到有效的治疗，并没有一种药物能缓解他们的病情，反而不断有人咳血去世。

此时是 1910 年，东北暴发了一场大型瘟疫。随着越来越多的人感染倒下，当局开始筹措应对方法。

首先要知道，到底是什么导致了这次传染病的流行。经过 19 世纪末香港鼠疫的教训，当时已经有人高度怀疑这就是鼠疫，可如何防御、谁来协调，还需要仔细规划。

此时皇权岌岌可危，民国尚未成立，沙俄和日本对富饶的东北三省虎视眈眈，争相向清政府讨要防疫权，想以封锁疫区的名义趁机掌控东北。

就在这当口，曾留学美国康奈尔大学的外务部左丞施肇基主动申请当防疫大臣。领命后的施肇基遍寻帮手，遭遇不少推托之词。唯一爽快答应的，就是毕业于剑桥大学医学院的伍连德。

伍连德（1879—1960 年），微生物学家，中华医学会首任会长

抗疫斗士伍连德

在这次中国东北暴发的鼠疫事件中，一位中国医生分类出鼠疫的不同类型，并成功地阻断了鼠疫的进一步传播，这位医生就是伍连德。

1896 年，伍连德获得了英国女皇奖学金，赴剑桥大学意曼纽学院（Emmanuel College，University of Cambridge）求学。自父亲那一辈起迁居南洋，他是家中第四子，从小接受大英义塾的免费教育，成绩优异。

伍连德是个不折不扣的学霸，攻读学士学位时，多次获得奖学金，进入圣玛丽医院学习。1902 年获得医学学士学位后，他又去了英国、德国、法国的多家研究所进修。值得一提的是，他在法国的进修地是巴斯德研究所。

由于表现优异，获得学士学位一年后，伍连德便通过了博士论文答辩。学业结束后，他便回到吉隆坡医学研究院进行了一年的热带病研究，主要研究疟疾和脚气病。

一年后，伍连德回到槟榔屿开设私人诊所。在这期间，他很关注国际禁烟活动，创建了槟城禁烟社，也因此受到利益相关方的阻挠。正好这时他收到时任直隶总督袁世凯的邀请，回国担任天津陆军医学堂副校长。命运的齿轮悄然运转，将伍连德推到了特殊的位置。

受施肇基任命，伍连德前往哈尔滨主持抗击鼠疫的工作。伍连德到哈尔滨的时候已经是 12 月了，天气寒冷，他当即前往疫区查看，通过血液检查和调查发现，最早染病死亡的是满洲里的一个俄国人。随着打旱獭以获取皮毛的猎手进一步增多，一些没有经验的新手会将因生病而行动缓慢的旱獭也收入囊中，带回客栈处理，因此传播了瘟疫。恐慌的老百姓开始乘火车往哈尔滨方向逃亡，病菌也因此被传播到火车站沿线地带，傅家甸、哈尔滨等城市均未能幸免。

在对疫情有了全面的了解后，伍连德联合相关部门发布了一些规定，例如：安排人手分区管理，不同区的居民持有不同的证件，隔离病人及家属；派专业医护人员而非警务人员从事检查工作；管制交通与流动人口；征募 600 名特别警察辅助防疫工作等。

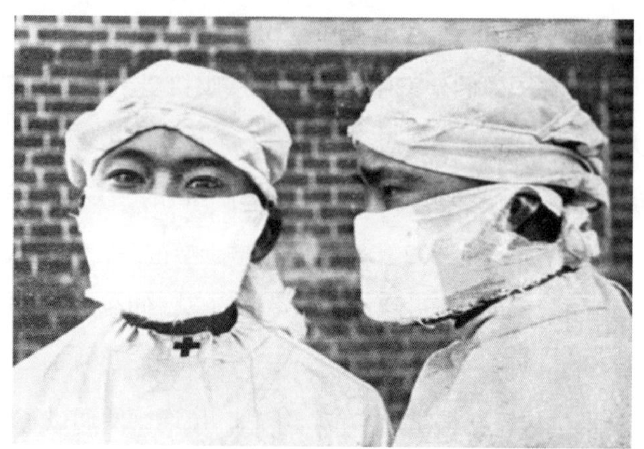

伍连德发明的“伍氏口罩”，来源：新加坡国立图书馆

伍连德的防疫措施无疑是创新且有效的，对于今日的新冠疫情防控也有借鉴意义。为了将健康人、疑似患者和高危患者分隔开，减少传染可能，伍连德借用了俄国的 100 多节火车车厢，作为独立的隔离场所。这一将隔离区与居民区分开的做法，大大降低了疫情的传播速度。

傅家甸的滨江防疫疑似病院，来源：上海商务印书馆 1911 年出版的《哈尔滨傅家甸防疫摄影》

在抗疫过程中，伍连德还遇到了一个难题。患病死亡的人越来越多，户外零下三十摄氏度的天气将土地冻得异常坚硬，无法挖掘深沟埋葬，尸体得不到及时的安置，就这么成堆地摆在户外，动物啃咬尸体后再将病菌传到其他地方，这样疫情始终无法平复。于是，伍连德向清政府提出火葬的建议，陈述这么做对阻止疫情传播的重要性，最终获得清政府的支持。在首批集体火化仪式上，100 具尸体堆成一堆，一共 22 堆，解决了大量尸体摊在积雪深厚的户外既无法安葬又传播病菌的问题。伍连德的这一建议虽打破了中国人土葬的传统，引来民众抵触，但也隔绝了瘟疫传播的一大途径。

除了让鼠疫不再扩散，伍连德还积极地寻找病原体，因为只有控制了传染病的源头，才能真正解决瘟疫的传播。

进入疫区的伍连德，拜会了比他早到疫区的研究者——日本生物学家北里柴三郎的助手，他已经在疫区工作了一阵子。有意思的是，这位研究员专门与老鼠打交道。他每天只做一件事，那就是解剖老鼠。或许因为之前已有研究表明，鼠疫由跳蚤从老鼠传播到人，所以这位固执的研究者坚持认为只有在老鼠体内发现了鼠疫杆菌，才能证明这次疫情是鼠疫。可惜，他的研究之路非常不顺利，他收集并解剖了成千上万只老鼠，也没有发现鼠疫杆菌的影子。

伍连德并不认可这种做法，在他看来，令人致死的病原体一定留在尸体里。他开始寻找在疫情中死去的患者尸体，提取血液进行分析。但由于当地居民对尸体解剖非常抵触，好不容易，他才得到解剖患病去世的日本籍客栈老板娘的机会，观察到死者肿胀的肺部组织。通过高倍显微镜对提取的样本进行细菌学检查后，伍连德发现了鼠疫杆菌的踪迹，因此确定这次瘟疫是鼠疫。结合调查和实验结果，伍连德判断这是一种新型鼠疫，与之前发生的鼠疫类型不同，是通过飞沫传播的，而且致死率极高。

令人啼笑皆非的是，即使他已在尸体中发现了鼠疫杆菌，北里柴三郎的助手仍拒绝承认这是鼠疫，而且认定鼠疫不可能通过空气传播。这不是伍连德第一次遭遇否定。在哈尔滨期间，伍连德一再受到其他医生的挑战。在查看患者症状后，伍连德高度怀疑病菌是通过空气传播的，却被俄国防疫医院主管医师哈金夫嘲笑，这位医生甚至不戴口罩，便进入病房检查病人。法国医生梅斯耐向当局申请防疫主任的职位，被派往疫区后，却轻视与他共事的伍连德对疫情的见解。不久后，梅斯耐因为不戴口罩进病房而患鼠疫去世。（写到这里，不免想到 2020 年初新冠疫情全球大流行之际，众多发达国家人士竟然集体抵制口罩……历史惊人地相似，人类的愚蠢何曾减少？）

由于防疫有方，1911 年 4 月，鼠疫流行了 6 个月后逐渐平稳，死亡总人数不下 6 万。当局决定在奉天（如今的沈阳）召开万国鼠疫研究会，分享经验。这是世界上第一次有人分离出肺鼠疫杆菌，这也是第一次中国在现代医学界有机会输出经验。

在抗疫活动中居功至伟的伍连德担任大会主席，国际上享有盛名的北里柴三郎担任副主席。英、美、俄、日等 11 个国家的 34 位代表出席了会议。为期 26 天的会议期间，与会代表肯定了伍连德对肺鼠疫的判断，并共同总结了东北鼠疫的传播途径、治疗方法、防疫措施等内容，确定了鼠疫的传播路径，不仅老鼠，如旱獭等啮齿动物也能成为跳蚤的宿主。

大会之后，伍连德仍留在中国从事抗疫工作，直到抗日战争全面爆发才回到马来西亚。他担任中央防疫处处长，控制住鼠疫在东北的第二次大流行；陆续帮助中国建立了北京中央医院、协和医学院和协和医院，自此中国才有了自己的医院和医学院；与颜福庆等人联合发起成立中华医学会，创办《中华医学杂志》，该杂志至今仍在出版；因为不满《世界医学史》中关于中国的记载不足一页且有错误，他耗时十余年编撰《中国医史》；在他的周旋下，全国海港检疫事务管理处在上海建立，我们终于将海港检疫权拿回自己手中。

对于伍连德的贡献，梁启超给予了很高的评价："科学输入垂五十年，国中能以学者资格与世界相见者，伍星联博士一人而已！"伍连德也因为在对抗鼠疫过程中做出的贡献而获得1935年诺贝尔生理学或医学奖的提名，这是华人首次获得诺贝尔奖的提名。

幽灵从未离开

进入20世纪，人们的卫生意识有所提高，也具备了一些防疫经验，是否能将鼠疫排除在文明之外了呢？答案是没有，即使在自诩文明大国的美国，鼠疫也时不时地造访。

1924年，洛杉矶已经是一座拥有100万人口的大城市，气候不错，产业蓬勃，吸引了许多人前来定居。

在这座繁华的移民都市里，来自不同地区的人们分散而居，有墨西哥社区、拉美裔社区等，不同社区的生活条件差异较大。通常来说，移民居住的社区卫生条件较差，他们最亲密的邻居往往就是老鼠。

这一年，洛杉矶发生了一件大事，墨西哥社区接连有人死亡，这些人都与最初死亡的一位女孩有过亲密接触，病症差不多，都会高烧、咳嗽、吐血，身体出现红色斑点，这俨然是恶性传染病发出的信号。

但医生意见不一，从淋巴结炎到肺炎，再到流感、流行性脑膜炎，除了一位在显微镜下观察到鼠疫杆菌的医生，没有人提出这可能是鼠疫。人们对鼠疫已绝的自信，超过了对真相的追求。

自大的卫生官员早就宣称，整个加利福尼亚州都已经消灭了鼠疫，这个因卫生条件差导致的中世纪瘟疫，怎么可能出现在干净卫生的洛杉矶呢？为了保住面子，卫生部官员拒不承认这是鼠疫，但流言和恐慌已经在整个城市蔓延，当地媒体放弃了监督功能，没敢提到鼠疫，称是恶性肺炎，最后还是洛杉矶之外地区的报纸撕掉了“皇帝的新衣”。

信息的延误影响了防疫措施的执行，原本只用封锁出现疫病的社区，最终执行时却封锁了所有墨西哥人居住的社区。而那些被隔离的病人，也没有得到有效的治疗，直至抗病血清的出现，才让事情有了转机。

执行隔离政策之时，也是歧视盛行之时。无论是 1900 年封锁唐人街，还是 1924 年封锁墨西哥社区，都将疾病与人种等同视之，仿佛导致瘟疫的不是病原，而是人。

当疫情被控制住后，人们开始重新找寻瘟疫的源头。卫生部门发起灭鼠行动，目标是墨西哥社区。可耐人寻味的是，墨西哥社区的老鼠身上没有携带鼠疫病菌。扩大搜索范围后，在洛杉矶港口附近找到携带病菌的老鼠，经检测发现，老鼠身上带病菌的是原本寄生在松鼠身上的跳蚤。根据这一线索，卫生部推测出这次鼠疫与曾发生过的松鼠鼠疫可能同源。

这次洛杉矶鼠疫持续了不到三个月，出现了肺鼠疫、腺鼠疫和败血型鼠疫这几种类型，导致 43 人死亡。美国公共卫生部门在接下来的十年里继续研究鼠疫来源，终于发现了鼠疫传播的宿主链条，也制定了野生动物监测和预警机制。

即使是在 21 世纪的今天，鼠疫仍未从我们的生活中消失。2017

年8月，马达加斯加暴发鼠疫，2348例确诊和疑似病例，大多数为肺鼠疫，腺鼠疫和败血型鼠疫也存在其中，202例死亡。这是近年来鼠疫暴发影响最大的一次。

《中华人民共和国传染病防治法》规定，鼠疫在我国属于甲类传染病。我国将传染病分为甲、乙、丙三类，甲类传染病是传染性及危害程度最高的一种，如今与它同属甲类传染病的只有霍乱。

鼠疫在我国至今仍有病例。2020年8月2日，内蒙古包头市发生一例肠型鼠疫死亡病例；2019年11月，内蒙古自治区锡林郭勒盟发现几例腺鼠疫死亡病例，其中一人曾剥食过野兔；再往前倒推，2017年、2016年、2014年……都曾有过鼠疫致死的病例，得益于完善的鼠疫监测与分级防疫机制，由于阻断及时，这些病例并未引发大范围传播。

当动物中发生鼠疫疫情时，相关机构会发布疫情预警，警示在此地区居住与旅游的人们注意保持与野生动物的距离，避免鼠蚤叮咬，采取预防与隔离措施。

针对鼠疫，如今我们已有了有效的治疗药物，早期治疗能大幅降低患者死亡率。磺胺最早被用来治疗鼠疫，在抗生素问世后，链霉素成为鼠疫治疗的主要药物，为了治疗效果更好，有时需与其他抗生素联合使用。由于链霉素长期使用会有毒副作用，因此鼠疫用药对药量控制有要求。

值得一提的是，在最新的鼠疫事件中，医护人员能第一时间判断患者所患是否为鼠疫，正是依赖于新型的检测技术——鼻咽拭子PCR核酸检测及分析，当病原体检测结果呈现阳性时，即可断定患者所患是鼠疫，可以采取相应的应急措施。

未来鼠疫是否会再次卷土重来，我们不得而知，但有了恰当的防疫手段，能在一定程度上防范鼠疫的大范围流行。

防疫工作最重要也最薄弱的一环，或许就是每个人的防疫意识。每当听说有人又拣了旱獭准备取皮毛，或者有人用大功率吸尘器捕捉地洞内的旱獭，又或是有人将抚摸旱獭作为景点游玩项目，尹哥就会被惊出一身冷汗……我们在享受大自然带来的福利之时，也请尊重这些原住民——特别是啮齿类朋友的领地。

憨态可掬的旱獭，也是当下鼠疫的主要宿主之一，来源：维基百科

破解鼠疫谜题

在千百年与鼠疫的对抗中，研究者们发现鼠疫主要分为肺鼠疫、腺鼠疫及败血型鼠疫这三种类型。不同鼠疫类型的病原菌略有不同，免疫力不同的人感染鼠疫的症状也不一定相同。

腺鼠疫由鼠蚤叮咬传播，被叮咬的位置附近淋巴结肿胀，患者身上鼓起大块的淋巴结节，这种类型的鼠疫相对而言致死率较低，淋巴脓包消退的患者有望存活。当病菌侵害到患者肺部，患者出现胸痛咳嗽、呼吸困难、咳血等症状则发展为继发性肺鼠疫，肺鼠疫病程较短，多半不治。原发性肺鼠疫由患者直接吸入鼠疫杆菌导致，肺鼠疫病菌能通过患者咳嗽喷出的飞沫传播。当病菌及内毒素侵入血液系统造成全身器官和组织感染，患者虽不会出现淋巴结肿胀的症状，但会发生内出血，肢端还会出现紫黑色的坏疽，少则一日多则几日便会死亡，这便是败血型鼠疫。腺鼠疫和败血型鼠疫会通过血液或脓液传播病菌。

在漫长的几千年里，人类对鼠疫的了解始终有限，直到分子生物学发展起来，许多问题才有了答案。

通过对肺鼠疫患者携带的鼠疫杆菌进行全基因组测序，研究者推测，鼠疫杆菌由生活在动物肠道的低致病性假结核耶尔森菌演化而来。包含 465 万个碱基对的鼠疫杆菌，有 3.7% 的重复序列，以及 150 个非功能基因，在漫长的演化历程中，不断发生基因重组，或许是鼠疫杆菌能经由鼠蚤这一中间宿主，从啮齿类动物向人传播并带来致命威胁的原因。

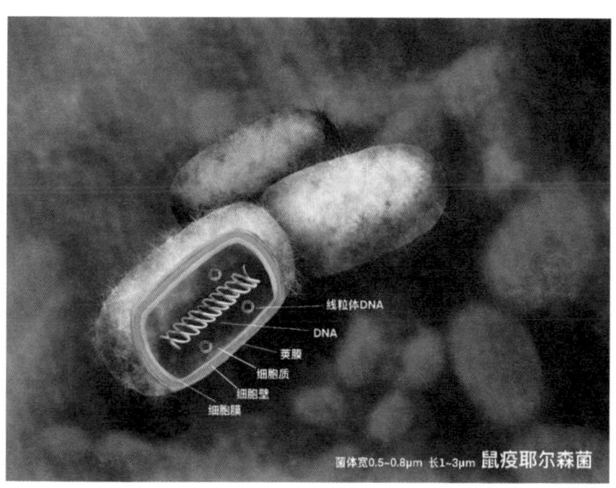

鼠疫耶尔森菌示意图，绘制者：符美丽

美国西北大学医学院的研究者分析了处于假结核耶尔森菌和鼠疫杆菌两个种之间的中间分支菌株发现，在过去一万年的某个时候，名为假结核耶尔森菌的细菌（会造成轻微肠胃问题）获得了一个基因，演变成了鼠疫杆菌。这个基因编码的蛋白质发生了一个小变化，使演化后的菌种具有高度传染性，肺鼠疫也因此出现。

而鼠疫杆菌的演化速度会受到人口结构变化的影响，这一点在军事医学科学院微生物流行病研究所杨瑞馥研究员联合华大基因、伦敦大学学院等研究机构的研究者分析了 133 个来自中国及其他地方的鼠疫杆菌基因组，通过单核苷酸多态性（single nucleotide polymorphisms，SNPs）分析出鼠疫耶尔森菌的谱系后推断而得出。

由于史料对瘟疫的记载有限，至今仍有人认为，从症状来看，欧洲三次大瘟疫不一定是鼠疫，也可能是其他传染病。2011 年，加拿大麦克马斯特大学和德国图宾根大学的研究人员从伦敦一个大型墓地挖掘出的 4 副骸骨的牙齿样本中提取出鼠疫杆菌的 DNA 片段，并以现代鼠疫杆菌的基因序列为参考，首次重建了这一古老病菌的基因组，发现古代鼠疫杆菌与现代鼠疫杆菌非常相似，是现代鼠疫杆菌的鼻祖，这也是欧洲曾暴发鼠疫的佐证。

鼠疫杆菌何时具备通过跳蚤传播的能力？答案是在距今 3000 年至 3700 年前。2015 年，丹麦和德国的研究团队在《细胞》上发表成果，通过分析欧洲和中亚 101 个古人牙齿样本上的 DNA，发现青铜器时代的牙齿样本中便已存在鼠疫杆菌，而且与现在的鼠疫杆菌相比，青铜器时代的鼠疫杆菌缺少一种叫 *ymt* 的关键基因，但公元前 951 年的铁器时代早期的牙齿样本中的鼠疫杆菌存在 *ymt* 基因。这个基因决定了鼠疫杆菌是否能在跳蚤胃肠道中生存，使跳蚤乃至后来的老鼠传播鼠疫成为可能。这一结论也意味着鼠疫杆菌的起源与传播比历史记载的要早得多。

鼠疫的源头到底是哪儿呢？研究者在瑞典的古墓中发现了一具20岁女性的尸体，对其牙齿样本进行分析发现，鼠疫杆菌的存在时间可能早在4900年前，那时候的北欧还处于新石器时代。至于鼠疫杆菌的发源地这一问题，跨国科研项目组对目前全球存在的17种鼠疫菌株进行基因组测序后推测，鼠疫杆菌或许最早起源于中国或中国附近，不断变异后传播至全球。但随后一项新研究提出了不同的意见，研究者对14—17世纪的10个墓地中的死者进行分析，从他们携带的鼠疫杆菌基因组中发现了来自俄罗斯伏尔加地区拉伊舍沃（Laishevo）的菌株，认为它是所有导致黑死病的鼠疫杆菌的祖先。

针对鼠疫杆菌的研究还在继续，在现代化的基因分析工具和技术的帮助下，我们对鼠疫杆菌等古老细菌的了解将越来越深入，这有助于我们还原鼠疫传播的真相，找出对抗鼠疫的武器。

鼠疫的“馈赠”

与黑色的死亡相对的，是人类创造力带来的辉煌，欧洲之所以能破除宗教束缚，走向文艺复兴，便与瘟疫有关，鼠疫是其中影响最深远的一种瘟疫。

在文艺界，欧洲的死神文化独树一帜，不少死亡主题作品与鼠疫有关。比如油画《死神的胜利》、莎士比亚的剧作，再比如欧洲的白骨教堂、维也纳城中心的瘟疫纪念柱。薄伽丘的《十日谈》被现代人奉为经典，哲学家阿尔贝·加缪创作的长篇小说《鼠疫》获得了诺贝尔文学奖。

格林童话里也有与之相关的故事，比如《捕鼠人》，勃朗宁还把它写成了长诗《哈默林的花衣吹笛人》。

勃朗宁在长诗《哈默林的花衣吹笛人》中，记录了这样一个故事：德国一个叫哈默林的小镇暴发鼠患，民众不满，市长却束手无策。这时来了一位穿着花衣、衣服上别着笛子的人，说自己可以解决这个问题，条件是市长要支付一定的报酬。市长爽快答应了。吹笛人用笛声将老鼠引到河里，解决了鼠患问题。这时候市长却不愿意支付报酬了。吹笛人再次吹响了笛子，镇上几乎所有的孩子都跟着他走向山中，最后消失在山林里。

在后来的数百年时间里，这个故事有了众多版本的解读，其中一个与鼠疫有关——吹笛人代表着鼠疫病菌，寓意着鼠疫不仅消灭了老鼠，还消灭了抵抗力低下的儿童。

文学作品对鼠疫的关注，也是有历史原因的。中世纪的欧洲在很长一段时间里，都笼罩在鼠疫的恐怖气氛中，这种恐惧和焦虑也印刻在数代人的骨子里。

1564 年，莎士比亚出生于英国斯特拉福小镇。在他出生的这一年，小镇上 1/4 的人因黑死病而去世，莎士比亚能活下来，不得不说是一种幸运。凭着写作的天赋，莎士比亚在伦敦大受欢迎，写出了不少广受欢迎的作品，声名大噪。在莎士比亚的一生中，几乎每隔数十年，都要暴发一次瘟疫，这在一定程度上影响了他的创作方向。在莎士比亚笔下，死亡形式各种各样，瘟疫也在其中扮演了重要角色。在《罗密欧与朱丽叶》一剧中，如果送信人没有因瘟疫期间管制而耽搁送信，这对恋人也不会阴阳相隔。

1665 年伦敦瘟疫大暴发期间，牛顿不得不离开剑桥学院，回到老家林肯郡的乌尔索普村（今属格兰瑟姆市），闭门专心研究工作。这段时间被他称为“创造生涯的鼎盛时期”，在苹果树下沉思而被掉落的苹果砸中，因此发现万有引力的传说，正是发生在这段时期。不仅如此，这两年间，牛顿在微积分、光学研究方面也有突破，1666年也被称为牛顿的“奇迹年”。

鼠疫带来的不只是创造力，还有对人性的考验。

在鼠疫肆虐的千百年间，被人们视为救命稻草的教会此时也无能为力，为求生而发起的祈祷集会成为走向死亡的聚会，神父也未能幸免。那些活着的人，有的纵情享乐，有的携病外逃，有的寄望宗教，有的谴责自己，鞭笞者运动便在当时兴起。一些深信自己有罪，希望通过体罚的方式来消罪并逃过瘟疫的男男女女，袒露上身，集体游行，时而停下来用镶有铁块的皮鞭抽打自己。

外出避难的人群中不乏感染者，他们所到之处，毫无疑问地成为地狱。那些投奔亲友的患者，往往在亲友家住过一晚后便发病，几日内死去，与他接触紧密的亲友、亲友的邻居相继染病死去，接下来是整个城里的人……一个人毁灭一座城，在瘟疫暴发时，这是现实，而非故事。

在这样大范围的死亡面前，所有的文明礼教都已坍塌。病人无人照顾，人人自顾不暇。衣不蔽体的尸体被胡乱堆放在墙角，接着被拖上板车，运往城外。无论是教堂还是坟地，都已满是尸体，剩下的只能毫无体面可言地被倾倒进巨大的坑洞里，和一群陌生人一起露天而葬。死亡的人多了，甚至无法腾出运载尸体的人手，只能任由它们堆积，导致卫生环境更恶劣，加剧疫情的传播。

在瘟疫带来的死亡威胁下，人的精神世界开始崩塌。薄伽丘在《十日谈》中写道，“到后来大家你回避我，我回避你；街坊邻舍，谁都不管谁的事；亲戚朋友几乎断绝了往来，即使难得说句话，也离得远远的。这还不算，这场瘟疫使得人心惶惶，竟至于哥哥舍弃弟弟，叔伯舍弃侄儿，姊妹舍弃兄弟，甚至妻子舍弃丈夫都是常有的事。最伤心、叫人最难以置信的，是连父母都不肯看顾自己的子女，好像这子女并非他们自己生下来似的”。

教会宣称之所以出现鼠疫，是上帝降灾，异教徒、被认为低贱的底层人便遭了殃，尤其是犹太人，遭到了恐怖的血洗。基督徒指责犹太人在他们的水井里投毒，带来了瘟疫，各地纷纷发起了迫害犹太人的活动。火烧、虐杀，犹太人死伤无数，《欧洲中世纪史》显示，黑死病期间，仅美因茨和斯特拉斯堡就有近 3 万犹太人被杀死。还有不少女性被污蔑为带来灾难的女巫并以残酷的方式被处死。大量犹太人和女性的死亡并未止住瘟疫的蔓延。自私自利、残忍无情，这些以莫须有的罪责为矛攻击他人的人，本身成了道德败坏的代表。

但同时，也有人在面临瘟疫威胁时做了无私的选择。1665 年鼠疫流行时，英国伦敦附近的小村庄亚姆村的村民在发现鼠疫病例后，用石头垒了一座围墙，将整个村子围了起来，主动与外界隔离。村子里有不少健康人，与鼠疫病人隔离在一起，无疑增加了感染风险，但为了避免影响其他地区的人，所有人都选择了留下来。他们将硬币浸泡在醋里消毒（认为这样能避免传播病菌），放在围墙的洞中，以这种方式与周围村庄的商人换取粮食。村庄里的人死了许多，有的八口之家最后只有一个人幸存。正是他们的牺牲，才给了其他地区的人生的希望。这段历史至今仍保存在亚姆村的博物馆（Eyam Museum）里。现在看来装扮滑稽的瘟疫医生，虽然没有发挥什么作用，却也是疫情期间敢于接触患者的勇者。

时至今日，在大部分时候，我们压根儿不会想起鼠疫这件事。以中国为例，每年的病例以个位数计，没有恶性传播事件发生，但我们仍不能掉以轻心。鼠疫病原体在大自然中仍然存在，在战争时期，甚至被某些人拿来研制生物武器，例如：朝鲜战争期间，美国对中朝军队使用生物武器；侵华战争期间，日本七三一部队在中国东北开展细菌武器的研究，鼠疫杆菌就是其中一种曾被日本投放在中国土地上的病菌；苏联也曾秘密研究生化武器。

侵华日军第七三一部队遗址，拍摄者：宋修华

从瘟疫的历史我们可以推测，一场细菌战的威胁远胜于其他战争，如果说天灾不可避免，至少人祸我们可以选择拒绝。

1972 年，美国、英国、苏联等 12 个国家签署《禁止生物武器公约》，该公约于 1975 年生效。公约规定，缔约国禁止发展、生产以及储存大规模杀伤性武器。截至 2021 年，共有 183 个国家加入该公约。

不要给瘟疫制造传播的机会——人类必须对自己的未来负责。

鼠疫杆菌的自白	
中文名：	鼠疫杆菌
拉丁学名：	*Yersinia pestis*
“人间”出生日期：	至少 4900 年前
籍贯：	肠杆菌目，肠杆菌科，耶尔森氏菌属
身高体重：	465 万个碱基对，约 4000 个基因
住址：	人、跳蚤、鼠等哺乳动物、昆虫、啮齿类动物等的体内
职业：	死神
自我介绍：	我是一种通过跳蚤从老鼠（旱獭、松鼠等啮齿目动物）身上传播到人类身上的病菌。在几百年前，我的威名响彻世界，大家都害怕我，不知道怎么就被我找上了。我曾带来几次大破坏，但也不能全怪我。当时战争频发，气候变冷，到处都有饥荒，人们也不知道卫生是什么。在这种环境下，老鼠也没吃的，逼得鼠蚤换了宿主，我们这不就直接找上你们了。现在的我们已经不再有机会引起大流行，只好潜伏在野生动物体内，等待时机。其实，如果你们注意卫生，不与野生动物亲密接触，我基本上就拿你们没办法了。而且对我来说，人类也并非唯一宿主选择，大家井水不犯河水也挺好，不是吗？

鼠疫漫画，绘制者：符美丽

我是杀人冠军，

然而默默退群了……

尹哥导读

- 如果要评比最有存在感的病毒，天花一定可冲击榜首。历史上太多人因患天花死亡。康熙皇帝之所以能登上皇位，据说与小时候得过天花后康复有关。患者即使幸存，身上也会留下痘印，俗称麻子。
- 天花影响历史，罗马衰亡与之有关，欧洲人将天花带到美洲，毫不费力地征服了美洲大陆，也开启了黑暗的黑奴贩卖史。
- 1000 多年前，天花传入中国，国人即开始尝试人痘接种术，17 世纪已经有明确记载。18 世纪末，英国人詹纳发明牛痘接种术。相比人痘接种，牛痘极大地降低了死亡率。从此，接种牛痘成为预防天花的有效手段。
- 通过基因技术，我们发现 3000 多年前，天花病毒从非洲啮齿类动物身上的痘病毒演化而来，而牛痘能让人对天花病毒免疫是因为牛和人的天花病毒表面抗原一致。
- 如今，人天花已经绝迹，仅有的几株病毒保存在俄罗斯和美国的实验室里，也曾因实验室泄漏而出现过两例死亡病例。关于天花病毒当不当存的讨论从未停止，合成生物学技术更是使天花随时都可以重现于世，而研究者也通过不断研究其他痘病毒来应对可能卷土重来的天花。

17 世纪时，德国流行一句谚语："人皆难逃爱情和天花。"当时的欧洲街头，不少路人脸上都有着坑坑洼洼的痘印，那是比青春痘更令人烦恼的印记，但也是幸运的体现，是天花光临过的证明，是一种性命无忧的保障，也是相伴终身的记忆。感染天花并康复后大概率会终身免疫，相比没得过天花的人，有痘印的人更受婚恋、劳务市场青睐。毕竟，在天花动辄来访的时代，没有人希望身边有潜在的传染源。

细数历史上的流行病，天花（smallpox）可能是名字最好听的传染病，也是一种威胁度极高的疾病。在疫苗发明之前，这其实是一朵死亡之花。

有人因天花遭殃，有人因天花得益。12 位清朝皇帝中，据传有 4 位患过天花，只有两位活了下来，顺治和同治皇帝英年早逝，而康熙和咸丰，龙颜均有痘印。相传，康熙能登上皇位，小时候得过天花而大难不死是原因之一。

林肯遇刺前感染了天花，英格兰女王伊丽莎白一世感染天花但幸运地并未留下太多疤痕，美国总统华盛顿感染天花后活了下来。除此之外，因天花而殒命的统治者也不少。天花不仅影响着这些统治者的命运，也曾数次改变历史。

冷面杀手

瘟疫一直影响甚至塑造着历史，天花尤甚。

公元前 430 年，雅典帝国正当鼎盛时期。但伴随着伯罗奔尼撒战争的爆发，一场瘟疫让雅典折损了约 1/3 的人口。战争爆发时，雅典城里挤满了避难的人，这为瘟疫的流行提供了条件。辉煌的雅典帝国逐渐式微，几十年后，雅典被斯巴达打败。

历史学家修昔底德记录了这场瘟疫的情景，后来的研究者据此无法给出确切的定论，这究竟是一种什么传染病。但有人推测，可能是天花、麻疹或其他类似传染病；也有人提出，导致两千多年前这场瘟疫的病原体可能早已消失或变异。

雅典瘟疫，来源：维基百科

公元 2 世纪的罗马帝国，是欧亚大陆上的强国。它不仅建立了庞大而现代的城邦，贸易线路也非常发达，连通欧亚非，这条道路上不仅流通着各式各样的商品，随商队抵达的还有当地从未有过的微生物。

公元 165 年，“安东尼瘟疫”席卷了这一军事强国。此后的 15 年时间里，700 万~800 万罗马居民因这场疫情而死亡。罗马人口锐减，军队缩编，再不复往日辉煌景象。

克劳迪亚斯 · 盖伦（Claudius Galenus，129—199 年）是这场瘟疫的亲历者，据他记载，患者会先出现发热、咽喉发炎、腹泻的症状，第 9 天时体表会出疹子，有时疹子上还带有小脓包，症状很像后世的天花。

微生物犹如压倒罗马的最后一棵稻草，让已显颓势的帝国迅速走向衰亡，而始作俑者再次隐匿，踪迹不明。

天花这种病症代表了一种病原体的生存策略，不仅能通过飞沫传播，还能在患者痘痂、使用过的物品上存活数月甚至年余，感染人于无形之中。病原在人体中潜伏 12 天后，症状开始出现——高热、畏寒、全身酸痛、呕吐等，与流感症状相似。几天后，体表开始出现红斑，多出现在面部和四肢等位置，躯干红斑稍少一些。这些红色皮疹在接下来两三周时间里逐渐变成水疱，水疱化为脓包，脓包结痂，痂壳脱落，留下凹陷的疤痕。天花发作期间，患者身上会出现令人难以忍受的臭味。一些患者还会出现并发症，如炎症导致的失明，细菌感染导致的肺炎、中耳炎、脑脊髓炎等。

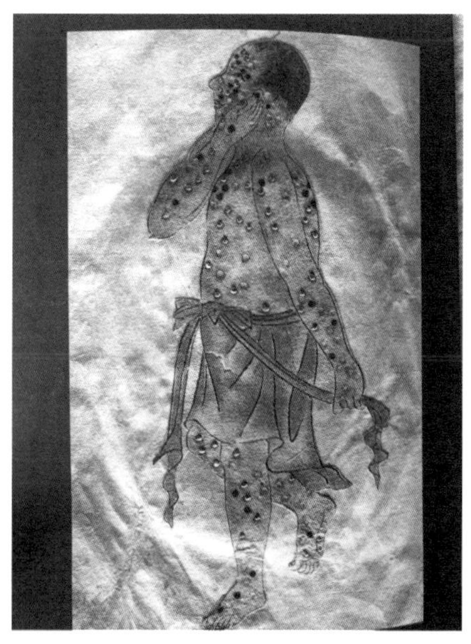

天花患者身上布满了痘，来源:《病玫瑰》《痘疹精要》内绘图

出红疹是天花病程的一个重要阶段，有的患者在出红疹之前就因严重感染而死亡，更多的患者在出红疹时死去。那些在红疹或脓包期煎熬的患者一旦出现出血症状，意味着患上了黑色天花（black smallpox），这是死神降临的信号。天花的高烧和痛痒难当的疹子会让人神志不清，在一些病例中，有的病人会冲出隔离场所，如梦游般在街道上乱走，成为危险的传染源。

无情的天花病毒令数代人谈之色变，他们为它起了各种外号，如"斑点怪物""最恐怖的死亡使者"。人们对天花的恐惧表现在生活的方方面面，有的部落不敢吃玉米，因为玉米颗粒看起来与天花脓包很像；有的地区不敢接触病人尸体，任由尸体横陈街上；有的人甚至不敢直呼天花的名字，而用别的称号来代替它。顺治皇帝在出痘时，禁止臣民炒油豆子；俄国女皇出行时，甚至要求沿途的天花病人迁居别处，有亲属感染天花者不得出门。

在某些时期和地区，一个家庭中如果有天花患者，相当于被宣判了社会性死亡。他们会被排挤出所在的社区，被迫迁至无人的地方生活。即使恢复，患者也将终身携带丑陋的印记生活下去，遭遇如同麻风病人所经历的那种歧视与疏离。一些患者或患者家人并非死于天花，而是饥饿。

由于信仰不同，不同地区的人民对天花的态度也不同。中国有的地方会在庙宇中供奉痘神娘娘，人们向她祈求让家里人远离天花。当孩子患天花时，大人们会在家里设立神龛供奉痘神娘娘，日夜祈祷孩子早日康复。印度一些地区的人敬仰天花之神，不愿接种也不与天花病人隔离，在他们看来，种痘会触怒神灵。在天花高发时期，一旦发现天花病人，非洲一些地区会连人带房子一起点火烧毁，有的还会将确诊的病人活埋。

《封神演义》中的余化龙夫妻，连同其五子，被封为“痘部”正神

在封闭的小环境中，天花的传播率和致死率格外高。据记载，格陵兰岛上一个村落的居民，死亡率达到75%。无人埋葬的人，还活着时就选择自己躺进事先挖好的墓穴，等待死亡降临。而无人照料的孩子，仅靠最后的食物维持生存，听天由命。

在消灭天花之前，全球因此倒下的有3亿~5亿人。正因为天花凶猛，一度成了某些人满足私欲的武器。数百年前发生在美洲大陆的灾难，与其说是天灾，不如说是人祸。

生物武器

欧洲殖民美洲的历史，是一部军事、贸易、疾病与医学杂糅的历史。其中，疾病所消灭的人比战争多得多。“欧洲人所到之处，便为当地从未接触过这些疾病而完全没有抵抗力的人口带来可怕的流行病——天花、伤寒和结核病。”英国医学史家罗伊·波特（Roy Porter）如是说。

1492年，哥伦布来到美洲。虽然早有人踏上过这片土地，这片土地自有其悠久历史，但哥伦布的这一征程仍被欧洲视作新发现，这片陆地被称作“新大陆”。兴奋不已的哥伦布带回玉米、马铃薯等作物，向西班牙人大肆宣传新大陆的美妙，并于次年带着装满动植物的船队再次回到美洲，将这片沃土彻底改造为欧洲的后花园。

西班牙人改变的不只是生态，还有当地人的生存状态，随船而来的不仅是物资，还有美洲不曾有过的病毒和细菌。当西班牙人带往美洲的家畜在广袤的新大陆上奔跑时，由欧洲传播至美洲大陆的病原体也在当地人中肆虐。这些包括鼠疫、麻疹等在内的在欧洲肆虐的传染病病原体，最厉害的非天花病毒莫属。

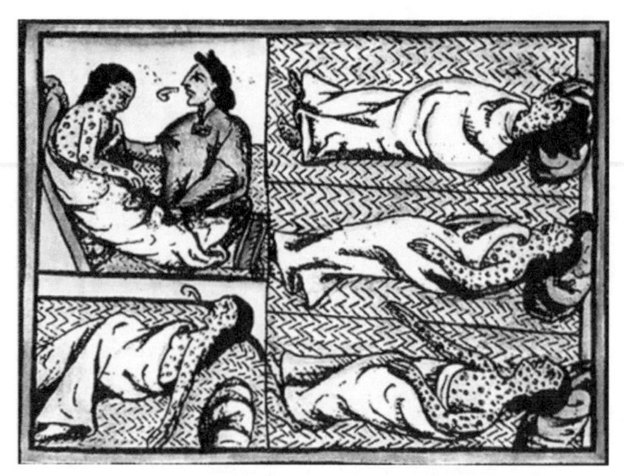

天花感染印第安人，来源:《疾病改变历史》

1519 年，为了获得美洲的巨额财富，西班牙贵族科尔特斯带着船队来到美洲大陆，与阿兹特克帝国进行正面交锋。在当时，阿兹特克帝国是美洲大陆上的文明大国，人口众多，仅首都特诺西提特兰城就有 30 万人口。1521 年，仅有数百人的西班牙军队开始攻打特诺西提特兰城，几番交手，竟然还打赢了。当然，非战之功，而是因为阿兹特克暴发了疫情，相传是科尔特斯身边的奴隶携带的天花病毒，让阿兹特克的军队丧失战斗力。国王倒下，继位者死亡，群龙无首的帝国四分五裂。在其后几百年的时间里，病毒以比欧洲军队还要快的入侵速度，消灭了绝大部分当地原住民。占领了特诺西提特兰城却又毁了它的西班牙人，在废墟上建起了墨西哥城。

1521 年，西班牙征服者科尔特斯攻占了有 30 万人口的特诺西提特兰城，来源：维基百科

1532 年，皮萨罗更显神通。他仅带着 168 名士兵和 3 门大炮，便征服了印加帝国（其中心在秘鲁库斯科省）。当然，这主要是传染病的功劳。

在接下来的几百年里，类似的屠杀频繁在美洲大陆上演。它们来自战争的屠戮和疾病的摧残。如果说开始的天花传播属于偶然，那在之后的侵略中，天花则成了欧洲殖民者征战的最佳武器。

1630 年，一支由 17 艘船组成的船队从英格兰向美洲大陆挺进，也奏响了美洲印第安原住民死亡的哀乐。枪炮的效用抵不上病毒的威胁，天花成为更有杀伤力的武器，毫无成本地令成片的印第安人倒下。他们死亡时，身上裹着殖民者送来的毯子，刚刚咽气的原住民并不知道，让他们感觉温暖的毯子，正是天花病人的遗物，残留其上的看不见的病毒，从他们接触起，就紧紧包裹住他们，编织了一首绝望的悲歌。

“别的瘟疫会持续两三个月，这种瘟疫却迫害我们一年多时间。以前的瘟疫杀死家中一个或两个人也就罢了，而它让一家只剩下一两个人，很多时候一个人都不留。”这是 20 世纪初，印第安人对天花的回忆。

毫无抵抗力的美洲大陆原住民在强悍的病原体面前纷纷倒下。在身体虚弱的同时，他们的精神也深受震动——为什么西班牙人不生病？他们并不知道，那是因为西班牙人已经有了抵抗力，还以为西班牙人受神灵庇佑，于是臣服于命运。正如欧洲殖民非洲时，基督教牧师对非洲人民的洗脑教育“有人为主，有人为仆”，似乎天生就该如此。印第安人流离失所，成为西班牙殖民地的奴隶，有的生病死去，有的承受不了繁重的庄园工作而死去。据后来研究者估算，在哥伦布踏上美洲大陆之前，美洲大陆总人口大约有 1 亿，墨西哥人有 2500 万~3000 万。100 多年内，当地人口锐减 90%，许多印第安人部落就此消失。

美洲原住民死于瘟疫，人力不够，在美洲大陆上建立种植园的欧洲人开始从非洲贩卖黑奴。据统计，数百年间，有 1500 万非洲人被贩卖到美洲作为奴隶。欧洲也有人移民美洲，极为频繁的人员流动，为疾病传播提供了绝佳的环境。

这样压倒性的屠杀，不仅发生在美洲，南非、澳大利亚的原住民也未能幸免。1713 年，南非原住民桑族人从欧洲殖民者那里感染了天花；1788 年，澳大利亚原住民被英国人传染了天花。实际上，不仅是天花，可能还有流感、斑疹伤寒、鼠疫等文明社会的传染病登上了这些新大陆，击溃了当地人的免疫系统——这些病原体对他们来说是全新的，杀伤力巨大。当然，欧洲人的收获不仅于此，他们被新土地回以梅毒、疟疾、黄热病等传染病。一场人之间的争斗，实际操纵者却是看不见的病原体，历史就这么被微生物影响着。

得意的殖民者毫不愧疚，认为这是上帝的旨意，认定他们天然就该拥有这片沃土。如果有上帝，那他同样也没有对欧洲人施以仁慈。无论人们如何虔诚地祈祷，天花的流行从未停止。死亡率在 15%~25% 之间徘徊，大暴发时甚至上升到 40%。对天花有限的认知，让人们不禁心生恐惧，由此催生了各种稀奇古怪的疗法，当中似乎暗藏着这样的心理——不管有没有用，总得做些什么才能安心。

荒诞疗法

在对抗天花的过程中，东西方都有不少“奇葩”的疗法。

《本草纲目》中，李时珍给出的建议是“服用白牛虱四十九枚，可治天花”。中世纪欧洲一些内科医生的治疗方法受宗教思想的影响，可能是打算恶心走附体的病毒，比如将马粪或绵羊粪盖在疱疹上，饮用绵羊粪、马粪粉制作的液体等。

波斯医生累塞斯提倡热疗法，将房间用炭火弄温暖，将病人包裹起来，促进发汗，以此来帮助身体恢复。也有医生持不同意见，认为冷疗法对治疗天花有效，提倡通风，虽然病人能因此呼吸到新鲜空气，却也增加了周围人被感染的概率。

内科医生的治疗建议如今看来显得荒谬且无效，由理发师兼任的外科医生执行的放血疗法如同万金油般用于治疗多种疾病，其中也包括天花，据说路易十四、路易十五也曾尝试此法，结果当然是无效。

曾被认为“包治百病”的放血疗法，来源：维基百科

法国和意大利的医生曾大为提倡“红色疗法”，顾名思义，就是让病人穿红衣来对抗疫病。在他们看来，需要将病人体内病毒引至体表，而红色能起到加热血液的作用。这一做法在日本也一度盛行，医者会用红布裹住病人，用红色饰物装饰病房，建议身边的人穿红衣来驱病。英国医生也开始在患者门口挂上红布帘。临近 20 世纪时，红色疗法升级为红光疗法，在医院里，医生会用红光照患者的皮肤，看似赋予了这种疗法科学性，实际上并无效果。

和天花患者能恢复健康凭借运气一样，人类能消灭天花也有运气的加持。

以毒攻毒

明确的天花记录出现在公元 10 世纪末，那时的欧亚非大陆上已出现天花的身影。

对于天花的起源，目前普遍认为来自东方。天花最先在印度出现，后经宗教传播、商队贸易等活动传至中国、非洲、欧洲等地。欧洲人口稀少且分散，是天花出现较晚的原因。

据推算，天花传入中国的时间是在公元 317 年左右。在中国医学古籍中，天花有过几个不同的名字，比如晋代医师葛洪所著的《肘后备急方》中，称之为“虏疮”，因其“以建武中于南阳击虏所得”，症状是“比岁有病时行，仍发疮头面及身，须臾周匝状如火疮，皆戴白浆，随决随生。不即治，剧者多死。治得瘥后，疮瘢紫黑，弥岁方灭”。

相较于欧洲，其他地方的天花疫情致死率较低，这与接种传统有关。据记载，埃及、印度等国在公元前就已有人痘接种记录，我国人痘接种法最早出现时间不详，相传唐代药王孙思邈发明了人痘接种术，他用天花病人痘疹里的脓液，涂抹在健康人的皮肤上，以此来预防天花。《痘疹定论》中记载了一个故事，宋真宗在位时，时任宰相王旦的几个子女都因天花去世，仅剩一个儿子王素，为防止儿子夭折，王旦遍寻名医，一位峨眉山上的女道姑将天花痘痂磨成粉，吹入王素的鼻子里，在短暂而轻微的天花感染后，王素便痊愈了，一生都未再感染天花。

1741 年，清代医师张琰在其著作《种痘新书》中提到了人痘接种法，这说明我国在 18 世纪时便已有人痘接种的技术。也有人推测，早在 16 世纪我国便已出现人痘接种术，但在早期的医学典籍中并无确凿记载。有人分析，这与学徒制的医师关系有关，种痘是一门如此有效的技术，以至于掌握了这门技术的人都秘而不宣。

人痘接种法或许正起源于以毒攻毒的冒险，医生们会有意让患者接触少量病原以产生抵抗力。这样的做法切实让一些人受益，但也有一些人因接种而死亡。

清朝的时候，种痘法得到了大力推广。清军入关后，不少没有抵抗力的满人死于天花，其中不乏皇室成员。为了解除这一危机，朝廷设立专职“查痘章京”，检查回国的人是否患有天花，并从民间广纳能士，征集预防天花的方法，人痘接种法便在此时由民间呈至皇室。

1742 年清朝官方发布的医学百科全书《医宗金鉴》记载，人痘接种法有几种不同的方式：将出痘天花病人的衣服给被接种者穿的做法称为痘衣法；将天花疱浆涂在棉花上塞入被接种者鼻孔是为痘浆法；旱苗法是将痘痂磨成的粉末吹入被接种者的鼻孔；水苗法是将痘痂磨成的粉与水调和，用棉花蘸取并塞入被接种者鼻孔。这四种方法里，水苗法较温和、效果最好，旱苗法较烈、效果也不错，其他两种则不太推荐。

种痘法在清朝的时候开始广泛传播。康熙在《庭训格言》中提到：“国初人多畏出痘，至朕得种痘方，诸子女及尔等子女皆以种痘得无恙。今边外四十九旗及喀尔喀诸藩，俱命种痘，凡所种皆得善愈。尝记初种时，年老人尚以为怪，朕坚意为之，遂全千百人之生者，岂偶然耶！”

清代大臣和珅的弟弟和琳在前往西藏就任时，将种痘法带到了那里。将天花病人痘痂磨成粉，吹入当地人鼻腔中，造成的轻型感染能让他们具备抵抗天花病毒的能力。当地人为了纪念他的功绩，在大昭寺广场上建起了一座种痘碑。如今，这座种痘碑上遍布许多大大小小的坑，相传是后来天花流行时，民众误认为石碑粉也有防疫效果而凿的。

大昭寺前的种痘碑，拍摄者：李雯琪

后来，人痘接种法由俄罗斯传入土耳其。1718 年，丈夫为时任英国驻土耳其特派大使的玛丽·沃特雷·蒙塔古夫人惊叹于这一接种法的效果，让使馆的外科医生查尔斯·梅特兰为她年仅 5 岁的儿子爱德华接种了人痘疫苗。

蒙塔古夫人敢冒险也是有原因的，她本人就因患天花而留下满脸痘印，对这一恐怖疾病有切身感受。她在给友人的信中，兴奋地记录了自己在土耳其见到的人痘接种法——有掌握接种技术的老妇人批量为愿意接种的人们提供服务，天花溶液盛在果壳里，她会征求被接种者的意见，让他们挑选接种的血管，然后用针挑破这根血管，将天花溶液埋进去，用贝壳夹住伤口。接种仪式还被希腊人赋予了宗教感，有的人会选择额头中间、左右胳膊和胸口四处，以构成十字架的样式。

玛丽・沃特雷・蒙塔古夫人（1689—1762 年），人痘疫苗接种的先驱

1721 年，蒙塔古夫人将人痘接种法带回英国，第一个接种的人是她三岁的女儿。在中世纪的欧洲，宗教的影响力是巨大的，教会宣扬“疾病是上帝降至人间的‘快乐约束’，是用来考验人的忠诚、惩罚人的罪孽的，不畏惧天花而保持健康的人不正直”。因此，在推广人痘接种法的时候，蒙塔古夫人遭遇了不少阻力。幸而，英国女王接受了她的推荐，在 6 位自愿接受接种实验的犯人身上，人痘接种法被证实确实能预防天花，这才得以普及。作为交换，这 6 位冒着感染风险参与实验的犯人也因此获得了自由。

和蒙塔古夫人一样，这一年，远在美国的牧师马瑟也在波士顿推广着人痘接种法。马瑟是个关注科学的牧师，他在学术杂志上读到关于土耳其人痘接种预防天花的文章，又通过和家里的黑奴聊天了解到，这位非洲黑奴就接受过人痘接种，于是在波士顿遭受天花攻击时，将这种方法推荐给了当地的医生。不知出于对信念的坚守还是对利益的保护，内科医生们强烈地驳斥了马瑟，甚至投掷炸弹来威胁他的人身安全。马瑟联合相信他的医生一起说服了287位居民接种人痘，这些人中只有6人因患天花死亡，相较而言，没有接种而感染天花的4917人中有842人死亡，接种的好处不言而喻。1769年，在思想家、文学家伏尔泰等人的游说下，人痘接种术才被法国接受。

虽然与不接种相比，接种人痘的患者死亡率较低，但仍是有风险的，再加上宗教、社会等因素的影响，种痘法在欧美推广艰难。直到牛痘法出现，情况才有所改善。

牛痘接种

数十年后，爱德华·詹纳（Edward Jenner）接过了对抗天花的接力棒。他所在的时代，皮肤上没有瑕疵的人很稀少，因此，皮肤光洁的挤奶女工是一个特殊的群体，引起了詹纳的注意。他小时候接种过人痘，行医时也见过因接种不良反应而死亡的病例。因此，当观察到挤奶女工并不受天花威胁，甚至近距离照顾天花病人也不被感染的事实之后，他开始了自己的实验。

爱德华·詹纳（1749—1823年），英国医学家，免疫学之父

在当时有限的条件下，他收集了所知道的接种牛痘就不感染天花的案例，确认这是事实。接着，他开始寻找没有感染牛痘和天花的病例，打算验证种过牛痘就不感染天花的假设。

1796 年 5 月，一名 8 岁小男孩詹姆斯 · 菲普斯（James Phipps）在詹纳的帮助下接种了牛痘脓液，恢复后便具备了抵抗天花病毒的免疫力。詹纳的这一接种法就是牛痘法，牛的拉丁语是 vacca，疫苗（vaccination）一词便源于此。疫苗和牛的故事不止于此，新冠大流行之后的 2021 年恰好是牛年，也是在这一年各类疫苗百花齐放，达到了接种高峰，可谓有趣的巧合。

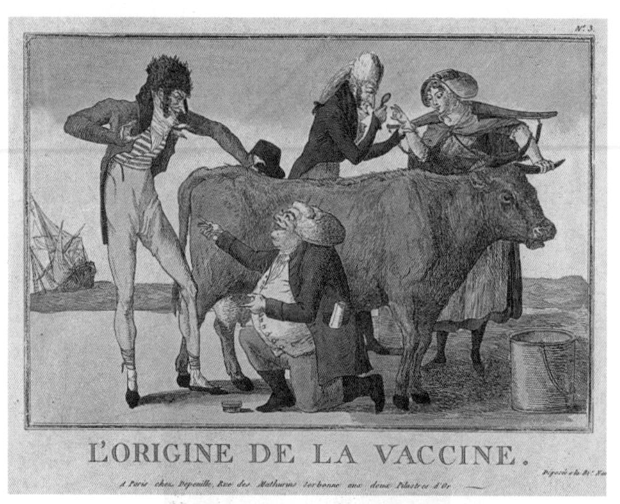

“疫苗”一词的来历，来源：法国国立图书馆

詹纳写了篇论文，仔细记录了这次实验的过程：“我挑选了一名健康的男童，约 8 岁，作为接种牛痘的实验者。这个东西采自一位从牛身上传染到挤牛乳妇女手上的脓疱。1796 年 5 月 14 日，将这种病毒注入这名男童的手臂上……第 7 天时，他抱怨不舒服……第 9 天

时，他有些发抖，食欲不振，微感头痛……次日他就完全复原了……为了确定这位男童在接种牛痘病毒后有这些轻微反应，是否能免于天花传染，同年7月1日，用直接采自脓疱的天花菌来接种……没有疾病发生……兹后数月，他再度接种天花菌，结果身体上仍没有疾病的迹象产生。”

詹纳把这篇论文寄给英国皇家协会，但遗憾被拒，因为样本太少，证明过程也不够严谨。这没有动摇詹纳的信念，他坚持认为自己是对的，随后又多做了几次人体试验，多记录了几例案例，并于1798年自费出版了介绍牛痘接种的书《牛痘的病因及影响的研究》（Inquiry into the Cause and Effects of the Variolae Vaccinae，Variolae Vaccinae指牛痘）。

詹纳为孩子接种牛痘，来源：《病玫瑰》

詹纳推广牛痘接种之路并不顺利，他在伦敦寻找接种牛痘的志愿者，并免费将疫苗送给医生们，在碰了几次壁之后，才在一些看到效果的医生推荐下，被行业所接受。牛痘接种法逐渐在英国推广开来，并走出了英国，为俄国、法国等国所接受。詹纳被英国皇家学会吸纳为会员，也获得了其他国家所授予的荣誉，俄国沙皇送了一颗大钻戒给他，美洲印第安人送给他象征尊贵的带子和贝壳项链。

在詹纳因发现牛痘法而声名大噪之时，有人开始质疑他并非牛痘接种的首创者。事实上确实如此，首先尝试牛痘接种的另有其人。

1774年，英国一位农场主本杰明·杰斯廷注意到，自家农场的挤奶女工出过牛痘，但不感染天花，他突发奇想地将牛痘疱浆用针挑出，抹在妻子和儿子胳膊划开的小伤口上，造成轻度感染。在那个年代，把动物体内的东西放进人的身体里，是宗教所禁止的。因此，虽然在天花流行时，他的妻儿幸免于难，但他的做法却没有人效仿，反而招来村民的排斥。

杰斯廷的做法虽然没被认可，但受到了一些人的关注。除了农场主杰斯廷，在詹纳之前，还有几位医师也发现了牛痘接种的效用，但没有像詹纳这样引起广泛关注和讨论。詹纳虽不是发现牛痘接种法的第一人，却是凭着他的影响力将牛痘法传播给学界和民众的第一人。而且，詹纳解决了宗教与接种间的矛盾——他并非用牛痘疱浆直接给人接种，而是用人感染牛痘病毒的疱浆作为接种之用。

詹纳的种痘法并非没有缺陷，在实际操作时，一些医生和种痘者没有经验，有时候会出现接种病例受感染或死亡的情况。这没有动摇詹纳对牛痘法的信心，他总能从对方的操作中找到问题所在，有时是疫苗保存不当受人痘病毒或细菌污染，有时是接种的牛痘病毒毒力不够，没有引发免疫效应。对于牛痘接种疱浆的选择，詹纳有自己的原则，在牛痘发展到第5~8天，即牛痘病毒发展到顶峰时，取得的疱浆最适合作为接种之用。

即使谨慎如詹纳，也有没考虑到的情况，那就是直接取自人的接种疱浆可能携带其他细菌或病毒，比如疱浆如果取自梅毒患者，那么被接种者有可能感染梅毒。这样的事情在欧洲真的发生过，但当时并无很好的方法来鉴别疱浆的安全性。

后来，有人想出了通过牛而非人作为牛痘疱浆来源的做法。他们会将牛犊肋骨附近区域洗干净，划出伤口接种牛痘，待感染达到高峰时，将牛牵到各家各户供需接种的人直接取用。后来这种能获取更多牛痘疱浆的做法成为牛痘接种的常规环节，不同的是 20 世纪时人们会对这些刮下来的浆液做些处理提纯作为接种所用，并加入甘油作为杀菌剂，避免疫苗被细菌污染。

进入 20 世纪，欧洲出现了致死率没那么高的天花类型，但它的传染性仍然很强。人口密集、战争及贸易往来让欧洲成为天花的温床，那些原本已无天花病例的国家仍会暴发天花疫情。天花如同玩跳格子游戏的孩童一般，降低了自己的威胁性，但提高了在各国之间传来传去的频率。

相较于人痘接种法，牛痘接种法的优势是很明显的。詹纳坚信“天花——人类最可怕的灾难的终结，一定要依靠这项实践”，并坚持免费推广牛痘接种，这无疑影响了人痘接种师的利益。当时，活跃着一批以人痘接种为生的接种师，收费高昂。当极具竞争优势的牛痘接种法出现时，他们成为最坚定的抵制者，甚至炮制接种后会“长出牛角”的阴谋论，但仍改变不了各国政府禁止人痘接种、提倡牛痘接种的趋势。

詹纳的发现惠及整个欧洲，乃至全球。因为牛痘接种基本没什么风险，普及度高于人痘接种法。除了英国，拿破仑也下令在法国推广牛痘接种并取得了良好效果，甚至在接到詹纳请求释放几名英国战俘的信件时，也表示因为他的贡献而无法拒绝他的要求。

种痘的效果能持续多久？这一点并无定论。詹纳原以为，种牛痘能保护接种者一生不受天花威胁，但事实上，种痘的效果只能持续几年，如果不补种，人就会丧失对天花的免疫力。而人痘接种的有效期则持续接种者一生，但代价是一些接种人痘的人会死亡。从生命安全角度考虑，无威胁性的牛痘接种是更为稳妥的天花防疫手段，因此直至 20 世纪，牛痘接种仍是各国预防天花的主流方式。

在牛痘法推广开后，天花仍未绝迹，不时暴发的天花总能瞄准人群中未接种者，或是接种的牛痘失效了的人。几十年后，各国开始要求人民补种痘，以保证人们仍有能力预防天花。

疫苗疑虑

牛痘疫苗出现前，欧美的人痘接种法会在接种人的胳膊上切开十字形的切口，似有宗教意味。人们尽管接受了这一新事物，内心仍充满恐惧。

人痘接种法仍存在 2% 左右的死亡率，一些接种后没有产生抗体的人，依然会感染而亡。而那些接触了天花患者却没有发病的例子，即所谓的“幸存者偏差”，也成为反对者攻击接种法的案例。

但实际上，与不接种相比，接受人痘接种的人死于天花的概率显著低于未接种者。而意外死亡率极低的牛痘疫苗显然是更为妥帖的选择。

即使如此，牛痘法同样遭遇了不少人的抵制，理由是侵犯自由、健康和人权。宗教认为人不能代为行使上帝的职责，天花是上帝的考验，况且牛痘来自动物，把动物体内的东西放到人体内，是无论如何也难以接受的。另一派则是人痘接种法的既得利益者，以萨顿为首的人痘接种法推广者，设定高昂的接种价格，在各地设置接种点获取利益。而詹纳的牛痘接种是完全免费的。此间也有人模仿詹纳，提供收费的牛痘接种服务，但半吊子的技术与不规范的操作造成了不少接种者感染天花。

针对担心牛痘接种的讽刺漫画，来源：维基百科

为了方便存储和运输，有人研制出干天花疫苗，但效果最稳定的要数添加了甘油的牛痘疫苗。

19 世纪末，手臂对手臂的接种方式被禁止，牛痘疫苗进入批量生产阶段。

牛痘疫苗可以被视为第一种现代疫苗，毫无疑问，詹纳的贡献是巨大的。正是在他的启发下，当 19 世纪末，病菌学说逐渐被科学界广泛接受后，法国微生物学家路易斯 · 巴斯德发明了狂犬病疫苗——

病毒在动物体内传代后，对人类的威胁变小，但能刺激人体免疫系统抵抗同类病毒的入侵。

詹纳在发明牛痘接种法之后，余生都致力于这一技术的推广，只要来函索要，他总是免费寄送疫苗给世界各地的人。为了穷人也能接种牛痘，他从不收费，即使自己日子过得捉襟见肘也没有通过牛痘接种营利。生活窘迫的他最终接受了英国国会的资助，却将其全部投入牛痘接种的推广中，并未留下多少遗产。

正是因为詹纳对牛痘接种的规范化研究，才使牛痘接种从一种民间尝试上升到接近科学的水平，真正能挽救许多人的性命。“大医精诚，妙手仁心”，詹纳是这句话的真实写照。他的发现启发了后来的微生物学家发明更多疫苗，在与致病微生物的对抗中，人类在运气和技术的加持下，逐渐掌握了主动权。

种痘奇迹

19 世纪初，牛痘疫苗已被欧美国家广泛接受，在牛痘法推广至全球的过程中，西班牙无意间做出了很大的贡献。为了给殖民地的居民接种，西班牙国王查理四世派出船队，前往西班牙在全球的殖民地，让殖民地居民也能具有对天花的免疫力。1802 年，这支载有医生和 22 名孤儿的船队出发了。因为当时保存疫苗的条件很有限，孤儿的作用是作为牛痘病毒活体储存容器，两个孩子为一组，当船停靠在一个港口时，就将这两名孤儿痘疱里的脓液取出给当地人接种，同时也接着感染下一组孤儿，以此传递牛痘接种液。

这支商队超额完成了任务，他们不仅给殖民地居民接种疫苗，同时将疫苗接种的技术传授给当地人，让接种行为能在新生人群中一直持续下去。他们还来到不是属地的澳门和广东，将这一技术教给中国人。西班牙船队的这一趟行程惠及了数十万人，将种痘的技术传播到美洲和东南亚、中国等国家和地区。中国广东和澳门最先受惠于此，多地设立了牛痘局，专门从事种痘工作。

在詹纳发明牛痘接种法后，俄国强制全民接种，拿破仑在法国也强制军队接种，大大降低了死于天花的人数。1840 年，英国国会立法免费为居民提供牛痘接种；1871 年，这种免费接种服务变为强制性的法律规定。1874 年，德国的种痘法规定了幼儿 2 岁前必须接种牛痘，12 岁时还需补种一次。人痘接种这一有风险的技术逐渐被禁止。

德国强制接种的做法很快遏制了天花的传播，但英国始终未能做到全面接种，因为民众中存在反对声音。直到 19 世纪末，只要有父母反对，并提出担心的理由，他们的孩子就无须接种牛痘。因此，天花病毒在欧洲的肆虐一直未停息，反复来袭。

天花疫苗的接种也有禁忌，患有皮肤疾病的人不适宜接种，免疫系统有缺陷的人也不适合接种，即使疫苗再有效，也总有一些人缺乏保护。

天花的消失，是全球协作的最佳案例。1959 年，在苏联的倡议下，世界卫生组织宣布在全球范围内开展消灭天花运动；1967 年，这一计划正式开始实施。各个国家消灭天花的时间有先后，即使先消灭天花的国家，在世界范围内还有天花存在的情况下，也可能因便捷的交通而出现输入病例。1961—1973 年，欧洲就出现 20 多次外来天花传播事件，造成 568 例感染。

中国在消灭天花病毒行动中，也为世界做出了表率。1950 年 10 月，在抗美援朝战争打响的同期，中央人民政府政务院颁布了由周恩来总理签发的《关于发动秋季种痘运动的指示》，在全国掀起了种痘的高潮，所需费用全部由中央负担。20 世纪 50 年代初到 60 年代初，我国在一穷二白、几无外援的条件下，进行了三次强制性的全民种痘和两次新生儿接种，最终在 1961 年全域消除天花，比世卫组织宣布全球消灭天花的时间，整整提前了 18 年！

中国消灭天花运动宣传海报

关于中国天花疫苗，我们必须记住三个名字——齐长庆、李严茂、赵铠，正是他们的坚持，才使得中国拥有了自主可控的天花疫苗。齐长庆是八旗子弟出身，从北洋陆军兽医学校毕业后，被保送到东京帝国大学留学。回国后，他和李严茂把天花患者的疱痂接种到猴、兔、牛身上，经过十代减毒最终得到了一个稳定的毒株，该毒株被命名为“天坛株”，这一年是 1926 年，齐长庆仅 30 岁。中国消灭天花行动开始后，起初的毒浆都需要从牛身上得到，免疫的时候“牛累人也累”，杀牛的时候“牛哭人也哭”。这时，刚从复旦毕业的赵铠接力，成功建立起由鸡胚培养病毒的毒浆，不但解放了牛，还实现了无菌生产！正是有了“天坛株”、鸡胚生产工艺以及强大的社会动员组织能力，新中国才最终消灭了流行千年的天花病毒，这和当下中国抗击新冠疫情的情形何其相似！

齐长庆、李严茂、赵铠（1953 年，复旦大学学生宿舍），三位天花疫苗先驱

天坛神乐署，拍摄者：赵志研

中央防疫处工作人员在天坛神乐署为儿童接种疫苗，来源：《光明日报》

注：北洋政府时期，就开始在天坛神乐署接种，这也是“天坛生物”的由来。

在实施天花疫苗接种的过程中，世界卫生组织发现，要在非洲等地实现全民接种是一件困难的事，于是决定改变策略，只对高危人群进行接种。事实证明，这让消灭天花成为可能。后来发明的自动接种枪、分叉针头让未经培训的人也能承担接种天花疫苗的工作，这也为消灭天花提供了帮助。

1975 年 10 月 16 日，孟加拉国一位小女孩成为最后一位自然感染主天花病毒的患者；1977 年，索马里出现最后一位自然天花患者；1978 年，由于实验室病毒泄漏，一位摄影师和她的母亲成为最后两例天花病例。1979 年 10 月 25 日，全球已经两年没有自然天花感染案例，这一天被定为“人类天花绝迹日”。1980 年 5 月 8 日，第 33 届世界卫生大会正式宣告“全世界和全世界人民永久摆脱了天花”。世界卫生组织预估，本次全球行动总投入约为 4 亿美元，大大低于每年在天花疫苗及病人救治中的花费，体现了“防大于治”的明显优势。

世界卫生组织宣布天花被消灭的期刊封面（1980 年 5 月）

20 世纪 80 年代后，除了从事与天花、牛痘、猴痘等病毒研究相关工作的人员，全世界人民已逐渐停止接种天花疫苗。虽然不再接种，但多数国家都有储备天花疫苗或购买天花疫苗的方案，以防备天花的卷土重来。

从人痘接种法到疫苗，经历了一千多年的时间，人类才幸运地找到对抗天花病毒的方法。将说服人们接受人痘接种法的过程，与天花疫苗所带来的恐慌相比，一千多年的时间里，人们对新事物的接受度并没有进步多少。

几年后，全球各个国家都不再进行天花疫苗的群体接种，这是人类与病原体对抗的一次胜利，也是公共卫生的胜利。不得不说，根除天花是一个奇迹，人类在对天花病毒的基因组成还不了解的情况下，就成功阻断了这种疾病。

解码天花

天花病毒在病毒家族里属于大个头的，基本上尺寸在 250~300 纳米的范围，经过恰当染色是可以在光学显微镜下看到的。1887 年，约翰·布伊斯特成为首位在显微镜下观察到天花病毒的人。1947 年，加拿大和美国科学家在电子显微镜下观察到天花病毒，其呈现砖块状结构，最外层有一圈管状物包裹。这是正痘病毒家族的特点，易于和疱疹病毒（如水痘）区分开。

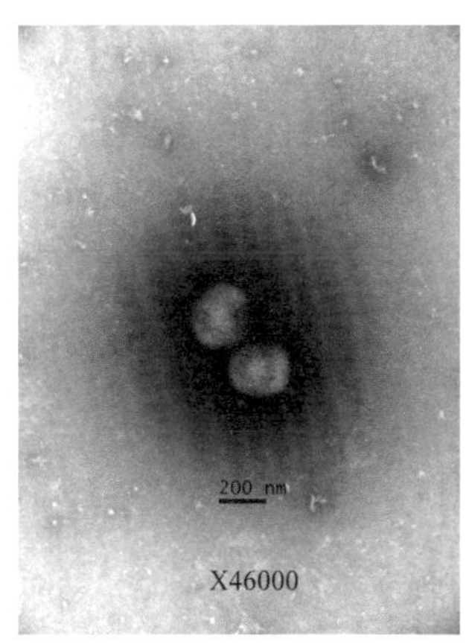

痘苗病毒颗粒（与天花病毒同属，形态无明显差异），拍摄者：宋敬东

天花病毒属于正痘病毒（orthopoxvirus）。此外，牛痘、猴痘、骆驼痘、乳白痘等都归于此列。天花分为三种不同类型：典型天花、重型天花、轻型天花。一般未种过痘的人多表现为典型天花；重型天花则包括融合性天花和出血性天花两种，前者指的是症状上有严重疱疹，且脓疱互相融合，后者指有内出血症状，也称为黑天花；轻型天花表现出的症状较轻，又分为无疹天花、类天花、变形天花，表现出的疱疹较少，有的甚至不出疹。

轻型天花更易引起传播，它的发病症状不明显，患者更容易感染周围的人。但感染轻型天花并康复后，就具有抵抗重型天花的能力。

感染天花病毒最明显的症状是皮肤表面的恐怖痘疹。天花病毒青睐皮脂腺发达的地方，所以脸部、四肢是暴发天花痘疹的重灾区。这些痘疹藏在真皮层里，即使痊愈，病人的脸上和身上也容易留下坑坑洼洼的疤痕。当皮肤出现皮疹的时候，人体内已经有了不少疹子，遍布在口腔、呼吸道黏膜上。当病人咳嗽时，病毒会随着飞沫喷出体外，传播出去。

天花病毒能在体外生存较长的一段时间，被飞沫污染的空气、病人接触过的物品等都能传播病毒。病毒会从人的口腔、鼻腔黏膜及身体表面破损处进入身体，形成感染。

19 世纪末 20 世纪初，轻型天花病例数量逐渐增多，由于病情轻，患者有行动能力，格外容易传染。虽然致死率仅为 1%，但人们容易疏于防范，大范围传播下，死亡数量亦十分可观。而且，轻型天花容易被误诊为水痘或其他疾病，更容易让人掉以轻心，暴发疫情。

天花病毒因其强烈的毒性而无法长期在人群中传播，当一群感染者死去，另一群人具有免疫力，易感人数不足以让病毒藏身的时候，它就突然消失了。从历史上间断暴发的天花疫情来看，它并没有走远，而是以一种我们现在还不理解的途径，隐匿实力，等待着易感人群的壮大，然后伺机反扑。

天花有多古老？是什么时候开始感染人体的？是从动物传播而来的吗？是何时丢失感染其他动物的能力的？是来自东方吗？天花病毒并不会感染动物，这一点让它的来源充满了神秘色彩。难道这是一种为人类量身定制的病毒？

从美洲原住民对天花的易感性来推断，至少在 15 万年前，在美洲原住民迁至这片大陆时，地球上是没有天花病毒的。目前，有直接证据显示的天花出现时间是在公元前 1600 年左右，人们发现了一具生活于 3000 多年前的埃及木乃伊，经鉴定是拉美西斯二世，他的身上留有天花痘痕。

1990 年，科学家测出牛痘病毒的全基因组序列；1994 年，科学家完成天花病毒的基因组测序。二者 DNA 序列非常相似。

在所有正痘病毒中，与天花病毒亲缘关系最近的，是沙鼠病毒和骆驼痘病毒。虽然目前两者并无感染人类或其他物种的倾向，但仍需要对病毒的跨种传播保持警惕。

天花能被消灭，与它的特点有关，这是一种很“懒”的病毒，不变异，因此人类有机会制作一次接种、终身免疫的疫苗。研究者在对它进行分子层面的研究后，发现了它如此稳定的原因。与埃博拉病毒、流感病毒不同，天花病毒是一种 DNA 病毒，基因组大小约为 185000 个碱基对，200 个基因，双链结构使它变异的速率低于 RNA。但这并不意味着天花病毒不会发生演化。实际上，天花病毒之所以有典型、重型、轻型的区别，恰恰是病毒逐渐演化的表现。

研究者们通过对这些不同类型病毒的研究，大致推算出天花病毒的演化路线。

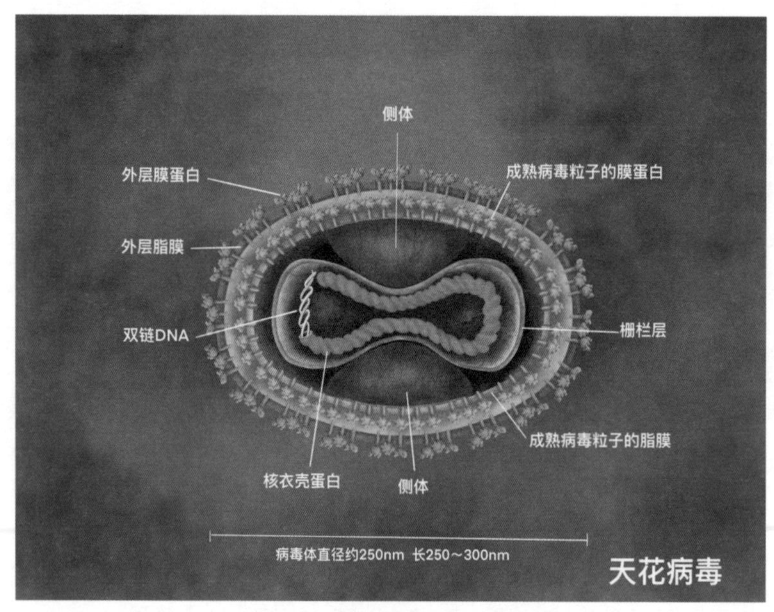

天花病毒示意图，绘制者：符美丽

据估算，至少在 13 万年前，正痘病毒的祖先开始出现，16000~68000 年前，天花病毒由非洲啮齿类动物身上的痘病毒演化而来，经过漫长的岁月和基因交流，在 3400（±800）年前，天花病毒可能由鼠类传播至人身上，并开始独立演化，逐渐遍布非洲、亚洲、欧洲、美洲各地。

为什么种牛痘能避免感染天花？研究发现，牛痘和天花病毒的表面抗原（病毒外壳上的一种蛋白）是一样的，当人感染牛痘病毒后，免疫系统便记住了这种病毒的抗原，下次再遇到天花病毒入侵时，就能识别出来，并及时调动免疫细胞对天花病毒进行围剿，将它及早赶出人体。詹纳发明牛痘疫苗是偶然，但这种歪打正着，恰好让人类得以从天花感染的危机中挣脱出来，不得不说是一种幸运。

通过研究病毒基因，从猴子接种天花病毒的动物实验中，研究者也发现了天花病毒致人死亡的原理。对健康的人来说，天花之所以致命，与免疫系统的过度反应有关，细胞因子风暴（cytokine storm）造成全身性器官衰竭，导致患者死亡。

测序技术让人类掌握了天花的基因密码，但这也带来了双面效应。我们能借此分析天花特性，了解这一类病原体的特征，以启发病毒学研究。但如果这一技术和基因信息被心怀不轨的恐怖分子获悉，或许就会诞生威胁全球的生物武器。

据报道，苏联曾于 1947 年研究天花病毒，试图将之作为生物武器。在宣布天花已经消灭多年后，有人在一间荒废的实验室里发现了 6 个小瓶子装的未知物品，经检测发现居然是已经消灭的天花病毒。

在有限的认知里，我们自以为已经消灭了天花，却不知危险藏在何处。人与病毒之间的对抗，如果变成人与人之间的战争，那将是一场比瘟疫来袭更大的灾难。至少，在疫情暴发时，我们是彼此的同盟军。

当存不当存

1978 年，伯明翰大学医学院病毒实验室主任亨利·贝德逊（Henry Bedson）自杀。在此之前，一名摄影师珍妮特·帕克（Janet Parker）因感染该实验室泄漏的天花病毒而死亡。值得注意的是，这位摄影师的工作地点并非实验室，而是实验室的楼上。这只有两种可能，一种是病毒通过通风管道传播到了这栋大楼里，感染了这名摄影师，另一种是接触过这种病毒的人，传染给了这名摄影师。看起来，前一种猜测的可能性更大。这让人们开始担忧，既然天花已经消灭，那天花病毒是否还需要在实验室中保留？

世界卫生组织（WHO，以下简称世卫组织）关于销毁天花的提议，最后的处理总是延后再议。有些国家坚持认为，活病毒有利于疫情暴发时，及时制作药物、疫苗和制定治疗方法。坚持保存这种类烈性传染病毒的人认为，这有利于研究其他病毒，但至今仍没有人知道，天花病毒究竟从何而来。即使我们已经消灭了天花，可实际上，在与天花对抗的数千年时间里，人类并没有发现治疗天花病毒感染的有效方法。没有人知道它们躲在哪里，何时苏醒。

天花病毒现仅存于美国亚特兰大的疾病控制与预防中心和位于西伯利亚的俄罗斯国家病毒学和生物技术研究中心，配有专人把守。俄罗斯的这间实验室近年曾发生爆炸起火，据报道并未造成病毒泄漏。但除了这两个保存地点，天花在别的地方是否仍有留存，答案是未知的。在研究天花的这些年里，是否有其他未知人员或民间组织保存了天花病毒是难以查证的。人痘接种的疱浆可能在少数地区仍有留存，这也难以追踪。

如今，20 世纪 80 年代后出生的人基本上都未接种过天花疫苗，对天花都没有免疫力，一旦病毒流传，毫无疑问将成为全球疫情。如果天花病毒被恐怖分子制作成生物武器，亦是难以估量的灾难。

为了避免再造天花病毒，世卫组织也做出了相应的规定。除了美国和俄罗斯的两个实验室，其他实验室不可保留超过 20% 的天花病毒基因组，在操作天花病毒 DNA 片段时，不能混入其他正痘病毒。

现存于美国和俄罗斯两个研究中心的天花病毒共有550个分离株，世卫组织每年都会收到这两个实验室呈报的病毒储存及使用情况说明。这些病毒已被测序，数据储存在病毒库中。

但凭借现有的基因编辑与合成技术，即使没有天花病毒，同属正痘病毒类别的牛痘等其他病毒的基因组与天花病毒有极大相似性，对它们进行编辑操作造出对人类有威胁的病毒是有很大可能的。2017年，加拿大阿尔伯塔省的科研团队就成功合成了马痘病毒，这一病毒与天花病毒类似。既然能复活马痘病毒，那么合成天花病毒从技术上也并非难事。

基于这样的考虑，虽然天花已经灭绝，但关于正痘病毒疫苗和药物的研究并未停止。已有一些药物通过了动物实验的验证，但因实际所限，尚未进行人体实验。

在所有的传染病中，天花是如此的特别，它曾让人绝望——是地球上杀死最多人的传染病，也曾给人类带来巨大的希望——是人类第一个攻克的瘟疫，并让人们雄心勃勃地向消灭所有传染病的目标奋进。而这一切始于人们以毒攻毒的尝试，首功当归于詹纳的发明和坚持。

美国托马斯·杰斐逊总统在了解了牛痘接种方法之后，曾给詹纳写了一封信，信中说："你消除了人类最大的一个痛苦。人们想起你，就会觉得欣慰，人类永远不会忘记你曾经活在这个世上。后代子孙从历史中知道的将只是可厌的天花曾经存在过的事实。"

如今我们不再因患天花而留下满身痕迹，只在书本中看到天花曾经的狂暴。我们正迎来一个最好的时代，科学给我们带来无限希望，但我们仍需对天花所带来的威胁心存提防、铭记人性，不要让希望之花开在令人绝望的崖壁上。

天花病毒的自白	
中文名：	天花病毒
英文名：	smallpox
“身份证”获得日期：	3000 多年前
籍贯：	正痘病毒科
身高体重：	DNA 病毒，185000 个碱基对，200 个基因
住址：	人体
职业：	落魄的魔王
自我介绍：	都说我是病毒家族中的异类，它们大都只有一条单链，还是 RNA 的，我却是 DNA 双链结构。它们都嘲笑我是万年不变的老实人，被人类第一个消灭给病毒家族蒙羞，但却忽略了我曾稳坐微生物杀人榜的头把交椅。总结起来，还是我躺在功劳簿上不思进取，具备感染人的能力后，就专心地在人体中穿梭，其他动物我看都不看。人类却从其他动物那儿发现了我的亲戚牛痘病毒，用它来训练免疫系统对抗我。没办法，老实人只能老实地退出。不过，要知道，我可不是真的完全消失，就待在你们看不到的地方。倒是你们要小心，现在你们已经不再接种疫苗来防备我，这会不会是我回归杀人王行列的机会呢？我也很想知道答案，你们会给我机会吗？

天花漫画，绘制者：符美丽

疟疾：

我最爱蚊子，本书唯一寄生虫

尹哥导读

- 疟疾俗称“打摆子”，别名有的地方也叫“打脾寒”，是当下世界上最麻烦的寄生虫传染病。
- 疟疾由来已久，改变了历史，推测罗马的衰落或许与此有关。
- 一种堪比黄金的植物，成为早期治疗疟疾的药物。正是从这种植物上，人们提炼出了治疗疟疾的现代药物奎宁，开启了合成药物之路。
- 中国科学家在植物黄花蒿中提炼出治疗疟疾的青蒿素，在病原体对奎宁等合成药物出现耐药性后，青蒿素成为治疗疟疾的有效药物。
- 疟疾高发地区的居民在适应疟疾的过程中，出现了一些基因变化，这种看起来是缺陷的基因变化，却让他们在疟疾高发地区幸存。
- 人类开始尝试改造虫媒基因，以阻断疟疾的传播。如今在欠发达地区，疟疾仍是威胁人类健康的杀手，在国际援助下，状况已大有改善。
- 2021 年 6 月 30 日，中国正式获世卫组织消除疟疾认证。14 亿人口的大国，已连续 3 年没有本土疟疾病例，说明没有疟疾的未来可期。

炎炎夏日，热浪翻滚，谁都渴望躲进室内，享受空调带来的丝丝凉意。但你可能不知道，空调的发明与一种影响范围极广的传染病有关，那就是疟疾。

约翰·戈里是位医生，在他看来，疟疾这种让患者不时发高烧的疾病，是热空气中的不良成分造成的，如果能将空气变冷，疟疾可能就不会传播，而病人也能痊愈。基于这种设想，他设计了一种压缩空气的装置，能将室内的热空气转化为冷空气，这便是现代空调的前身，还促成了制冰机的发明。戈里的初衷是好的，但这种机器虽然能降低室内温度，却没法帮助疟疾病人降低体温，也没法挡住蚊子的进攻。

如今空调已经普及，空间的密闭与蚊帐的使用，大大减少了人被蚊子叮咬的可能。可在一些热带地区，每到雨量充沛的夏日，对于 5 岁以下儿童来说，都是一场生与死的考验。世界卫生组织发布的数据显示，2019 年，全球疟疾病例约为 2.29 亿，死亡病例约为 40.9 万。其中，世卫组织非洲区域疟疾病例和死亡病例占全球的 90% 以上。

与其他瘟疫相比，疟疾的病因有些特殊，直到即将进入 20 世纪时，人们才知道它的病原体是什么，现在人们还在寻找能全面消除疟疾的方法。为什么一种可防可治的疾病泛滥多年仍不能根除？让历史告诉我们答案吧。

疟疾历史 · 中外同忾

我国对疟疾的记载，放在世界历史上来看，或许都是最早的。殷商时期的甲骨文中就已出现“疟”字，东汉时期的《说文解字》中对疟字的说明是“瘧，热寒休作”，指疟疾是一种一会儿高热、一会儿打冷战的病症。但我国古代所说的疟疾，通常泛指会出现高热或冷热交替症状的疾病，并不是严格意义上的疟疾，与现在我们所说的由蚊子传播的疟疾并不完全是一个意思。

疟疾对历史进程的影响，毫不逊色于其他传染病。在无药可医的时代，感染疟疾后能否痊愈全凭个人抵抗力。它和其他疾病一样对所有人一视同仁，皇室成员并不会比普通民众更幸运。相传，与恺撒大帝、拿破仑齐名的西方军事家亚历山大大帝就死于疟疾。

17 世纪末，康熙大帝（没错，就是天花篇里说过的感染了天花而痊愈的玄烨）因患病而缠绵病榻，御医诊断他患了疟疾，从历史记载里康熙还能兼顾公务来看，病情并不是非常严重。相传，法国传教士进献了金鸡纳树皮[①]，服药后的康熙几天便恢复了健康。这个故事的真伪存疑，中医有不少药方正是针对疟疾，究竟是金鸡纳树皮治好了康熙，还是之前服的药起了作用还是个谜。传闻中，康熙不但让小太监们“以身试药”确保安全性，还将金鸡纳树皮赐给了患疟疾的曹寅，并亲笔写信介绍服用方法。曹寅曾是御前侍卫，也是《红楼梦》作者曹雪芹的爷爷，可惜即便是命人快马加鞭地送药，也没能挽救曹寅的性命。

同一时期，苏格兰在尝试殖民巴拿马的过程中，遭遇内忧外患——国内爆发饥荒民不聊生，殖民船队在巴拿马遭遇疟疾几乎全军覆没。西班牙趁此机会发动进攻，在与西班牙的战争中，由于疟疾无药可医，苏格兰含恨败北。为了偿还赔款，苏格兰只好答应英格兰的要求，成为大不列颠王国的成员，换来英格兰为其偿还所有债务。就这样，疟疾改变了苏格兰的国运。

---

① 此处应为树皮，而不是误传的金鸡纳霜，因金鸡纳霜即奎宁，于 1820 年才提纯，而康熙逝世于 1722 年。

在疟疾面前，名人同样未能幸免，留下不少文学瑰宝的诗人但丁、拜伦死于疟疾。而让古罗马走向衰败的多种传染病中，疟疾理应留下姓名。2011 年，研究者在对古罗马墓地挖掘出来的婴儿尸骨进行检测后，发现他们都感染了疟疾，或许死因便是如此，亦可推测疟疾在古罗马时期就已是一种在人群中广泛存在的疾病。

疟疾究竟从何而来？是什么导致的？古代时期，东西方的人们并没有确切的答案。“西方医学之父”希波克拉底在古希腊时期就已根据疟疾发作的症状，将其分为日发疟、间日疟及三日疟三种类型，但他将病因归于自己一贯坚持的体液说，认为这种疾病是环境与饮食引起的体液失衡导致的。后来的研究者观察到这种疾病多发于湿热的环境及沼泽地区，便将它与当时流行的空气致病说联系起来。我国先民认为是瘴气导致的疟疾，古罗马人则认为是沼泽附近的坏空气影响的，后来意大利专门以“malaria”命名疟疾，意思是“坏空气”。

细菌学说的兴起，掀起了现代科学的帷幕，却没能带来关于疟疾病原体的答案。研究者们难以确定究竟是哪种病原体导致了疟疾，有人将疟疾芽孢杆菌视为病原体，直到 1880 年，法国医生夏尔·路易·阿方斯·拉韦朗（Charles Louis Alphonse Laveran）提出了不同意见。通过光学显微镜，他观察到冷却的病人血液中有移动的生物体，而且这个生物体还带有鞭毛，认定这种尺寸和形态的生物体不可能是细菌，大胆地提出，疟疾的病原体是一种寄生虫，并将之命名为疟原虫。毫无意外，拉韦朗的新见解遭到了微生物界的反对，当时的人们无法理解，寄生虫能在血液中存在且导致疾病，也无法接受病原体居然不是一种细菌。

1897 年，一名英国医生给出了更翔实的证据，支持了拉韦朗的观点。罗纳德·罗斯（Ronald Ross）是一名在印度提供医疗服务的

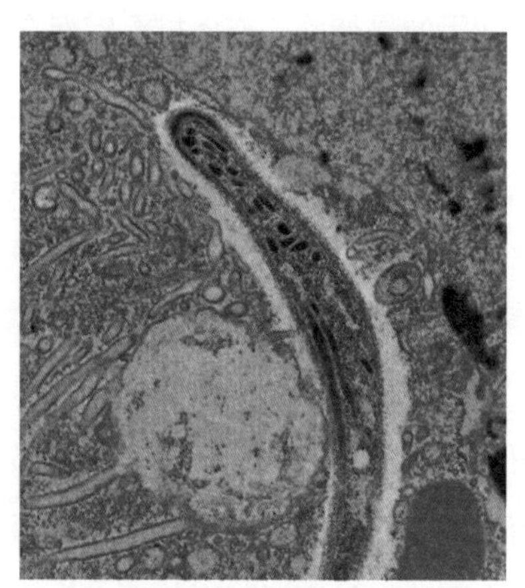

疟原虫，来源：维基百科

“唐·吉诃德”拉韦朗，影射了当时主流学界对其的蔑视与打压

英国医生，当时，疟疾在印度也是一个影响范围很广的传染病。他观察到，疟疾高发地区都有一个共性，就是蚊子很猖獗。他在病人身上做了实验，将不带疟原虫的蚊子与疟疾病人关在一起，隔天再检查蚊子体内的血液，看其中是否携带疟原虫。显然，这样的实验在如今看来，是不符合伦理的，但在尚无规范可言的当时，这个实验对蚊子能传播疟疾这一点有一定的说服力。接下来，他又发现，患疟疾的鸟类血液中有疟原虫的痕迹，而在蚊子的唾液中，发现了鸟类疟原虫，由此推测疟疾是由蚊子传播的。热衷于用数学来研究流行病的罗斯还提出了一个观点，认为易感人数是影响流行病传播的重要因素，当易感人数少于某个值时，传染病的流行趋势将减弱，流行病是否流行并非全取决于病原体本身，这在细菌学说当道的时代是一个新观点。

随着研究的深入，疟疾的病原体逐渐为人所接受。拉韦朗因发现疟疾的病原体是疟原虫，而获得 1907 年的诺贝尔生理学或医学奖。罗纳德 · 罗斯因发现疟疾是由蚊子传播给人的，于 1902 年获诺贝尔生理学或医学奖。

随着研究的深入，研究者们陆续发现了五种能感染人的疟原虫：恶性疟原虫、间日疟原虫、卵型疟原虫、三日疟原虫、诺氏疟原虫，它们都通过按蚊传播。其中，恶性疟原虫是致人死亡的主要类型，大部分死亡病例都由恶性疟原虫感染导致。

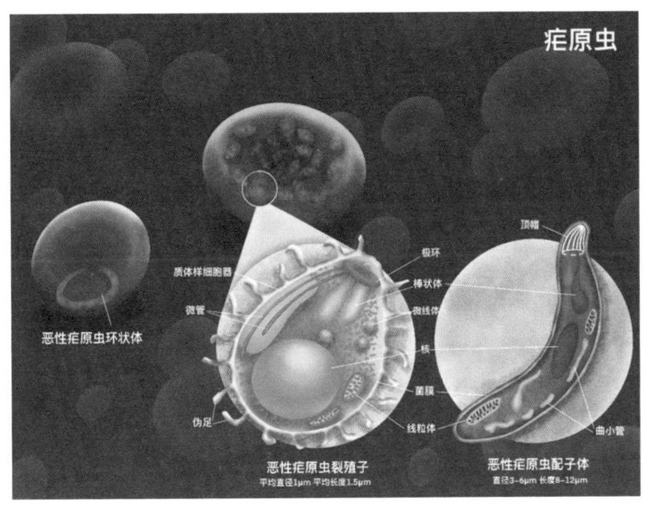

恶性疟原虫示意图，绘制者：符美丽

解密疟原虫的基因组已经是 2002 年，与其蚊子宿主疟蚊（*Anopheles gambiae*）一起同时完成测序，文章于该年 10 月 3 日于《自然》（*Nature*）杂志发表，主要由美国基因组研究所（The Institute for Genomic Research）和英国桑格研究所（Wellcome Trust Sanger Institute）牵头完成。研究揭示了疟原虫基因组大小为 2400 万个碱基对，由 14 条染色体组成，编码约 5300 个基因，同时研究了疟原虫和宿主疟蚊之间的相互作用。文章对于后续疫苗和药物的开发提供了重要基础。

在对疟原虫进行基因解析和演化图谱研究后，科学家们揭示，不同种类的疟原虫演化自不同的路径，比如恶性疟原虫是随着人类一同迈入农耕社会的，它与鸟类疟原虫的亲缘关系较近，可能是从鸟类身上跃迁到人身上，有可能是从黑猩猩、倭黑猩猩或大猩猩身上的疟原虫演化而来，因为这些感染非人灵长类动物的疟原虫与感染人类的恶性疟原虫的联系也很紧密。间日疟原虫与猕猴疟原虫较为相似，虽然致死率弱于恶性疟原虫，但却占疟疾感染病例的大多数。卵型疟原虫、三日疟原虫的感染数量则不算多。诺氏疟原虫又是一个特别的存在，它打破了感染人的疟原虫无法感染动物的结论，既能感染人，也能感染不少灵长类动物，使原本与动物疟疾泾渭分明的人感染疟疾成为一种人畜共患病，增加了根除疟疾的难度。

在发现疟原虫的存在之前，人们虽然对敌人并不了解，但已经有了对抗的方法——一种神奇的植物。

金鸡纳 · 植物发现史

为了寻找黄金和香料，哥伦布、麦哲伦相继踏上了航海之旅，意外发现了资源丰饶的新土地，在世界范围内燃起了移民、黑奴贩卖及人类命运大洗牌的残暴游戏。新旧大陆的病原体互相交流，新土地上的人大批死去，来自旧大陆的人也因身染新土地的疾病而不得不放慢殖民步伐。欧洲人本想像拿下美洲大陆一样占领非洲，却未能如愿，原因与非洲大陆的一种疾病有关：疟疾。时至今日，它仍是导致非洲人大量死亡的传染病，尤其是儿童。

财富驱动人去冒险，疾病让人退避三舍，在发家致富的道路上，疾病成为最大的绊脚石。为了搬开它，冒险家们开始寻找治疗方法，意外发现了价值堪比黄金的植物。

当欧洲人登陆美洲，并从非洲贩卖黑奴到美洲后，疟疾便在美洲驻扎。当地人也常感染疟疾，发现将这种树的树皮煮汁服用或晒干磨成粉服用后，能治疗发作时忽冷忽热的疟疾，于是这种植物成为印第安人秘而不宣的治疟法宝。因其退烧作用，当地人称之为“发烧树”或“奎奎那树”（quinquina）。

金鸡纳花与树皮，来源：维基百科

这种生长于安第斯山脉的树木相当娇贵，对环境、土壤、日照、雨露都很挑剔。它们家族庞大，有二十多个品种，真正含有有效治疗疟疾成分的有红金鸡纳树（*C. succirubra*）、药金鸡纳树（*C. officinalis*）和黄金鸡纳树（*C. calisaya*），尤以黄金鸡纳树的树皮中抗疟成分含量最高，而且十年左右树龄的树皮效果最好。使用这种树皮治疗疟疾，也有严格的用法用量，一不留神用错了的话，治不好病还容易延误病情致人死亡。

美洲最先将这种树皮用作疟疾治疗的人已不可追溯，相传，将它带到欧洲的人是秘鲁总督的夫人安娜 · 辛可（Anna del Chinchón）。当时，秘鲁是西班牙的殖民地，据说总督夫人患了疟疾，印第安侍女（也有说法是总督的医生）用金鸡纳树皮的粉末治好了她。17 世纪时,这一秘方被总督夫人带到了欧洲。“现代生物分类学之父”卡尔·林奈（Carl Linnaeus）在了解了金鸡纳和总督夫人的故事后，将这种植物命名为金鸡纳树。故事只是故事，据历史记载，真正患疟疾的是总督而不是他的夫人，或许是总督夫人找来了金鸡纳粉，但不是她将金鸡纳这味药带到欧洲，总督夫人在回欧洲的路上已因病去世。

可能也是因为这个故事，金鸡纳树成为秘鲁国徽上三个主要图案之一。

秘鲁国徽主要图案：美洲无峰骆马，绿色金鸡纳树，涌出金币的金黄色羊角

另一个故事中，用金鸡纳树皮治疗疟疾的是在秘鲁传教的耶稣

会，传教士将这种被称为“耶稣会粉”的药物发放给教会成员，并建立了从秘鲁利马到欧洲的金鸡纳树皮贸易通道。

当时，教会地位崇高，教皇是最高权力的代表，新任教皇要前往罗马接受加冕，不少候选人因感染疟疾而死亡。当选的代价如此之高，以至于一些候选人不敢前往圣地接受这神授的官职。传染病又一次显示出超强震慑力，宗教教职人员对瘟疫的恐惧胜过了对上帝护佑的信任。

一些群体出于偏见而不愿服用治疗疟疾的药物。有的是出于对天主教的抵触不愿用“耶稣会粉”，有的出于对“盖伦体液说”（希波克拉底提出体液说，盖伦将这一学说扩展延伸）的坚持，认为放血、催吐催泻才是靠谱的治疗方法。既想牟利又不愿遭到抵制的人，便有了一个新主意。罗伯特·塔尔博尔（Robert Talbor）声称自己有治疗疟疾的秘方，还写了个小册子给自己做宣传，并且让大家谨慎使用金鸡纳树皮治疗疟疾。据说，英国国王查理二世用骑士爵位和300英镑的津贴与他交换药物配方，他告诉了国王，但要求国王在他死后才能公布这个秘方。在塔尔博尔死后一年，药物配方被解析出来，原来就是玫瑰叶、柠檬汁、葡萄酒和真正起作用的金鸡纳粉。后来，由于治好了法国国王路易十四的儿子，金鸡纳粉受到了各国皇室的青睐，也因此在各国上层社会中流行开来。

即使在南美洲，娇贵的金鸡纳树的数量也并不多，得知此树的珍贵之后，当地诞生了采集金鸡纳树皮的职业。大多数人采集金鸡纳树皮的过程相当野蛮，直接将树木砍倒剥皮，毫无疑问会导致金鸡纳树越来越少。为了保持垄断，玻利维亚和秘鲁政府对金鸡纳树及种子的出口管得很严，严厉惩罚携带树苗及种子出境的人，但仍有人觊觎金鸡纳树种的价值而甘冒风险。

为了获取金鸡纳树皮，欧洲各国都曾尝试过从玻利维亚和秘鲁等地运送树苗、种子出境。法国派出科考队前往南美考察，任务之一是研究金鸡纳树。他们尝试将金鸡纳树的树苗带回法国，却在海上遭遇风暴而失去了这些树苗。西班牙派出的考察队同样因海上风暴没能带回金鸡纳树苗，于是考察队员就地熬制金鸡纳药浆运到欧洲。既然树苗无法顺利带出，那就试试看种子是不是能带出来。最终，法国获得了一批黄金鸡纳树种，并分给英国和荷兰，欧洲的三个国家都成功地在温室里栽培出黄金鸡纳树。

此后，英国和荷兰开始尝试在野外栽培金鸡纳树。荷兰在机缘巧合之下，从一位商人那里拿到了一些金鸡纳的种子，把它们种在了殖民地爪哇的土地上，那里的气候适合金鸡纳树生长。得益于种子的高质量，荷兰在爪哇成功种植抗疟疾成分含量很高的金鸡纳树，并以提供种子的商人名字命名这种树为莱氏金鸡纳树（*Cinchona ledgeriana*）。英国在印度殖民地的种植尝试也获得成功。到了 20 世纪初，荷兰出口的金鸡纳树皮产量占到世界总产量的 97%，英国产量占 2.5%，而玻利维亚、秘鲁等原产地的金鸡纳树几乎无人问津。

1737 年，法国人查尔斯·孔达米纳（Charles Marie de La Condamine）发现了金鸡纳树皮抗疟疾的有效成分，科学家们开始尝试人工合成这种抗疟疾药物。

奎宁 · 抗疟药物发现史

我们常说，好学求知，知其然更要知其所以然，但在现代医学出现之前，医学史上多的是在不知道病理和药理的情况下，就为病人提供各种奇怪的治疗方法，即使侥幸用对了药治好了患者，医生也不知道自己是怎么做到的。生病时求助于医生只是为了求得安慰而并非信赖医学本身，这就让一些荒谬的疗法有了依附之地。

在很长一段时间里，西方医学占统治地位的是盖伦的体液说，放血、催吐、泻药是医生的“三大法宝”。行医成为一种行为艺术，医生们在病人身上展示着各种“高超”的手段，也不知道有用没用，最后令患者死亡的也不知是病情太重还是不当治疗。

在现代医学出现之前，大部分地区的传统药物都来自自然，从植物中获取药物，或许是人类从植物与昆虫的抗争中得到的灵感，也可能是从食物中获得的启发。越是生长在悬崖峭壁深山老林的植物，越因神秘稀少而带上神药的光环。一些药物留存至今，被证明确有其效，比如从罂粟中提炼的吗啡具有镇痛麻醉效用。其他绝大多数药物如今看来只是起到安慰作用，甚至还有副作用。但不能否认，正是在植物世界的探索，才开启了现代药物学的科学之路。

金鸡纳树皮能治疗疟疾，其中到底是什么发挥了作用呢？不少人开始研究这个问题。1820 年，法国药剂学家皮埃尔·佩尔蒂埃（Pierre Joseph Pelletier）和约瑟夫·卡文托（Joseph Bienaime Caventou）从金鸡纳树皮中成功分离出有效抗疟疾成分，命名为奎宁（quinine），也就是前文中提到的金鸡纳霜。奎宁刚上市时售价高昂，平民往往无力购买。

从金鸡纳树皮提炼奎宁来治疗疟疾远不能满足当时的需要，人们开始研究人工合成奎宁的方法，试图实现量产。在研究的过程中，科学家有了意外收获。

1856 年，原本为了合成药物奎宁的化学家威廉·亨利·帕金（William Henry Perkin）在煤焦油分离实验中没能合成奎宁，却意外获得了一种前所未有的紫色染料，在欧洲掀起一场时尚风暴。

当时，染料是稀缺资源，来源于植物和昆虫，萃取复杂，产量很低。人工染料的诞生供不应求，帕金赚得盆满钵满。染料市场有利可图，吸引了大批化学家投身其中。新型染料不断出现，五彩斑斓的布匹丰富了人们的衣着，平价的染料让一些色彩不再是贵族的专属。德国莱茵河畔一家家染料工厂拔地而起，成为日后国际知名药企的前身。

化学家们不仅将染料用在各种织物上，还用来给细胞染色以便观察。和当时的一些研究者一样，德国化学家保罗·埃尔利希（Paul Ehrlich）尝试用染色的方式来观察细胞，并从中受到启发：既然能用不同染料为不同细胞和组织染色，那是不是能用对病原体有毒性的染料来杀灭病原体呢？还真被他找到了，亚甲蓝这种染料对疟原虫有毒性，却对人体没有影响。埃尔利希用这种染料成功地让两名疟疾患者恢复了健康，不过亚甲蓝的效果还是比不上奎宁，因此没有广泛应用。

埃尔利希逐渐发展出自己独特的理论体系，要制作一种"魔力子弹"，这是一种能够精准杀灭病原体却不伤害人体的物质。他的"魔力子弹"射中的第一个目标，就是梅毒螺旋体。埃尔利希发明的药物撒尔佛散能治疗梅毒感染，但对梅毒螺旋体感染神经后的晚期患者无能为力。

梅毒药物研发与疟疾有渊源。不同疟原虫感染带来的症状不同，但也有相似之处，那就是发烧。1917 年，一位维也纳科学家朱利叶斯·瓦格纳–尧雷格（Julius Wagner–Juaregg）发现，梅毒螺旋体细菌不耐高温，大胆地给梅毒晚期患者注射疟原虫，利用疟疾发作时身体的反复高烧反应来杀死梅毒螺旋体细菌。这一做法奏效了，原本无药可医的晚期梅毒患者有了治愈的办法，他因此获得 1927 年的诺贝尔生理学或医学奖。20 世纪 30 年代，一位名为米哈伊·丘克（Mihai

Ciuca）的科学家更是冒险地将猕猴体内的诺氏疟原虫注入梅毒患者体内，想要证明这种发烧间隔更短的疟原虫感染反应同样能快速杀灭梅毒螺旋体。不考虑伦理问题的话，两位科学家的尝试都是大胆而创新的。

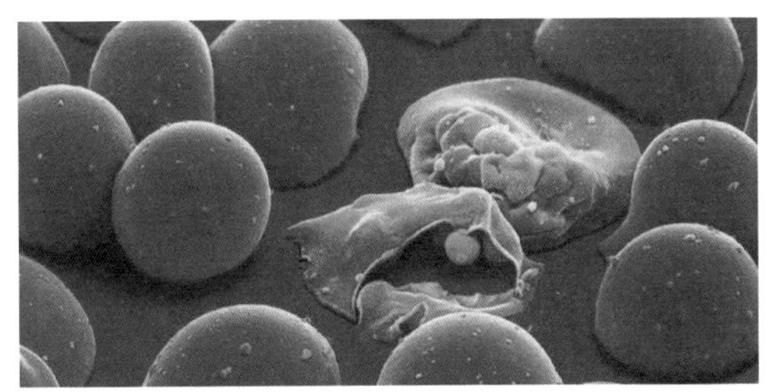

红细胞受感染破裂，来源：史密森学会

随着研究的深入，抗疟疾药物的合成研究有了进展。1925 年，德国科学家合成了抗疟药扑疟喹啉。1931 年，德国制药公司拜耳推出新型抗疟疾药物阿的平（atebrine）。1934 年，德国科学家研制出氯喹（Chloroquine）这一结构与奎宁相似的抗疟疾药物，它作用于疟原虫在红细胞内的阶段，通过干扰疟原虫繁殖的方式来发挥抗疟疾效用。1944 年，副作用小于氯喹的羟氯喹成为新型抗疟疾药物，该药物也在治疗新冠病毒病中被应用。同年，美国化学家罗伯特·伍德沃德（Robert Woodward）与威廉·德林（William Doering）首次人工合成了奎宁，并因此于 1965 年获得诺贝尔化学奖。1949 年，抗疟疾药物乙胺嘧啶成功合成。在 20 世纪，科学家们发现了许多种抗疟疾药物，但大多数都在应用不久后发现，疟原虫已对这种药物产生了耐药性，只能不断寻找新的药物作为代替。

因为欧洲殖民美洲而发现的奎宁，给欧洲全面殖民非洲带来了可能。在奎宁出现之前，疟疾是击退欧洲殖民者的利器，但有了奎宁，欧洲人便开始在广袤的非洲大陆长驱直入，开办种植园，发掘富饶土地上的珍稀资源。从某种程度上来说，奎宁改变了历史，也改变了世界格局。

奎宁是继吗啡、阿司匹林后，人类从植物中成功获取的又一种有效药物，它的成功合成也开启了现代合成药物的篇章。此后很长时间里，人类在数十万种植物中再未发现有效的药物，除了青蒿素。

青蒿素·中医药智慧

我国自古以来就有对疟疾的记载，如《黄帝内经·素问·疟论》篇章中描述了疟疾发作的症状："疟之始发也，先起于毫毛，伸欠乃作，寒栗鼓颔，腰脊俱痛，寒去则内外皆热，头痛如破，渴欲冷饮。"对间日疟发作的原因也做了解释："间日发者，由邪气内薄于五脏，横连募原也。其道远，其气深，其行迟，不能与卫气俱行，不得皆出，故间日乃作也。"中医对疟疾的理解是邪气入体所致，种类繁多，分为正疟、温疟、寒疟、瘅疟、瘴疟、劳疟、疟母等，当时对疟疾的定义是广义的，凡是寒热交替的病症皆称为疟。

虽然对病理的认识并不科学，但中医对疟疾的治疗确实有可称道之处。《神农本草经》等书籍记载，常山是用于治疗疟疾的重要药物。公元前 2 世纪，中国先秦医方书《五十二病方》记载了植物青蒿。公元 340 年，东晋葛洪所著的《肘后备急方》中首次记载了青蒿的退热功能。16 世纪时，李时珍编撰的《本草纲目》中，提到青蒿能"治疟疾寒热"。除了对症治疗，还有"截疟"的做法，在发病之前，用药或针灸的方式对疟疾病原体进行阻截，不仅规定了施治时间，还强调要根据患者的体质来治疗。多部中医药相关文献中都提到过治疗疟疾的药草，被现代医学证实能有效杀灭疟原虫的药草也藏在其中。

疟疾这种古老的疾病，中国各个时期都有病例。中华人民共和国成立初期，中国有 3000 万人感染疟疾，200 万人死亡。中国 70%~80% 的县市，都存在疟疾流行的情况。越南战争时期，许多越南军人因患疟疾而丧失战斗力，由于抗氯喹恶性疟原虫的出现，军队面临无药可医的局面。对战方美军同样受疟疾之苦，产生抗药性的疟原虫让他们所带的药物无发挥的余地，无奈只好从数十万种化合物中筛选新的药物。1964 年，几乎无科研根基的越南只能求助于中国政府，希望能获得治疗疟疾的新方法。1966 年，中国政府派研究队前往越南调查疟疾流行情况。1967 年 5 月 23 日，国家科学技术委员会和中国人民解放军总后勤部牵头，组织多部委及单位召开全国疟疾防治药物研究协作会议，决议建立专项小组，开展全国疟疾防治药物研究的大协作工作，这一军工项目为保密起见，被命名为“523 项目”，目标是从中草药中发掘抗疟疾药物。

“523 项目”是典型的以任务带学科的科研方式，60 多个单位的 500 多名研究人员参与其中，举行了数十次会议，以分工协作的方式完成抗疟疾药物的研发工作。大协作组由许多小协作组组成，分为化学合成药、中医中药、驱避剂、现场防治、针灸、凶险性疟疾救治、疟疾免疫、灭蚊药械等。越南战争进入尾声后，项目的保密程度下降，参与的单位越来越多，研发抗疟疾药物从一项军工项目逐渐转为常规的科研与应用项目。到 20 世纪 80 年代项目结束时，研究者们已经合成了 1 万多种化合物，14 款药物最终通过审批投入应用。这一始于援助越南的项目为越南提供了 30 余吨抗疟疾药物，其中最有效的当数源自中草药的青蒿素。

1969 年 1 月，中医研究院中药研究所加入中医中药协作组，工作是从中药中寻找抗疟疾的药物，主持这项研究的是屠呦呦。屠呦呦的名字似乎就和青蒿有着不解的缘分，“呦呦鹿鸣，食野之蒿”，这里的“蒿”指的就是青蒿。1969 年 4 月，屠呦呦便根据中医古籍和人民来信整理出《疟疾单秘验方集》，筛选了 640 多种内服外用的草药和药方，其中，曾用来治疗疟疾的常山出现频次最多。最初，在 1969 年 6 月首批进行筛选的药物中，青蒿并没有入选。1970 年，在简陋的研究环境中，屠呦呦小组陆续送了 10 批 166 份样品至军事医学科学院进行检验，这些样品用乙醇、乙醚等不同的溶剂提取，其中雄黄的抑制率曾接近 100%，但由于其含砷，遇热产生的化合物三氧化二砷有剧毒，临床使用恐有毒性，故被放弃。在这一批次的样品中，青蒿的抑制率为 68%，表现并不出众，但由于雄黄被弃，青蒿又成为备选对象。在重要筛选工作稍有眉目之时，由于人员变动，研究工作一度中断。

1971 年的全国“523 项目”协作会后，屠呦呦再次被任命为研究组组长，筛选抗疟作用明显的药物。此时，因为青蒿抑制率表现不稳定，不仅未成为研究员的首选，还一度被放弃。但或许出自研究者的直觉，屠呦呦屡次将青蒿从待定名单提到研究中来，但青蒿的表现总令人失望，用 95% 乙醚提取的抑制率连 50% 都不到。所幸的是，屠呦呦从古籍中获得了灵感。《肘后备急方 · 治寒热诸疟方》中记载“用青蒿一握，以水二升渍，绞取汁，尽服之”，其中“水渍”“绞汁”的做法启发了屠呦呦，她不用乙醇而改用沸点更低、具有亲脂性的乙醚作为溶剂提取青蒿的有效成分。1971 年 10 月 4 日，屠呦呦团队在第 191 次实验中发现青蒿乙醚中性提取物对鼠疟、猴疟疟原虫的抑制率达到了100%。为提取大量青蒿素，团队在通风不良的环境下接触大量有机溶剂，身体健康受到影响；为了验证这种提取物对人体有无毒性，屠呦呦和团队成员亲身试验，造成肝脏损伤，为科研付出了许多。1972年8月至10月期间，屠呦呦团队开展了30例恶性疟和间日疟的临床试验，效果显著。

粗提取的青蒿溶液含有杂质，为了提纯有效成分，屠呦呦团队做了多次试验，最终于1972年11月8日获得青蒿素单体结晶。

1973年，屠呦呦团队开始研究青蒿素衍生物，以此来探索青蒿素的功能物质，因此发现青蒿素中的过氧基团正是起到抗疟疾作用的物质，并研发出了双氢青蒿素，后有其他研究团队陆续发现蒿甲醚、青蒿琥酯、蒿乙醚等青蒿素衍生物同样具有抗疟疾功能，效果甚至比青蒿素还要好。

不仅如此，在屠呦呦提出用乙醚溶剂能有效提取青蒿素后，山东、云南药物研究所都以此方式，从本地蒿类植物中提取出了抗疟疾的有效成分，分别取名为黄花蒿素和黄蒿素，最后与屠呦呦小组的发现统称为青蒿素。需要说明的是，能有效提取出青蒿素的植物是菊科的黄花蒿（*Artemisia annua* L.），而不是青蒿（*Artemisia carvifolia*）。之所

黄花蒿，拍摄者：刘冰（中科院植物所）

以用乙醚提取的效率高于乙醇等溶剂，是因为青蒿素存在于一定生长期的青蒿叶子腺毛中，这些腺毛里充满芳香油，是脂溶性的，乙醚恰好可以将它有效地提取出来。

经检验及临床应用发现，青蒿素具有速效、高效、低毒的特点，适合用于治疗疟疾。它的作用原理是抑制疟原虫孢子的生长，通过干扰疟原虫功能的方式来阻止疟原虫对宿主体内红细胞的侵蚀，无法将血红蛋白分解为氨基酸的疟原虫往往因饥饿而死。

随后，屠呦呦团队又发明了双氢青蒿素，青蒿素的衍生物青蒿酯钠、蒿甲醚等陆续被发现，青蒿素相关的复方药物成为有效抗疟且防止出现抗药性的最佳选择。制成药品的青蒿素最先是片剂，发现效果不理想，屠呦呦在思考过后，马上改成了青蒿素单体胶囊，以发挥青蒿素的最大效用。

既然了解了青蒿素的结构，那有没有可能以人工合成的方式获得这种化合物呢？ 1984 年，中科院上海有机化学研究所的周维善团队成功合成青蒿素。

1994 年，诺华制药和我国签署协议，研制生产蒿甲醚－本芴醇复方，这就是 1999 年诞生的 Riamet，三年后这一药物进入《WHO 基本药物目录》。

正因为提取青蒿素并将之应用于治疗疟疾的创新之举，在获得国内多项荣誉之外，2011 年，屠呦呦被授予拉斯克－狄贝基临床医学研究奖。2015 年，屠呦呦由于证实青蒿素能用于攻克动物和人类所患疟疾，获颁诺贝尔生理学或医学奖，成为史上第一位获得诺贝尔生理学或医学奖的中国科学家，也是第一位获得诺贝尔奖的中国女科学家。

屠呦呦获奖后说：“与获奖相比，我一直感到欣慰的是在传统中

屠呦呦，中国首位诺贝尔生理学或医学奖获得者、药学家

医药启发下发现的青蒿素已拯救了全球数以百万计疟疾病人的生命。”有人将此解读为中医的胜利。应用数千年的中医在很长时间里是国人生病时唯一的仰仗，凝聚了中医智慧的药物和疗法也切实拯救过许多人。我们理应自信中医中药这一瑰宝，但也应清楚地看到，青蒿素的发现是应用现代科学的方法实现的，是一次完美的“古为今用，中西结合”的研究。

遗憾的是，在屠呦呦发现青蒿素后，过了三十年，青蒿素才得以大规模生产，成为全球多地区的抗疟疾药物。这当中有中国与世卫组织首次开展国际合作的困难，也有我国未为青蒿素的发现申请专利的原因，我国不仅在青蒿素量产方面丧失主动权，还因法国赛诺菲基于基因编辑技术，利用酵母菌以发酵的方式实现青蒿素的量产而失去原料供应的市场。但不可否认的是，青蒿素是中国送给世界的礼物。能在短短四年间，从数十万种植物中找到攻克疟疾的药物，这是中医药留给后人的瑰宝，也是全人类的幸运。

青蒿素的应用使得因疟疾而死亡的人数大幅减少。但 2003 年的时候，首例青蒿素耐药出现在泰国与柬埔寨的边境地区。2012—2013 年，科学家通过基因研究陆续发现，东南亚疟原虫第 13 条染色体上的 *K13* 基因发生突变，这是它们变得耐受青蒿素的原因。

疟原虫不断出现耐药反应，与人类未能在短期内将其消灭有关，让疟原虫有了足够的时间适应药物并产生抵抗力。为了应对疟原虫耐药问题，科学家们除了不断尝试新的联合用药方式，还依靠新工具新技术，用基因科技的方式，尝试从分子层面上解除疟疾的威胁。

在没有可靠药物可用的疟疾高发区，人们也在以自己的方式适应着环境，尽管代价是巨大的。

演化角逐 · 人的适应

距今两千万年前，一只吃饱了的蚊子正停在某处休息，丝毫没感觉到，头顶一滴琥珀正在快速下落，完美封存了这只消食的蚊子。2005 年，科学家将它从黑暗中挖掘出来，经过观察和检验，发现这只蚊子体内有卵囊，且其中存在不少孢子。

疟疾这种疾病古已有之，研究者推测，或许早在智人出现以前，通过按蚊传播的疟疾就已经存在了。并非所有的蚊子都能传播疟疾，研究者发现，传播疟疾的蚊子是按蚊，它们有 400 多种，其中 80 余种能携带或传播疟原虫。2019 年，在缅甸发现的一块琥珀中，封存着一只按蚊的祖先，这种古老的生物至今仍在地球多地区大量存在，尤其是非洲地区，成为威胁当地人健康的杀手之一。

80% 的疟疾都发生在非洲地区，欧洲人将疟疾带到美洲，蚊子将疟疾带到全球。撒哈拉以南的非洲地区疟疾的传播尤为严重，而且患者多为 5 岁以下的儿童。世界卫生组织统计，2019 年，有 27.4 万 5 岁以下的儿童因患疟疾而死亡。人被携带有疟原虫的雌性按蚊叮咬后，两周内会出现呕吐、头痛，且出现一会儿高烧一会儿寒战的症状，只能无力地躺在床上，成为蚊子的美餐及疟原虫的传播源头。

疟原虫自有一套生存法则。它进入人体后，会先藏在肝脏细胞中等待时机，一是为了逃避免疫系统的追击，二是为了繁殖自己。孢子成熟后，会冲破肝脏细胞进入血液，数量庞大的孢子开始攻击红细胞，利用其营养物质繁殖为雌雄孢子，成熟孢子再从红细胞中突围而出，这样的过程不断循环，直至大部分红细胞阵亡。当孢子冲破红细胞时，细胞碎片所产生的内毒素将引发人的高烧反应，而当孢子进入红细胞中繁殖时，人体体温则回归正常。当蚊子叮咬携带疟原虫的人时，血液中的雌雄孢子会顺着蚊子的唾液腺进入体内，在蚊子的胃部进行有性生殖，孕育的疟原虫将随着蚊子不断叮咬其他人而传播开去。有的人能凭借抵抗力从疟疾中自愈，但有的人却会因为红细胞大量凋亡而死于严重贫血。

人类并非疟原虫的唯一宿主，不同疟原虫感染不同的物种，鸟类、哺乳动物、爬行动物等脊椎动物都能染上疟疾，只是感染它们的疟原虫类型不同。感染人体的疟原虫，一般不能在动物体内生存，但诺氏疟原虫是例外，它既能在人体内繁殖，也能在其他脊椎动物中繁殖，有可能引发最具威胁力的人畜共患病。

研究者对疟疾高发地区，如非洲、地中海地区生活的人进行了研究，发现患有镰刀型细胞贫血症（下文简称“镰贫”）的人体内有一个基因发生了突变，如果父母双方均将这一突变遗传给孩子，那么这个孩子就有可能死亡，但如果孩子只拥有父母一方遗传的这一突变基因，体内一部分红细胞会变成镰刀型，而非圆饼状。这种镰刀型红细胞载氧量低，当疟原虫进入其中准备繁殖时，镰刀型红细胞往往容易破裂，不会成为疟原虫繁殖的温床，对恶性疟原虫尤其有效。经调查发现，携带这种突变基因的人占疟疾高发地总人数的 40% 左右。在没有药物治疗疟疾的时期，当地人就靠这种突变基因与疟原虫进行抗争。这些人往往有机会活到生儿育女的年纪，导致镰刀型细胞的突变基因也因此流传下来。

地中海贫血症（下文简称“地贫”）同样是在疟疾流行区常见的疾病，因最初在地中海地区被发现而得名，中国广西、广东、海南等南方地区也多有病例。与镰贫患者类似，地贫患者有基因缺陷，不能稳定地合成血红蛋白，红细胞载氧量不高，而且容易在疟原虫侵入后利用红细胞内的营养繁殖自己时破裂。重型地贫会致人死亡，地贫基因携带者及轻型患者则能抵抗疟原虫的感染。

古罗马城由于逐水而建，水利设施完备，城外沼泽遍布，成为蚊子孕育的温床，也是疟原虫肆虐的修罗场。一些罗马人同样发生了适应性演化，他们体内缺乏葡萄糖–6–磷酸脱氢酶（G6PD），当吃蚕豆或是服用能产生自由基的药物时，没有足够的 G6PD 清除由此产生的自由基，在自由基的破坏下，红细胞不断衰亡，机体出现溶血性贫血病症，俗称蚕豆病。这种缺陷基因 *G6PD* 位于 X 染色体上，因此蚕豆病多发于男性，女性因为有两条 X 染色体，携带者多于患者。但正是由于有这种基因缺陷，这些罗马人感染间日疟后能恢复健康。

无论是镰贫、地贫还是蚕豆病，实际上都是人类在繁衍过程中对抗疟疾的遗传痕迹，即“两害相权取其轻”。如今，由于明晰了疟疾的病理，掌握了对抗疟疾的方法，这些基因缺陷不再让携带者具有生存优势，反而由于遗传风险增加了后代患病风险，演变为一个人类公共健康问题。如今地中海地区早就告别了“地中海贫血”，故未来通过人人可及的基因检测来实现“天下无贫（镰贫、地贫）”，当是人类公共卫生行动的下一个宏愿。

疟疾漫画，绘制者：符美丽

灭蚊大战 · 基因编辑

人类深受疟疾之苦，值得庆幸的是这种疾病并非无法防治。人们想出了不少办法对抗这种疾病，比如，保持居住地附近干燥，清理容易让蚊虫产卵的水渠、水塘、水道等位置，睡觉时待在杀虫剂浸泡过的蚊帐里，并在屋内小剂量喷洒灭蚊药物。除了物理防护，研究者开始琢磨，既然按蚊这一虫媒能成为疟原虫繁殖的基地，那说明它体内有某种基因能帮助疟原虫在体内生存繁衍且不伤害按蚊身体。于是，研究者从传播疟原虫的按蚊身上下手，尝试杜绝传染链条。

1874 年发明的 DDT（双对氯苯基三氯乙烷，有机氯类杀虫剂）在 1941 年焕发了新生机，因为瑞士化学家米勒发现，这种药物对蚊虫的杀伤力极强。强效杀虫剂的出现，曾经让人们豪情万丈地宣告要消灭蚊子，以及蚊子传播的疾病。1955 年，世卫组织宣布开展消灭疟疾的行动，具体做法是用 DDT 来消灭按蚊。但最后，大自然又给我们上了一课，蚊子很快产生了耐药性。而 DDT 这种不易降解的、无差别杀灭所有昆虫的农药，打破了生态链的平衡，且由于持续时间达几个月之久而给环境带来了不小的负担，人类可谓“搬起石头砸了自己的脚”。

1962 年，《寂静的春天》出版，让社会不再平静。作者蕾切尔·卡森（Rachel Carson）对农药的滥用发出了警示，认为工业化发展中应用了过多的化学药物，让环境恶化、物种减少、癌症频发。在她看来，这样牺牲环境的做法是不可持续的，理应将生态的问题交还给生态，让天敌来对付有害昆虫，而不需要人为地干涉。从生态学的角度来看，卡森的提醒是正当时的，DDT 的大面积使用，无差别地消灭了环境中有益和有害的昆虫和鸟类，并且使许多有害昆虫进化出耐药性，绿水青山不再、虫鸣鸟叫不再的日子可能出现，面对肆虐的昆虫再无药物可用的未来也是有可能的。

蕾切尔·卡森和她的作品《寂静的春天》，该书引发了巨大争议

在这场由一本书掀起的环保运动中，DDT 首当其冲成为被禁的药物，导致的后果是更多的蚊虫开始传播各种病原体，非洲死于疟疾的人数直线上升，6000 万人因此死亡。被一些人追捧为环保斗士的卡森被另一群人视为疟疾的帮凶，“史上杀人最多的杀手”。卡森承受着不应该承受的苛责，科学发展过程中需要有不同的声音，DDT 也不应为环境问题负全责，虽然 DDT 曾被停用，但其他农药仍在使用。

消灭蚊子在热带地区显然是一件不可能完成的任务，让一种自然生物完全从生物链中消失也不是一种明智的做法。新兴技术是中性的，不分好坏，关键是具有主观能动性的人如何运用技术。

要有人关心环境，要有人关注生命，当然也要有人在二者中做出平衡。DDT 在防范疟疾中的应用，就经历了这样的考验。人们初时发现 DDT 能有效杀灭所有蚊虫的欣喜，随着大面积喷洒 DDT 的应用，逐渐被抗药性蚊虫的出现和生态环境的破坏而浇灭。人们开始冷静反思如何在人类生存和环境保护之间选择。2006 年，世卫组织宣布了一项新规定，DDT 能在一些发展中国家使用，但要限量正确使用，比如仅限于一年两次的室内墙面喷洒，将其对环境和人的影响降到最低。

既然按蚊是传播疟原虫的媒介，科学家就想，如果不消灭按蚊，只是让它们不再具备传播疟原虫的能力，是不是就能根治疟疾呢？于是，科学家开始尝试对按蚊进行基因编辑，使它们不再适合作为疟原虫的中间宿主，或是改变疟原虫的耐药基因，让抗疟疾药物重新发挥作用。甚至部分科学家开始考虑通过基因工程方式让蚊子不育……这听起来固然不够“蚊道”，同时尹哥也对其前景持保留意见，须知生命总会找到出口，这也太低估蚊子的适应能力了，人家可是在几亿年前就存在了。

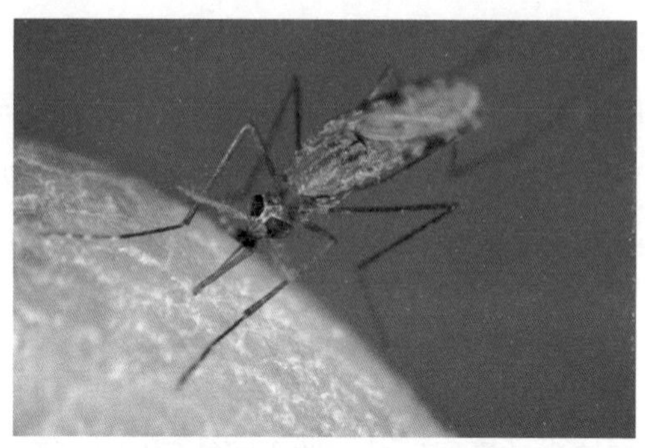

冈比亚按蚊，来源：维基百科

由于疟原虫善于变异，所以疟疾不像天花等疾病那样一次感染终身免疫，人会反复感染疟疾，也因此增加了疫苗研发的难度。科学家根据疟原虫生长周期来考虑抗疟疫苗方案。疟原虫进入人体后最先进驻的是肝脏，这段时间被称为红细胞外期，如果根据疟原虫的表面抗原来设计抗体，让疟原虫无法进入肝脏细胞，是否能阻断疟原虫的传播呢？基于这一设想的疫苗正在研究中。当疟原虫进入红细胞，人体会表现出各种疟疾症状，这段时期被称为红细胞内期，阻止疟原虫与红细胞的结合，或是阻碍疟原虫孢子在红细胞里的繁殖，是阻断疟疾恶化的方法。而当人被按蚊叮咬时，如果能阻止雌雄孢子在按蚊体内的有性生殖，如敲除按蚊体内的血浆蛋白酶 V 酶，就能有效防止疟疾的进一步传播。这些都是研究者们一直在进行的疫苗研发方向。直到 21 世纪，疟疾疫苗 RTS，S/AS01（RTS，S）才成功推出，这是第一款能起到预防作用的疟疾疫苗，能为疟疾高危地区居民提供安全防护。

疟原虫会对药物产生耐药性，按蚊会对杀虫剂产生抗药性，都是消除疟疾道路上的阻力。在疟疾高危地区开展疟疾的早期检测，是及早治疗、控制疟疾传播的手段之一。此外，磺胺类药物能预防疟疾，结合药浸蚊帐和室内喷洒一同使用，是保护高危地区居民远离疟疾的有效方法。

关于疟疾的研究不仅带来了五项诺贝尔奖，还让人类对寄生虫类传染病有了深入的了解。相信随着研究的深入，消灭疟疾不再是梦想。

2021 年 6 月 30 日，中国正式获得世卫组织消除疟疾认证，是西太平洋地区首个获得消除疟疾认证的国家。世界卫生组织称“中国疟疾感染病例由 20 世纪 40 年代的 3000 万减少至零，是一项了不起的壮举”。

消除或消灭一个疾病，三个方面的要素都重要：第一，良好的公共卫生组织与管理；第二，必要的科技力量与工具；第三，社会经济发展与保障。就感染性疾病（传染病）而言，人类通过自身努力并有科学记录的“消灭的”传染病目前只有天花。中国“消除或基本消除”的感染性疾病（传染病）有多个：根据世卫组织的标准，我国已于 2000 年基本消除麻风病，2000 年无脊灰（脊髓灰质炎），2006 年在全球率先消除丝虫病，2012 年消除孕产妇和新生儿破伤风，2014 年消除致盲性沙眼，2017 年无本地原发感染疟疾病例，2021 年 6 月中国消除疟疾获世卫组织认证。我国在公共卫生领域成就巨大，也充分体现了社会主义制度在疫情防控方面的优越性，体现了人民利益高于一切、尊重科学重于一切、依靠群众胜于一切的精神。

“借问瘟君欲何往，纸船明烛照天烧。”1958 年 6 月 30 日，毛主席看到余江县消灭了血吸虫后，心潮澎湃地写了一首诗《送瘟神》。63 年后，我们送走了另一个“瘟神”，送走这只小虫的历史告诉我们：人民至上，生命至上，科技至上。

疟原虫的自白	
中文名:	疟原虫
拉丁学名:	*Plasmodium*
“身份证”获得日期:	几千年前
籍贯:	孢子虫纲，真球虫目，疟原虫科，疟原虫属
身高体重:	14 条染色体，约 2400 万个碱基对，5300 个基因
住址:	人，雌性按蚊等
职业:	嗜血寄居者
自我介绍:	我从水中来，钻到蚊子体内，蚊子又把我带到人的身体里，住在红细胞里，究其原因，大家住得太近了啊。为了消灭我，人类可是想了不少办法，可只要有水的地方，蚊子能生存，我们就有传播的渠道。你们开始消灭蚊子，让我们不能在它们体内繁殖，这看起来不错，但基数庞大的我们和基数同样庞大的你们之间的斗争，注定没有这么快结束。中国最近做得不错，但全世界的结果如何，我们拭目以待吧。

疟疾漫画，绘制者：符美丽

霍乱：

如果没有我，
你喝不上自来水

尹哥导读

- 眼见为实吗？要知道我们肉眼只有约 70 微米的分辨率，微生物的世界我们看不见。瘴气能致病？人类的嗅觉并不能直接分辨出致病菌。
- 霍乱，作为“消化道传染菌之王”引起的传染病，其暴发与平复，是流行病学的首次科学实践。
- 已知的首次霍乱大流行源自印度，1817 年从印度传出后，曾在历史上引起过七次大流行。
- 英国医生斯诺通过绘制“死亡地图”，揭示了霍乱随水源传播的真相，这是现代流行病学研究的开端。
- 霍乱的发生与环境有关，对霍乱的研究和预防，推动了现代公共卫生制度的建立。
- 霍乱可防可治，但目前仍是经济欠发达地区的主要流行病之一。通过推广疫苗及正确的治疗方法，可以终结霍乱的流行。

在我国的传染病“排行榜”上，和别名“黑死病”的鼠疫并列为甲类传染病的就是霍乱，一种国人已不太熟悉的疾病，但仍在其他国家横行。这种病究竟有何能耐，能被列为传染病的二号敌手，竟能与杀人无数的鼠疫相提并论？

霍乱的七次大流行

19 世纪最让人头疼的疾病，就是霍乱，它被称为“曾摧毁地球的最可怕的瘟疫之一”。和许多传染病一样，霍乱的活动范围原本并不是全球，而只是一个地区。在几千年的时间里，它在印度的水域中安然生活，不时作乱，放倒一些逐水而居的人。即使在印度，它的足迹也并非遍布整个国家，而是青睐某些地区。总的来说，它就像其他演化了许多年的古老微生物一样，毒性变得温和，但传染性越来越强。

对印度人来说，恒河是圣河，在印度教大大小小的节庆日里，教众聚集在沿河地带（多为恒河下游）庆祝。每年都有许多人为信仰而来，驻扎在河畔，喝恒河水，在恒河里沐浴，临走时还会装些水带给亲友。奇怪的是，一条被视为神圣的河流，却没能得到最好的保护。印度人在恒河里洗衣服，倾倒排泄物；朝圣的人住在没有卫生系统的河边，污水横流；死去的人随恒河水漂走，一起漂浮在水面的还有成片的垃圾。他们对待恒河的谜之态度，让恒河成为污染最严重的河流之一，恒河“圣水”中也暗藏着极大的健康隐患。100 年的时间里，印度因霍乱死亡的人数不少于 3800 万。

对于没有接触过霍乱病菌的人来说，这种病原体的杀伤力还是很强的。作为如今的甲级传染病，霍乱曾在历史上留下显赫威名。据记载，它曾在人类历史上有过七次大流行，从印度发源（具体而言，多发于孟加拉地区），走向世界。

印度人在恒河沐浴祈祷，来源:《美国国家地理》

1817 年，恒河水泛滥，这种疾病蔓延到印度内陆，进而传播至东南亚地区。19 世纪，霍乱在天灾和海运的“支持”下，顺水走向了世界。这是霍乱第一次走出印度，成为世界范围内的流行性疾病。

由于蒸汽轮船等新式交通工具的普及，病菌传至世界各地的时间越来越短。在前几次大流行中，经过 5 年的时间，霍乱才传至英国，但到了第五次大流行时，仅用了 5 个月，霍乱就从印度传至英国。第六次大流行之后，霍乱的传播范围重新缩至亚洲地区，非洲、欧美等地的病例很少。但自 1961 年从印度尼西亚暴发开始，由于出现了新型霍乱病原体，这种疾病重新在世界范围内流行起来，至今尚未停息。

在霍乱第一次大流行之前，世界范围内都没有这种霍乱类型。在其他国家，霍乱指的是严重的腹泻，但通常并没有自印度传出的霍乱那么严重。从印度传出的这种霍乱被称为“亚洲霍乱”，但在那之前，中国同样没有这种传染病。1820 年左右，霍乱传入我国沿海地区，自此之后的一百多年时间里，带来了近百次的疫情，其中 60 余次的影响力较大，1932 年尤甚，出现了 10 万余病例，3 万多人死亡。新中国成立之后，霍乱逐渐得到控制。但在第七次大流行时，我国广东阳江地区受到影响，十多天里出现数百病例，致死率逾 10%。

霍乱大流行范围扩散到欧洲和美洲之后，造成大量人员感染和死亡。1831 年，霍乱第一次乘着商船来到了英国大陆。1832 年，5.5 万人因霍乱死亡。1833 年，又有 2 万人因霍乱而死亡。在此后的一百多年时间里，霍乱在英国间断性地暴发，收割了不少人命。

当霍乱冲出印度，走向世界之后，各国开始思考如何阻止这种传染病进入国境，基于传染病防控的全球合作雏形初显。欧洲经过多次瘟疫的洗礼，对霍乱来袭的本能反应就是在港口设立防疫隔离关卡，但这违背了全球贸易的经济利益，执行起来时松时紧，没有起到应有的效果。

人们对霍乱传播途径有不同的猜测。有的人认为霍乱与鼠疫一样，属于通过接触导致人际传播的传染病，在他们看来，隔离是最好的做法。也有人认为霍乱是通过空气传染的，与恶劣的卫生条件有关，需要彻底改变环境、清新空气，才能消除致病的“瘴气”。

19 世纪中期，一场霍乱大暴发后，人类才找到了解决霍乱这一传染性疾病的方法。

死亡地图

19 世纪的伦敦，远没有今天这么美好。虽然有许多人以清洁为职业，但伦敦实在算不上一个清洁度高的城市。马车在路上跑，马粪随处可见，被太阳晒干的马粪混着泥土、污水，又在另外一辆马车疾驰而过时扬起灰尘，呛得路边行人捂住口鼻。难闻的气味不仅这一种，家家户户的化粪池、街头巷尾的皮革店、贫民区的简陋墓地、用香水遮盖浓郁体味的人……散发出的复杂味道充斥着这个人口密集的城市，日日夜夜，让人无法逃离。

1854 年，伦敦已经有 250 万人口，如今闻名世界的泰晤士河上什么都有，污水、粪便遍布，还是不少城里人的饮水来源。泰晤士河臭到什么程度呢？《死亡地图》记载，当地报纸的描述语言是“只要闻过一次，就再也忘不了，闻了之后还能活着，那就是幸运之至了”。

和中国习惯将水烧开饮用的做法不同，西方人会直接喝凉水，这为病菌的传播提供了机会。贫民社区的饮用水来源与富人区不同，当地贵族们可以从专门的供水公司购买自来水，贫民只能在居住地附近的公共供水处打水。居住环境更恶劣的地方，人们从下水道中取污水，静置几天待固液分离后，饮用上层勉强能称为透明的水。有时，一个人从污水渠中取水时，另一个人正向其中倾倒排泄物。在卫生意识薄弱的当时，这样的情况似乎并没有人在意。

不卫生的环境经常会导致一些人出现莫名其妙的腹泻和呕吐。这种偶尔的呕吐和腹泻并不是大问题，但如果是一种具有传染性的疾病引起的症状，那就必须格外注意了。

自从英国水手或士兵从印度带回这种疾病之后，每隔十来年的时间，霍乱就会暴发一次，然后隐匿。1854 年，伦敦又一次暴发了霍乱，患者基本上是居住在伦敦苏豪区黄金广场的底层人民，症状类似，病程极快，一天之内死了 70 人。霍乱导致的上吐下泻症状严重，会让人在短时间内脱水，体重明显减轻，形容枯槁，嘴唇和皮肤变蓝，指甲青黑，在排出大量无色无味、混杂着米粒样白色颗粒的水性便后不久，患者就会因为大量脱水、组织器官陆续罢工而迅速死亡。

一时间人心惶惶，人们将原因归结于伦敦城里的坏空气，认为是遍布的臭味让人生病。这样的怪责并不鲜见，几千年来，但凡出现瘟疫，所谓的“瘴气”都是第一背锅侠。不过，这一次的结果有些不同，疫区里一位名叫约翰·斯诺的医生，用特殊的方法证明了瘟疫不是源自坏空气，而是另有源头。

约翰·斯诺（1813—1858 年），英国麻醉学家，流行病学家

斯诺医生是一名博士，也是伦敦流行病学协会的创始成员，这在当时并不多见。他不迷恋名声与财富，而热衷于研究医学问题，常向医学杂志投稿，发表自己对一些疾病和新兴技术的理解。比如乙醚诞生之初，他就自己琢磨出了如何控制乙醚使用剂量，避免病人死亡的办法。因为出色地掌握了麻醉药物的使用方法，他深受外科医生青

睐，还担任过维多利亚女王的麻醉师，在女王生第八个孩子时为她提供麻醉服务以减轻生产时的阵痛。

1854 年的这场霍乱并非他经历的第一次霍乱流行，作为医生，他已经在二十多年间亲历了好几场霍乱的暴发，并且在 1849 年就得出了霍乱是由水源污染导致的结论，可惜没有人相信他。他坚持研究霍乱，也一直持续了许多年。

他的推断有理有据，为了分析问题，他先将患霍乱居民的饮用水取样，放在显微镜下观察，却因为微生物太小而毫无收获。他并没有因此放弃自己的想法，开始留意政府发布的《出生和死亡周报表》，想从中找到支持自己理论的证据，也确实因此理顺了解决问题的思路。在一次读《出生和死亡周报表》时，斯诺将霍乱致死人数与水源联系起来，并开始走访调查，试图在居民用水与霍乱感染之间建立联系。

为了更直观地分析，他绘制了一份伦敦城的地图，将患霍乱居民的居住地标上死亡人数，再将附近的水井圈出，发现二者之间存在一种联系——患者是围绕着一些水井而居的。在这份地图上，一些水井周围完全没有患者，病例大都出现在宽街水泵周围。通过调查，他发现了水源与死者之间的一个联系——绝大部分死者都喝过宽街水泵抽出来的水，整个街区只有都济贫院和啤酒厂没有出现病例，因为这两个地方的人并不喝宽街水泵抽出来的水。

在斯诺看来，这份地图足以作为霍乱并非通过空气传播的证据，因为如果是通过空气传播，感染者的分布不会是地图所显示的那样。找到了霍乱暴发的原因，斯诺便向当局申请查封这些水井，让居民去别处打水喝。可当局没有采纳他的建议，因为没有人相信他的推论，查封水井很难实行，居民很抵触——斯诺认为被污染的水井，恰恰是居民认为水质好的水井，不少人是每天跨街区来打水的。

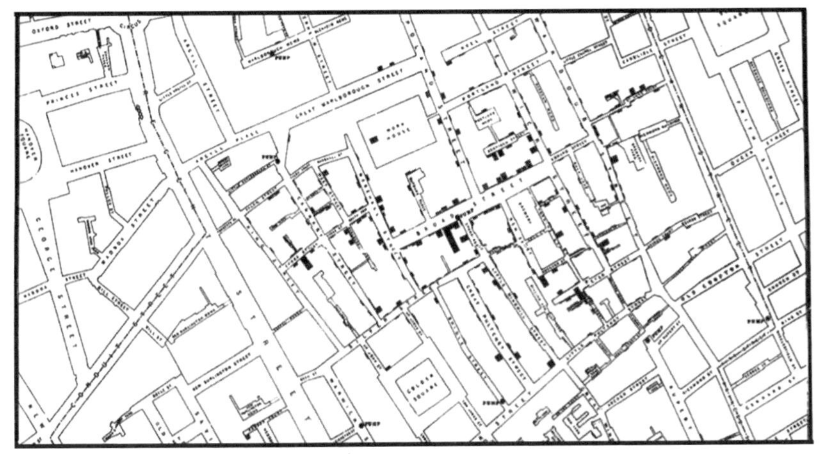

斯诺绘制的伦敦城霍乱病例地图，来源：维基百科

每个人都坚持自己的看法，居民认为好喝的水不会让人生病，当局从来没听说过水会让人生病，有的医生觉得霍乱根本不是人际传染病，而斯诺依旧固守自己的观点。在这场沟通中，一位霍乱社区的牧师亨利·怀特黑德发挥了关键作用。在他的周旋下，政府终于决定拆掉水泵的手柄，不让人们在这里打水。果然，这样做之后，霍乱的传播很快停止了。后来有人调查霍乱源头时发现，第一位霍乱患者是一名婴儿，洗尿布的污水被倾倒在离水井不远的化粪池里，通过薄弱的砖墙渗透进了宽街水井中，引发了霍乱疫情。

1858 年，斯诺因中风去世。1866 年，经过又一次霍乱肆虐后，斯诺关于“水传播霍乱”的理论最终被肯定，政府禁止往泰晤士河里排放污水和粪便。伦敦斥巨资修建了完善的下水道排污系统。自此之后，霍乱再也没有光顾过这座城市。看到英国成功地阻击了霍乱，周围城市纷纷开始效仿，各地建起现代化排污基础设施，公共卫生系统逐步建立完善，人们不再因为“拉肚子”而丧命。

死亡地图揭示了霍乱的真相，而著名的“手柄被拆了”（Handle had been removed）成为后世阻断传播途径的经典语录

宽街水井旁边的小酒馆改成了咖啡馆，以约翰·斯诺命名，而这个被移去了手柄的水泵是对斯诺贡献最好的纪念。拍摄者：刘渊

斯诺的贡献不仅是用最小的代价止住了1854年的霍乱流行，还让模糊的流行病学逐渐清晰起来。他绘制地图来展示流行病关联因素的做法也被后人效仿，时至今日仍是流行病学研究的方法之一。

厕所文明与公共卫生

在霍乱反复流行的那些年里，伦敦城里的掏粪工是收入最高的蓝领群体。有人花钱请掏粪工清理化粪池，也有人为了节省开支，任由污水随处流，地下室、院子里可能都堆满了粪便。

在很长的一段时间里，许多人对不洁空气致病的理论坚信不疑，开创护理的白衣天使南丁格尔就是其中一员，政府官员也不例外。但正因为这种对感受的盲目坚持，让他们做出了错误的政策决定。泰晤士河曾经是清澈的，为了处理伦敦城遍布的臭气问题，伦敦政府颁布1848年《公共卫生法案》及《清除公害和传染病预防条例》，所有家庭的化粪池统统与下水道系统相连，这些下水道没日没夜地将污水排入泰晤士河中，一个大型污水池就此形成。虽然伦敦城里的空气变好了一些，泰晤士河却成了一个散发恶臭的废水池。也只有坚持“瘴气论”的人，才能接受饮用水源来自一个废水池，他们全心相信着空气的洁净比饮用水的清洁更重要，在霍乱暴发时也是如此。

厕所运动是公共卫生改革的其中一环，效果立竿见影。有序的排污系统解决了伦敦水源污染问题，因霍乱死亡的人数大幅下降，尤其是婴幼儿，因此夭折的数量明显减少。

将污水排到泰晤士河的做法治标不治本，也未能减少霍乱的传播。1875 年，英国颁布《公共卫生法案》[1]，对饮用水、污水处理、城市排水等做出了合理安排，伦敦臭气熏天的情景成为历史。2005 年，世界卫生组织颁布《国际卫生条例》，规定霍乱是需要进行国际检疫的三种传染病之一，其他两种是鼠疫和黄热病。

可以说，霍乱推动了英国公共卫生体系的建立。斯诺在 1854 年伦敦霍乱大流行中寻找霍乱源头的方法，启发了现代公共卫生体系的建立。对将传染病与贫穷、脏乱环境等负面因素联系在一起的 19 世纪欧洲来说，能在城市清洁、污水治理、饮水安全等方面投入资金与人力支持，是文明的一大进步。得益于此，自第六次霍乱世界大流行之后，这种曾带走无数生命的传染病再未在欧洲流行。

在社会走向文明的过程中，传染病成为人类最大的敌人。在所有与病菌对抗的经验中，最有效的就是监控和预防，正所谓“防大于治”。自英国率先进入工业时代以来，社会发展的速度快了不少，人口爆炸式增长，传染病愈演愈烈，此消彼长。近几百年来，在全球化背景下，交通越来越发达，人与人的联系越来越紧密，疾病的传播成为各个国家共同的问题。

自中世纪鼠疫暴发，威尼斯设立边境卫生检疫关卡后，各国有了模糊的公共卫生概念。殖民热潮的兴起让欧洲多国对完善公共卫生体系有了经济方面的驱动力，公共卫生制度呼之欲出。欧洲文艺复兴与启蒙运动推动了科学的发展，19 世纪中期，霍乱对英国的威胁促进了公共卫生体系的建立。英国公共卫生事业的领军人物埃德温·查德威克（Edwin Chadwick）起草的《济贫法修正案》《大不列颠劳动人口卫生状况的调查报告》是促进 1848 年《公共卫生法案》诞生的

① 19 世纪英国颁布三部《公共卫生法案》，分别在 1848 年、1872 年和 1875 年。——编者注

基础，虽然改革的过程中走了不少弯路，但基本上为现代公共卫生制度定下了基调。

中国的卫生防疫制度由伍连德建立。在他的组织下，东北鼠疫在几个月的时间里就被扑灭，他还建立了东三省的防疫体系，并拿回了海港检疫权，建立了中国的边防检疫体系。伍连德的防疫措施成功阻止了 1932 年霍乱的流行。中华人民共和国成立后，我国公共卫生制度得到完善。2003 年非典肆虐之后，国家对传染病的监控和防治水平进一步提高。

公共卫生并不只是对环境卫生的改善，它与社会各方面因素均联系紧密。随着现代科学的发展，人类对传染病实现了从被动预防到主动预防的转变。如今，各个国家的人均寿命及健康水平都在提高，基于人类命运共同体的共识，各个国际组织和慈善机构格外关注贫困国家的公共卫生及居民健康水平，对不发达国家提供健康援助。因为疾病往往是经济及社会发展的制约因素，而在现代交通网络下，地方传染病已经不存在，地理距离不再可能将病原体困在某处，关注弱势群体的健康水平，就是关注我们自己。

显微镜下的逗号

17—18 世纪的欧洲，显微镜逐步开始普及，人们惊叹于微生物的存在，但却拒绝相信微生物带来疾病的说法。在大多数人的认知里，疾病与不洁的空气和环境有关，虽然仍未能揭露真相，但这已经比宗教的上帝降罪说进步了不少。

19 世纪后期，细菌致病说几乎成为传染病病因的主流，科赫和巴斯德一时瑜亮，是德国和法国的微生物研究标杆人物，以二人为首的微生物学家们用细菌解释了多种“疑难杂症”，一个个病原被成功鉴定，同时发明了疫苗和血清疗法，让人们对与微生物的斗争信心倍增。

但很长一段时间里，人们对空气致病的信任始终无法被撼动。即使霍乱的症状是无法控制的排泄，这很明显是消化系统的问题而不是呼吸系统，却依然无法让人们改变固化的观点。要有怎样的证据才能证明病从口入呢？斯诺做了大量的工作，但要让科学界完全信服，还得找出病原体。

菲利波·帕齐尼（Filippo Pacini）是一名供职于佛罗伦萨大学的意大利科学家，就在 1854 年伦敦暴发霍乱期间，他在霍乱病人的肠道中发现了逗号形状的生物，并在医学期刊上发表了文章。但他的研究最终石沉大海，这种与流行病界主流思想相悖的发现，并没有受到多少人的关注。

埃及也是霍乱等流行病的高发地区。1883 年 6 月，第五次世界性霍乱在埃及暴发，三个月的时间里，就有 5 万人因感染霍乱而死亡。

连通地中海与红海的新航道缩短了全球贸易的距离，也缩短了传染病从印度传开的速度。英国最先对埃及霍乱疫情做出了判断，认为是一场由印度传至当地的流行病，与不良的卫生条件和饮用水有关。这和数十年前，斯诺对在英国暴发的霍乱病因的判断一致。

还是科赫，奉命来到埃及调研霍乱疫情。在此次霍乱暴发的前一年，科赫发现了结核杆菌，并提出了著名的科赫法则，认为一种疾病是一种特定的病原体导致的。发现了炭疽杆菌、结核杆菌的科赫，又一次在微生物鉴定簿中写上了霍乱弧菌 (*V. cholerae*) 的名字。

他用显微镜观察霍乱病人粪便样本，看到了弯曲的细菌，正是帕齐尼 30 年前发现的霍乱弧菌。他判断，霍乱弧菌就是霍乱的病原体。因为听说霍乱由印度传入埃及，他还前往印度的加尔各答寻找证据。最终，科赫确认，斯诺的判断是对的，霍乱弧菌并不通过空气传播，而是从消化道进入人体，最危险的不是给病人看病的医生，而是接触病人排泄物而没有及时清洗双手的人。

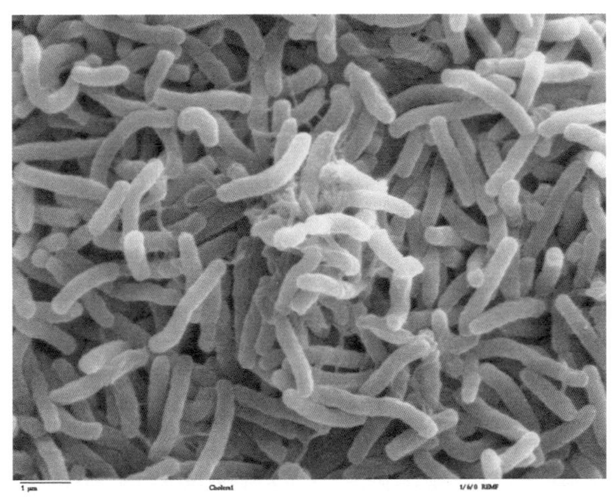

霍乱弧菌电镜照片，来源：维基百科

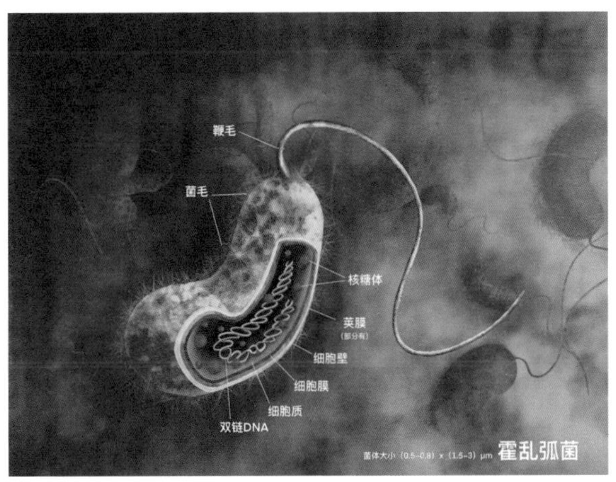

霍乱弧菌示意图，绘制者：符美丽

严格来说，帕齐尼是第一位发现霍乱弧菌的科学家，科赫直到30年后，才观察到霍乱弧菌，提出其与霍乱的相关性。1965年，帕齐尼获得应有的荣誉，1854 年发现的霍乱弧菌以他的名字命名为 1854 年帕齐尼霍乱弧菌（*V. cholerae* in 1854）。

即使是在微生物界做出了赫赫伟绩的科赫，提出霍乱弧菌藏在水源中，是导致霍乱的病原体这一理念时，也遭到了业界的抨击。有的科学家为了否定他，不惜喝下含有霍乱弧菌的水。其中便有麦克斯·冯·佩腾科弗（Max von Pettenkofer）和他的学生。佩腾科弗有自己的坚持，认为病菌并非唯一导致疾病的原因，传染病的形成是由综合因素导致的，比如气候、卫生条件、空气质量甚至还有道德，都是影响传染病流行的原因。在他看来，离开了印度独有的气候条件，再考虑个人对病菌反应的差异性，霍乱只是埃及当地的疾病，不会在欧洲引起广泛传播。

佩腾科弗最终没有感染霍乱，只有些肠炎反应。但这说明不了什么，据说他们喝下的霍乱弧菌溶液是科赫提供的，从安全性考虑，科赫提供的是稀释了很多倍的霍乱弧菌溶液，正所谓“离开剂量谈毒性都是耍流氓”。

事实证明，错的是佩腾科弗。霍乱弧菌并非只能在卫生条件差的地方，比如污水环境中生存。事实上，它能在任何水体中存在，淡水和海水环境中都能存在，在海生贝壳类动物中也能生存。1854 年宽街水井的水质清冽甘甜，也能被霍乱弧菌感染。

据不完全统计，彼时先后有 40 多位研究者以身试毒，喝下含有霍乱弧菌的水，通过感染自己的方式进行研究。这些反对者在病原体的解析上一无所获，这种为了否定而否定的行为，影响了合适的防疫措施的实施，以至于 1892 年，汉堡再次暴发霍乱，8606 人因此死亡。

霍乱弧菌的发现曾让人们信心百倍地认为，这种传染病会尽早退出历史舞台，但实际上并非如此。直到进入 21 世纪，世界上仍有几十个国家有过霍乱感染的报道。19 世纪的蒸汽轮船缩短了霍乱旅行的时间，21 世纪的飞机则让霍乱弧菌的版图更广阔。1991 年秘鲁首次出现霍乱病例，就是通过飞机餐传染的，那些在全球旅行的人，又将病菌带回了自己的国家。发达国家可以通过完善的公共卫生体系挡住霍乱的进攻，不少发展中国家的贫民却因无法获得洁净的饮水和居住环境而屡次感染霍乱。但这并非仅仅是贫困人群所面临的问题，任何传染病大流行，都会威胁所有人的安全，因为病菌会传播、会变异，没有人能对传染病的威胁完全免疫。

测序仪下的霍乱弧菌

经测序分析，在霍乱的七次大流行中，前六次的病原体是古典型霍乱弧菌，而第七次的病原体则变成了埃尔托型霍乱弧菌。这种变异后的菌种存活时间更长，意味着它的传播力更强。两种霍乱弧菌的主要区别是古典型霍乱弧菌不溶血，而埃尔托型霍乱弧菌溶血，于是研究者们以此作为鉴别两个菌种的方式。但到第七次大流行的后期，埃尔托型霍乱弧菌再次发生变异，变得不溶血了，这给菌种鉴别带来了挑战，也显示了霍乱弧菌这种古老细菌的强适应性。

经抗原分析发现，霍乱弧菌最初被认定有 138 种血清型，古典型霍乱弧菌和埃尔托型霍乱弧菌都属于 O1 群霍乱弧菌，这两种类型的霍乱弧菌都能引起霍乱大流行。其他 137 种霍乱弧菌被统称为非 O1 群霍乱弧菌，它们不是导致历史上霍乱大流行的致病菌，但要警惕当中的变异菌种引发未来霍乱大流行的可能。1992 年孟加拉国传出新型的霍乱弧菌，与之前 138 种血清型均不同，被命名为

O139 群霍乱弧菌。

有的霍乱弧菌致病，有的不能造成大流行的原因，与噬菌体有关。噬菌体是一种专门入侵细菌的病毒，一种名为 CTX 的噬菌体通过霍乱弧菌的菌毛受体进入这一细菌体内，将自身基因与霍乱弧菌进行融合，然后开始指挥霍乱弧菌生产肠道毒素。那些没有获得噬菌体“青睐”的细菌，没有分泌肠道毒素的功能，自然不能在肠道中作乱，也无法让自己的繁殖利益最大化。

通过现代科技的分析，研究者们还原了霍乱弧菌在小肠中造成破坏的过程。没能被胃酸杀死的霍乱弧菌在肠道中大量繁殖时，会分泌出霍乱肠毒素（CT）这种外毒素，让小肠壁的细胞无法吸取水分，但保留肠壁细胞释放水分的功能，于是越来越多的水分流失，肠道不堪长期冲刷浸泡，肠壁黏膜因此大量脱落并随水排出体外。新繁殖的霍乱弧菌乘着排泄物的顺风车，从原宿主体内冲出，向下一个宿主奔去。

2000 年，美国科学家完成霍乱弧菌的基因组测序工作，确定霍乱弧菌的分子结构由两条环形染色体组成，其中一条大一些的染色体有约 300 万个碱基对，另一条染色体小一些，有约 100 万个碱基对。这样的结构显示了霍乱弧菌曾整合过其他细菌的基因组，也解开了霍乱弧菌在不同机体中具备强大的适应能力的缘由。霍乱弧菌中起合成毒素作用的是 RT 蛋白质，它影响了肠内皮细胞的吸水功能，造成人体脱水现象。

不同的人对霍乱弧菌感染的免疫反应不同，有的人体内带菌却没有病症反应，有的人表现为轻症，但这两类人的排泄物同样会对他人造成感染威胁。中型和重型感染者排泄物中的霍乱弧菌数量较多，而且一般会连续排泄 5~14 日，感染力极强。

一般情况下，霍乱弧菌生活在水中，捕捉浮游生物，以其表面的壳多糖为食。霍乱弧菌在酸性环境下不易生存，胃酸对它有杀灭作用，所以一些健康人能抵抗霍乱的感染。

约翰·斯诺一直认为霍乱是经由水传播的，但之后科学家发现，粪口传播是霍乱的传播途径，而不仅限于水。霍乱属于典型的“病从口入”，喝被霍乱弧菌污染的水、吃被污染的食物、接触患者的排泄物都容易染病，苍蝇也是霍乱传播的“使者”。因此，我国防控霍乱的方式是“三管一灭”，即管水、管粪、管食品、消灭苍蝇，达到消除霍乱传播的目的。

人感染霍乱后，分泌的抗体有抗菌作用，由于肠道毒素的存在，人体还会分泌抗毒素，二者能在短时间内起到对霍乱免疫的作用，但免疫力消失后可能再次感染霍乱。

病原体来无影去无踪，在一个地区肆虐过后，人们只能自我恢复，在同样的土地上继续生活，就像什么都没发生过一样。但实际上，疾病一定留下了些什么，在经历过的人们的记忆里，连他们的后代也不例外，而这些疾病来过的分子证据，同样在他们后代的基因里，即使这些后代没经历过祖辈的疾病。

霍乱高发地区的人，基因上与其他地区的人有些不同。那是因为在漫长的演化过程中，为了在与霍乱病菌的战斗中获得胜利，能生存下来，他们的基因发生了适应性的突变。比如历史上霍乱频发、至今仍是霍乱流行区域的孟加拉国，雨季水位上涨常造成洪水泛滥，随水源传播的疾病容易流行，半数 15 岁孩子感染过霍乱。经研究发现，民众基因中有 305 个 DNA 片段发生了突变，这让他们在感染霍乱后腹泻症状较轻，不至于危及生命。至于这些基因片段具体发挥着什么作用，研究者们还在继续了解。

霍乱疫苗的发明

尹哥几年前去尼泊尔徒步，因为要进入原始森林，向导特别提醒了霍乱的风险：不能乱喝水，即使看起来干净的泉水；一旦出现控制不住的腹泻，那么大量补充水和电解质是必须的。当时还半开玩笑地说了一句，哪怕是霍乱，只要喝足够量的水，就不会死。

尹哥穿越尼泊尔原始森林时被提示不得直接饮用泉水以防止霍乱

回到一百多年前，在霍乱流行期间，各种治疗方法齐上阵。如今看来真正有效的方法，就是给脱水的病人补充水分和电解质。1832年，英国医生托马斯·拉塔（Thomas Latta）也想到了这个办法，给霍乱病人静脉注射盐水。方法是对的，但剂量不够，没能有效地挽救病人生命。

现在我们已经知道，口服补液、静脉输液和抗生素的治疗体系已经能有效医治霍乱病患，死亡率可控制在1%以下。抗生素也被用于治疗霍乱，但多年的使用令一些霍乱菌种已经具备了耐药性。于是，疫苗成为人们期待的预防霍乱的方法。

1879年，巴斯德和助手制作出鸡霍乱疫苗，动物实验显示，该疫苗能有效预防鸡感染霍乱。他是第一个用试管进行细菌减毒培养的科学家，与取自牛痘的天花疫苗原理类似，不同的是，牛痘疫苗是直接取自牛痘疱浆，而巴斯德发现了人工培养减毒疫苗的方法。这种方法是用少量毒力弱的病毒来刺激免疫系统记住病原体，在下次病菌入侵时能尽快识别予以歼灭。

1884年，海梅·费兰（Jaime Ferran）开发出第一支霍乱活细菌疫苗，但效果不稳定。1892年，沃尔德马·莫迪凯·沃尔夫·哈夫金（Waldemar Mordechai Wolff Haffkine）在动物实验中成功研发出霍乱疫苗，并在自己和同事身上进行试验。三年后，哈夫金的霍乱疫苗在印度小范围人群试验中获得成功。1896年，威廉·科勒（Wilhelm Kolle）通过高温将霍乱弧菌灭活，用来制作灭活霍乱疫苗。

既然霍乱弧菌作用于肠道黏膜，那么保护肠壁细胞就成了研发疫苗的方向。相较于注射疫苗，口服疫苗能直接刺激肠道细胞，因此成为现在通用的霍乱疫苗。1991年上市的第一款口服霍乱疫苗Dukoral®由瑞典科学家扬·霍姆格伦（Jan Holmgren）成功研制，至今仍在使用，能为接种者提供短期保护，效果在85%左右。如今世卫组织推荐使用的还有Shanchol™和Euvichol-Plus®两款口服疫苗，为高风险地区的居民提供保护。

2004年，中国研制的新型口服霍乱疫苗rBS-WC上市，在孟加拉国的9万人试验中取得成功。这是一种利用基因重组技术研发的口服疫苗，安全且价格低廉，获得世卫组织认可，一度成为预防霍乱的疫苗之一。

目前的口服疫苗都需接种两剂，在两剂之间，会有 7 天以上的间隔期，如果在此期间感染霍乱弧菌，疫苗并不能发挥足够的防护能力，因此接种者仍有感染风险。霍乱疫苗的保护期均有限，最长的也不过数年，所以并非接种便一劳永逸，高危地区的居民或计划前往高危地区旅行的旅游者需格外注意。

同时，霍乱疫苗开发困难以及保护期短的问题，与噬菌体 CTX 也有关系。它能感染任何霍乱弧菌，即使是疫苗中的减毒菌株，这种噬菌体也能通过融合自身与霍乱弧菌基因的方式，将这些减毒菌株变成强致病菌株。而且，它们还能在霍乱弧菌之间传播耐药基因，让更多的霍乱弧菌具备抗药性，这也让抗生素应用于霍乱治疗的效果大打折扣。

研究者们从未停止利用新技术研发新型霍乱疫苗，不仅出于缩短两剂疫苗接种间隔、延长有效期以起到全面保护的目的，还因为霍乱弧菌处在不断变异中，疫苗需预防最新型病菌。

终结霍乱

作为一种可预防可治疗的传染病，霍乱对西方发达国家来说已不具威胁性，但在全球范围内，每年仍有 130 万 ~400 万例病例，其中 2.1 万 ~14.3 万例死亡。除了对霍乱高发地区进行定期监控，世卫组织还在霍乱流行区推广口服疫苗接种。

虽然现在全球文明程度较百余年前已有了极大的进步，许多国家建立起了完善的公共卫生制度，人们的健康意识也提高不少，但仍有不少地区处于贫困状态，基础设施薄弱，居住条件差，饮水安全保障性不足，卫生条件有待改善，这是霍乱无法绝迹的原因。这些贫困地区的医疗条件跟不上，无法及时为病人提供补水及药物治疗，以至于进入21世纪后，仍有不少人因感染霍乱而死亡。

2017年，全球霍乱控制专题小组发布《消除霍乱：2030年全球路线图》，提出在2030年将霍乱死亡人数降低90%，以及在20个国家消除霍乱的目标。

我们期待，“消化道传染菌之王”——霍乱尽快离我们而去，但谁也无法保证。曾经，在非洲战乱时期，毫无基础设施可言的难民聚集区发生了大范围的霍乱疫情，短时间内数万人死亡。在全球变暖的趋势下，海平面上升，一些水源倒灌内陆，随水而至的还有瘟疫，霍乱就是其中一种。无论人祸还是天灾，都与人类在地球上的活动有关。传染病不只是医学问题，政治、环境、社会发展等都是影响因素。人类在为防治传染病采取行动的同时，也应积极主动地去平衡自身与自然的关系，可持续发展绝不应该只是口号而已。

霍乱弧菌的自白	
中文名:	霍乱弧菌
拉丁学名:	*Vibrio cholerae*
“身份证”获得日期:	1854 年
籍贯:	弧菌属（Vibrio）革兰氏阴性菌
身高体重:	两条环状染色体，400 万个碱基对
住址:	人体
职业:	下毒者
自我介绍:	我有许多不同的类型，能感染人的主要有古典生物型和埃尔托生物型。人们说我曾捣过七次乱，那只是你们知道的，其实远远不止，我们团队的历史悠久，是地球的老资格了。本来我在天竺水里游得好好的，偏偏被你们带到世界各地，我总要适应一下吧，没想到适应得不太好，搅得你们因为拉肚子而死亡。其实呢，我们还是可以井水不犯河水的，只要你们注意卫生，不喝生水，我也不是一定要在你们身体里捣乱，毕竟，和人体比起来，我还是更喜欢躺在辽阔的水域里游泳呢。

霍乱漫画，绘制者：符美丽

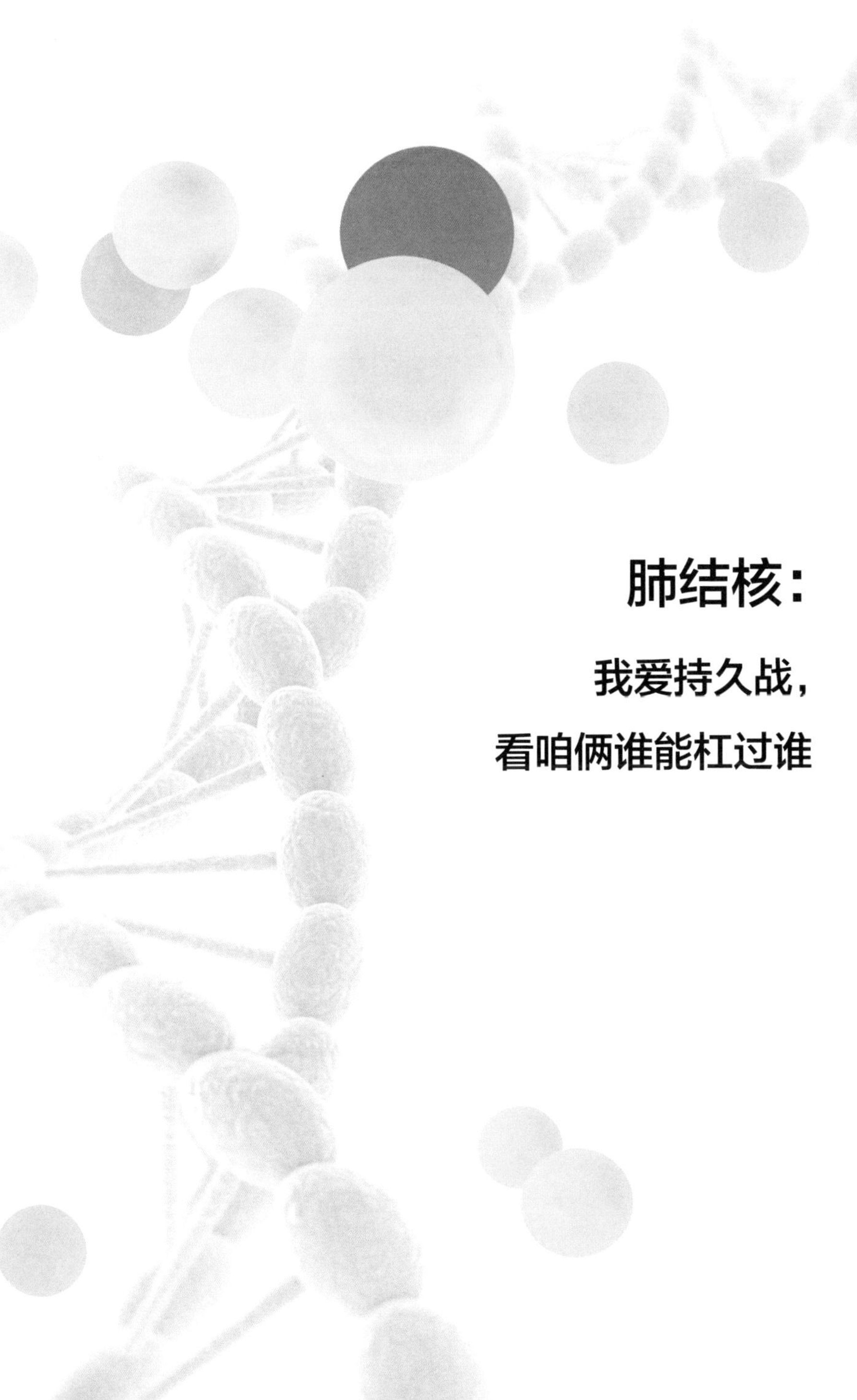

肺结核：

我爱持久战，

看咱俩谁能杠过谁

尹哥导读

- 结核病，俗称痨病，由一种非常顽固的细菌（结核分枝杆菌）引起。病人以积劳瘦削为主要症状，而鲁迅笔下的“人血馒头”便被讹传为能治此病。
- 肺结核曾在欧洲广为流行，是一种被称为白色瘟疫的传染病，杀伤力与被称为黑死病的鼠疫相对应，这一“黑”一“白”两种传染病，曾将欧洲搅得天翻地覆。
- 在西方所有传染病中，肺结核几乎是唯一具有文艺属性的，人们不仅不歧视患者，反而认为他们有一种独特的美，文艺作品中的“玫瑰香腮”（rosy cheeks），描写的就是患肺结核的女性的美丽容颜。
- 结核杆菌的发现是一次科学的胜利，科赫法则由此诞生，卡介苗也应运而生，但只对婴幼儿有短期的防护，对成年人则效用甚微。
- 耐药性结核杆菌是目前肺结核防治工作的难题，合并艾滋病感染时往往导致患者死亡。
- 新疫苗和药物的研发是结核病防治的研究方向，早诊断、早治疗、规范治疗也是减少耐药性结核病的方式。

白雪皑皑的阿尔卑斯山麓旁，瑞士小镇达沃斯便坐落于此。如今每年世界经济论坛年会的举办地，在数十年前还是肺结核患者的疗养胜地。因为空气优良、环境优美，天气好的时候，肺结核患者会把床或躺椅搬到户外，让明媚的阳光照在苍白的脸上，清新的空气深入脆弱的肺部，辽阔的美景抚慰因病而脆弱的心灵。精神好的时候，他们还能在阿尔卑斯山上来场畅快淋漓的滑雪。但这种奢华的疗养注定只能是少数人的享受。那其他患了肺结核的人怎么办呢？治不了，好不了，要么靠自己的免疫力挺过去，要么在咳嗽中日渐消瘦，郁郁死去。

20 世纪 40 年代之前，肺结核就是种不治之症。进入 20 世纪后，结核病也以每年杀死逾 200 万人的速度，在人群中广泛传播。直到 21 世纪，因结核病死亡的人数仍在所有致死疾病中排前十。这种古老的病菌为何绵延数万年仍流连人间？明明已发现不少治疗的药物却为何未能消灭病原？有太多的问题，需要从它的过去说起。

“巨大的白色鼠疫”

中世纪时，英法两国流行一种淋巴结结核病，患者颈部淋巴结附近鼓出来一些硬质包块，人们称这种病为“国王的邪恶”（king’s evil）。和名字一样奇怪的还有疗法，人们在国王面前排起长长的队，依次站在国王面前，低下头让国王摸摸自己颈部的病变位置，然后在表达谢意后恭顺地离开。这种疗法被称为“国王的触摸”，他们相信国王的力量能赶走疾病。如今看来，这样的做法除“安慰剂效应”外几无意义，反而让国王深陷被感染的危险之中。但在当时的环境下，人们对未知疾病太过恐惧，往往毫无理性可言。

17 世纪，淋巴结核患者通过国王亲手触摸来治疗疾病，来源:《法国历史》杂志

结核病是一种古老的疾病。有研究显示，早在人类进入农耕社会时，由于人口的大量聚集，肺结核就已是广为传播的疾病。1973 年，考古学家在马王堆汉墓中发现了女尸，经检验发现，女尸已有约 2100 年历史，她的左肺上存在结核钙化灶，是结核病所留下的痕迹。这也意味着，至少在两千多年前，肺结核就已在中国出现。在公元前 3000 年的木乃伊身上发现的脊柱结核又将结核病出现的时间往前提了一些。欧洲出土的石器时代人骨中，也发现了脊椎结核的存在。有人推测，早在史前时期，人类学会用火，开始群居生活后，肺结核便在密闭空间里围绕火堆而坐的人之间传播开来。

很长一段时间里，肺结核的名字都在变化，古希腊时期人们称它为“phtisis”，后来欧洲肺结核大流行时期它被称为“consumption”，意思是消耗，因为它表现出的症状很像是耗干人的精力，死者往往营养状况不佳，极为消瘦。18 世纪时，不少生命因此消逝，肺结核成为知名度最高的“杀手”之一，被称作“巨大的白色鼠疫”“白色瘟疫”，与曾导致许多人死亡的黑死病相对应。到了 19 世纪，肺结核有了现代名字“tuberculosis”，是对结核小瘤状的描述。

肺结核在我国属于常见疾病，《黄帝内经 · 素问篇》中已有记载。

宋代前关于这种病有各种不同的称谓，宋代开始这种病被称为“痨瘵”，也就是如今民间说的“痨病”，清末称作“瘵症”。直到 1917 年，学界在讨论这一疾病时，才出现了“结核”这一名称。如今，肺结核是我国的乙类传染病，与非典、艾滋病同一等级，排在前面的甲级传染病只有鼠疫和霍乱。

过去，肺结核在经济不发达的地区被视为一种“穷病”，多发于居住环境较差、营养不良、工作繁重的平民身上，“痨病”的“痨”字也有劳苦的意思。中国文学作品中不乏关于痨病的记载，最有名的当数《红楼梦》，林黛玉咳嗽、咳血、面色潮红等特征描写，贾宝玉形容的“泪光点点，娇喘微微。闲静时如姣花照水，行动处似弱柳扶风”不免让人联想到肺结核的病症。现在也有研究者提出反对意见，认为这并不是肺结核的典型症状，而且从书中描述来看，林黛玉身边的人没有患病，这也与肺结核的传染性不符。有人判断，林黛玉患的可能是先天性心脏病，而非肺结核。

《红楼梦》中的林黛玉，来源：维基百科

肺结核患者会有缺铁性贫血症状，面色苍白，时而咳血。有研究显示，这些患者之所以出现贫血症状，不一定是咳血所导致的，更可能是人体的一种自我保护机制。

铁元素是所有生命体中不可或缺的元素之一，这里说的生命体也包括寄生虫、细菌等微生物。在富含铁元素的细胞里，细菌繁殖的速度和数量都远超过缺铁的环境。免疫系统在身体里发现细菌的身影，在初步围剿不成功的情况下，可能选择不再为细菌的繁殖提供那么多营养物质，多分泌一些能结合铁元素的蛋白（铁螯合蛋白），而铁元素的减少会让身体出现贫血症状，或许身体正通过这种方式来对抗细菌的入侵和繁殖。因此，有学说认为，如果给肺结核病人补充铁剂，对病情不仅没有帮助，或许还会加重病情。

还有一种基因缺陷导致的遗传病可能与肺结核有关系，那就是囊性纤维化（cystic fibrosis）。如果后代遗传了来自父母双方的 *CFTR* 基因突变，就会出现肺部病变，可如果只继承了来自父母一方的 *CFTR* 基因突变，就不会患病，并且还具有了抵抗结核病的能力，携带这样的基因突变的收益是大于风险的。这也是人体在与病菌的长期抗争中所出现的适应性演化，如同我们在疟疾一章中提到的地贫、镰贫和蚕豆病的由来。

被追捧的文艺病

欧洲浪漫主义兴起，因疾病的消耗而身体消瘦、无力、面色苍白而午后又面带潮红的肺结核病人表现出来的仪态符合当时欧洲人独特的审美，肺结核也因此成为一众文艺男女追捧的疾病。为了获得病态的美，有人甚至期望自己患上肺结核，这样的疯狂对于了解传染病可怕之处的我们来说是难以理解的。中世纪的人们不知道肺结核如何传播，于是靠穿紧身束身衣将肋骨勒变形及受凉等方法来获得呼吸短促、咳嗽症状，试图成为一名肺结核患者。

人们对白皙肤色的追捧，与社会地位有关。在当时，只有养尊处优的人才会拥有白皙的肤色，为了生计而奔波的人往往面色暗沉、皮肤偏黑。为了显示自己的贵族地位，无论女性与男性都会用铅粉化妆，有的人为了美还会服用砒霜，如今看来惨白的面色在当时却是流行时尚。比化妆更自然的白皙便是肺结核带来的面色，透过苍白的肤色甚至能看到青色的血管，或许就是当时的人追求的美的极致。这个场景像极了我国魏晋时期才子们放浪形骸的做派。他们广袖宽袍，不着鞋袜而只穿木屐，寒冷天气仍衣着飘逸，看似风流，实则是服用药物五石散的结果。这种药物原本用于治疗伤寒，能让人发热，也能让人“神明开朗”，但有毒，还有不少副作用。可见无论东方还是西方，在人均寿命并不长的年代，人们对寿命与美之间的选择与今日都不尽相同。

苏珊·桑塔格在《疾病的隐喻》中对结核病做出这样的说明：“结核病是一种时间病；它加速了生命，照亮了生命，使生命超凡脱俗。”人们将结核病视作一种由过分的热情带来的疾病，患者都是情感丰富而才华横溢的人。在患上结核病后，病人的肉体被消耗，灵魂却得到升华，死亡也显得优雅且从容，在拜伦、梭罗等文学巨匠看来，死亡是有趣、美丽的。

不得不说，这是一个对传染病最友好的时代。肺结核患者并不会受到歧视，反而因此备受赞誉。结核病之所以曾被贴上高贵、优雅的标签，不仅由于疾病带来了浪漫的想象空间，还在于一众文艺的患者。西方文学家雪莱、席勒、契诃夫、卡夫卡，以及音乐家肖邦等，都死于肺结核。西方一些文学作品也不吝于描写肺结核。小仲马的《茶花女》一书中，主角玛格丽特患的是肺结核，似乎这种疾病让她拥有了特殊的魅力，热情豪放，飞蛾扑火般地为爱燃烧自己，最后在郁郁中死去，加深了读者对她的同情。

《茶花女》插图，来源：维基百科

与西方文学界加在文学作品上的浪漫主义不同，中国文学界则更为现实地看待结核病这种无药可医的疾病。同样为肺结核所苦的鲁迅在《药》一文中，讲述了人血馒头治痨病的民间偏方，华老栓夫妇买给儿子小栓服用的人血馒头，并没有让小栓恢复健康。巴金在《寒夜》里对患结核病的王文轩费力咳嗽的描写，力透纸背地显示出这种治而无望的疾病背后的压抑和绝望。

无论浪漫还是悲怆，只是加在结核病上的文化标签，都比不上肺结核本身的特点令人惊讶。这种古老疾病能让文人为之狂热、医生因之烦恼、病人患之恐惧，在横行数千年后，仍让人听之便联想到死亡，这究竟是怎样的一种微生物导致的疾病？

鲁迅小说《药》：茶馆主人华老栓夫妇为儿子小栓买人血馒头治疗“肺痨”

病因不明，病原未知，预防无从下手，更谈不上正确治疗，这就是很长一段时期里，欧洲面临的结核病难题。和其他传染病一样，医生们并没有因为对对手的一无所知而无所作为，相反，他们做的太多了——继承盖伦学说的医生对患者进行放血、催吐、催泻等疗法，信奉基督教的则将祈祷作为康复的希望，相信王权的则依赖“国王的触摸”。曾有一名患肺结核的医生将新鲜空气和明媚阳光视作治愈自己的药方，他康复了，这种疗法成为19世纪治疗结核病人的主要方法，带火了一批疗养院。患者纷纷来到空气清新的郊外疗养，宛如度假，只是这个假期很长，有的人会在疗养院一住好几年，有不少人感觉病症减轻，有的人则在疗养院与世长辞。

这些治愈的病例，或许本身患病并不重，其免疫系统暂时压制住了病原体，使之从活跃状态变为潜伏。要让这种病原体显形，还得等待技术和工具的进步。

发现结核杆菌

在细菌学说开始流行之前，人们并不知道，结核病的病因究竟是什么。在结核病家族中，有骨结核、胃结核、肠结核、肝结核等类型。肺结核是其中一种最常见的感染类型，在病菌的蚕食下，患者会表现出咳嗽、发热、乏力、进食少、出虚汗、消瘦、胸痛、呼吸困难、咳血等症状，最终衰竭而亡。

对于结核病病原体的探索，同样也是从显微镜发明后便开始了。借助这一新型工具，人们看到了细菌的世界。1720 年，英国医生本杰明 · 马滕（Benjamin Marten）宣称，“极小的微生物”导致了结核病，而且会通过人际传播，与病人亲密接触会有感染结核病的风险。对于这一点，法国军医让–安托万 · 维尔曼（Jean–Antoine Villemin）在 1865 年通过兔子实验进行了证明，注射了病人结核内黏液的兔子体内可以长出结核。

在研究结核病原体的历程中，几乎所有提出过创新理论的人，都曾受到学界的否定。我们现在看来平常的言论，在体液说、瘴气说等病原体理论盛行的当时，无疑都是颠覆性的，提出这些见解的人都承担着极大的压力。

在发现结核病原体的过程中，科赫的贡献极大。作为德国微生物研究的领军者，他凝聚了一批微生物学家投身其中，包括一心寻找消灭病菌魔弹的德国科学家保罗 · 埃尔利希、发现白喉毒素的德国科学家埃米尔 · 阿道夫 · 冯 · 贝林（Emil Adolf Von Behring）等杰出的微生物研究者。

科赫已经因发现炭疽杆菌、葡萄球菌等微生物而在微生物界享有盛誉，与当时同样声名显赫的微生物学家巴斯德呈分庭抗礼的势态。

他在微生物的发现过程中做了许多创新。比如，用土豆作为培养基，能让不同菌落分类生长，启发团队成员研究出了将琼脂肉汤煮化后再冷却凝固的培养基，这种培养基至今仍在沿用，能帮助研究者得到纯菌种，不用再像以前一样为菌种混杂而大伤脑筋。

罗伯特·科赫（1843—1910 年），德国著名微生物学家

当时的科学界正流行用染料来对细菌进行着色，方便在显微镜下进行观察。科赫发现，用显微镜无法直接观察到结核杆菌，便开始用不同的染料来对结核杆菌进行染色。尝试了许多种染料之后，他终于发现，对疟原虫有杀伤力的亚甲蓝染料能将结核杆菌变成蓝色。这是人类第一次在显微镜下观察到威胁人类数千年的结核病病原体——结核杆菌的样子，长长的、弯曲的杆状细菌在显微镜下扭动。

观察并分离出结核杆菌无疑是一个重大的科学发现，但科赫并没有被喜悦冲昏头脑。他没有马上宣布这个结果，而是与团队成员开展了进一步的研究。他在实验动物身上注射了结核杆菌，想看看是不是能引发结核病。一段时间后，这些被注射了结核杆菌的兔子和豚鼠陆续死亡，经过检验，果然在这些动物的血液中发现了结核杆菌。

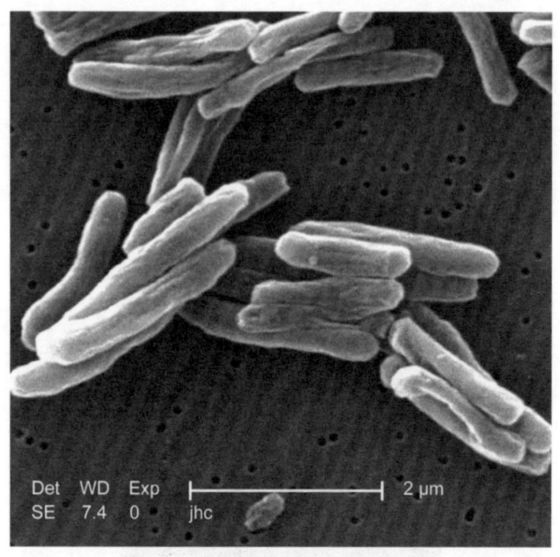

结核杆菌电镜照片

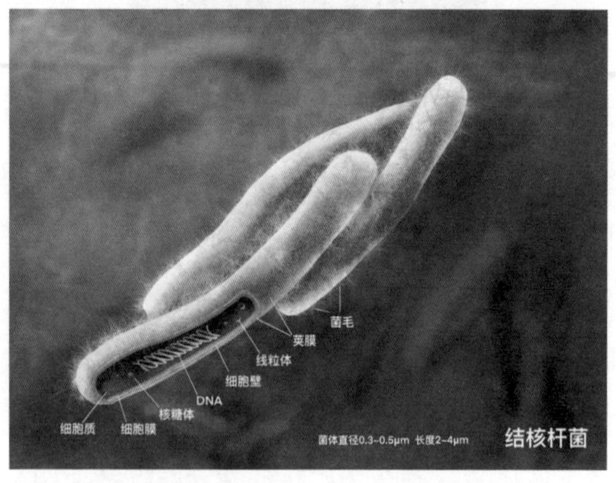

结核杆菌示意图，绘制者：符美丽

当时的实验是没有什么规范流程的，这样的实验结果已经能得出结论了。不过科赫却不这么认为，他要的是万无一失的结论，于是继续实验。之前他已经通过实验证明了结核杆菌能感染哺乳动物，而在被感染的动物体内也能找到结核杆菌，但这种细菌能在体外培养吗？他将血清作为培养基，将环境温度设置为动物体内温度，经过了15天的等待，终于看到培养皿中出现了结核杆菌，人类第一次成功地在体外培养了结核杆菌，这一方法一直沿用至今。

以为这就完了？并没有。德国人的严谨在科赫身上体现得淋漓尽致。科赫认为，还需要证明培养出来的结核杆菌具有传染力。他再次开始了动物实验，这次选的不是1种动物，而是43种。这些动物有兔子、豚鼠等哺乳动物，也有鱼、青蛙等没听说会患结核病的动物。实验结果显示，被注射了人工培养的结核杆菌的动物中，兔子、豚鼠等患上了结核病，本就不会受结核病菌感染的其他动物则安然无恙。

实验做到这个地步，按理说，科赫已经知道了他想要的答案。但他还不满意，想证明结核病是通过空气传播的，于是又有一批实验动物为科学献身。它们被关在一个密闭的笼子里，科赫每天都会往笼子里输入结核杆菌粉末，最后这些动物都感染了结核病。

到此，科赫关于结核杆菌的实验终于落幕。他不仅发现了结核杆菌并验证了它通过空气传播的特性，而且为致病微生物的发现制定了四条标准，这些标准被称为“科赫法则”。这四条法则总结自他自己研究结核杆菌的四个步骤：第一，在所有病例中都能找到致病菌；第二，能分离这种病菌并成功完成体外培养；第三，这种病菌能感染实验模型动物；第四，在这些被感染的模型动物身上能分离出这种病菌，且能再次成功进行体外培养。

拿着这些关于结核杆菌的研究成果，科赫出现在1882年3月24日举行的一场关于结核病的医学会议上，全面地介绍了自己的发现——结核分枝杆菌（*Mycobacterium tuberculosis*，MT）是导致结核病的病原体，并正式提出了科赫法则。这一成果的意义是巨大的，他不仅揭示了结核病的病原体，还为微生物研究流程尤其是病原体揭示的过程提供了范式。此后，科赫法则成为微生物研究者在探索病原体时的“金标准”，他的助手莱夫勒（Fredrick Loeffler）发现了白喉杆菌，加夫基（Gaffky, Georg Theodor August）发现了伤寒杆菌，耶尔森发现了鼠疫杆菌。但如前文所讲，在鼠疫病原体的研究中，没有遵从这一发现流程的北里柴三郎就错失了良机。

结核杆菌被发现之后，其致病原理也浮出水面。如有一位结核杆菌携带者在公众场合吐痰或咳嗽，带有结核杆菌的飞沫便会飘浮在空气中，寻找新的宿主。一旦找到，结核杆菌会从新宿主的呼吸道第一时间冲向肺部，当然也不会放过人体其他部位。这时，人类免疫系统的巨噬细胞出动，主动包裹住结核杆菌，打算与它同归于尽。但结核杆菌自有办法进入巨噬细胞，一边利用巨噬细胞中的营养物质繁殖自己，一边等待机会破膜而出。巨噬细胞眼看不敌，便上报 T 细胞，T 细胞出动后，强势地将结核杆菌团团围住剿灭，这时候会形成疙瘩样的纤维包，被称为结核灶，这是免疫系统与结核杆菌战斗后的遗迹。如果身体免疫力强，这些被困住的结核杆菌不会闹事，可一旦免疫系统开始弱化，无力困住这些坏家伙，它们便会活跃起来，在身体里流窜，到处搞破坏，并会通过让病人咳嗽、吐痰等方式把自己传播出去。

结核杆菌是一种很顽强的细菌，抗酸能力强，病人如果吞下自己含有结核杆菌的痰液，或是饮食被结核杆菌污染，都有可能使胃肠部位感染结核杆菌。

科赫对结核杆菌的研究使他获得了 1905 年的诺贝尔生理学或医学奖。正因为确定了结核病病原体，疫苗和药物研发才成为可能。为了纪念科赫的贡献，也为了引起公众对这一疾病的重视，从 1955 年开始，世卫组织将每年的 3 月 24 日，即结核分枝杆菌正式公布的那一天定为世界防治结核病日。

纪念邮票：罗伯特·科赫发现结核杆菌一百周年

结核杆菌的发现，是科赫科研生涯的高光时刻，后来他也一直关注着结核病的治疗。这里需要先提一下同时期的白喉研究，也是少有的科赫和巴斯德团队既竞争又合作的经典案例。当时，白喉是儿童及青少年的多发疾病，虽然 1821 年就被命名，但直到科赫法则提出后，他的助手克雷伯和莱夫勒才于 1883 年分离出白喉杆菌；1884 年，莱夫勒提出，白喉之所以会侵犯身体各个部位，是因为白喉杆菌会分泌出一种遍布全身的毒素，引起全身反应；1888 年，法国巴斯德研究所罗克斯（Emile Roux）和耶尔森通过实验确定了这一假说；然后又是科赫团队接棒，科赫的助手贝林和北里柴三郎一同进行了白喉的相关研究，从而在动物恢复期血清中找出了白喉抗毒素，也就是我们如今常说的抗体。贝林发明的“抗毒素”血清，是人类历史上第一个抗体药物，抗破伤风血清也随之诞生。血清疗法的原理，便是现在我们熟知的抗原与抗体相互作用的机制。

之所以提到白喉的例子，是因为或许正是这个案例给了科赫治疗结核病的启发。1889 年，他似乎已有了能治疗结核病的思路。一年多的闭门研究后，他提出，结核菌素就是治疗结核杆菌的良方。所谓结核菌素，科赫公布的是死亡的结核杆菌的甘油提取物。在他看来，结核菌素是有用的，根据结核杆菌在人体中的生命周期，病情暴发后结核杆菌数量会减少，而结核菌素能通过让结核组织坏死的方式消灭结核杆菌。虽然科赫是学界权威，但结核菌素的口碑却没有那么好。这对科赫来说是一次打击。科赫在实验中观察到结核杆菌过于稳定，且多年培养后毒性不减，这让他放弃了研制疫苗的思路，也没有找到能杀灭病菌的物质，或许，结核菌素的研究也是妥协之举。

最终，权威敌不过科学，这种最初给人极大希望的结核菌素，被证明毫无治疗效果。但也有研究者发现了结核菌素的诊断作用，在极少的剂量下，健康人反应轻微，但感染了结核杆菌的人则反应较大，这对医生来说是一种直观的判断受试者是否感染结核杆菌的检测方式。

不管结果如何，科赫在结核病的研究中做出的贡献是巨大的。他分离的结核分枝杆菌，尽管肉眼看不见，但被存进了著名的英国伦敦皇家外科学院的亨特博物馆。在此之前，该馆保存着数千件英国病理解剖学开创者约翰·亨特医生的藏品，多为人和动物的解剖样本。

科赫的这一发现，不仅对结核病研究意义重大，对整个科学界以及人类社会都意义非凡。它是对细菌致病学说的印证，也开启了疫苗、抗生素研究的新时代。

而且，正是他和巴斯德建立的细菌致病说理论，让科学界对传染病的理解走上了正轨。虽然细菌致病说曾在病毒发现过程中让许多科学家一叶障目，但也正是有了对微观世界的初步认识，人们才逐渐建立起免疫的概念并逐步完备其理论体系，让传染病的预防和治疗成为可能。

科赫发现的结核病原体让学界的研究有了新方向，巴斯德在 19 世纪 80 年代研发的疫苗给了学界新的启发，研究者们开始寻找通过疫苗预防肺结核的方法。

卡介苗的诞生

让我们再次回到白喉。一名患白喉的儿童奄奄一息地躺在床上，他的父母正面临一个困难的抉择，是看着孩子因气管阻塞或心肌炎等原因去世，还是接受眼前这位激进的医生的建议，试试他的抗毒素究竟能否起作用。经过艰难的内心挣扎，这对父母决定拼一把，看着医生将羊血清注入孩子的体内。奇迹发生了，孩子竟然从生死线上被救了回来。这位医生就是贝林，他注射入孩子体内的羊血清包含白喉抗毒素，因而能清除白喉患者体内的毒素。这是人类第一次弄清楚疫苗起作用的原理，对后续其他疫苗的研发意义非凡。

1901 年，第一届诺贝尔生理学或医学奖授予了贝林，以肯定他在白喉、破伤风血清疗法方面做出的贡献。这种抗毒素的作用原理并非杀死致病菌，而是中和血液中的毒素，在病原体面前，人类又掌握了被动免疫这种对抗方法。

埃米尔·阿道夫·冯·贝林（1854—1917 年），德国医学家

抗毒素中起作用的成分，就是如今我们所说的抗体。那么，我们是不是能用刺激机体产生抗体的方式来实现主动免疫呢？在詹纳发明天花疫苗、巴斯德发明狂犬疫苗等前人成就的启发下，研究者们纷纷尝试研制结核病疫苗，最先获得成功的是法国科学家阿尔伯特·卡尔梅特（Albert Calmette）和卡米尔·盖林（CamilIe Guerin）。

肺结核也是一种人畜共患病，与其他传染病不同的是，它是从人类传给动物，而不是动物传给人的疾病。这种古老病菌的生存策略无疑是极为成功的，较低的致死率和较强的传播性相结合，让结核病绵延不绝。

研究者发现，牛也会患上结核病，贝林曾试图用减毒的人结核杆菌，来治疗牛患的结核病。需要说明的是，患有结核病的奶牛的乳汁会让大量摄入牛奶的人感染结核杆菌，一些儿童就是因此而患病。结核杆菌的发现催生了巴氏消毒法在牛奶产业的应用，这一举措也大幅减少了因此而患结核病的儿童数量。

卡尔梅特和盖林在贝林和詹纳牛痘接种法的启发下，从病牛的乳汁中提取了牛结核杆菌，为保证疫苗效力，他们选取了毒力最强的牛结核杆菌菌种，放在混有牛胆汁的土豆培养基上进行减毒传代培养。和其他菌种不同，结核杆菌很稳定，繁殖的速度较慢，3 周才能传一代，于是两位科学家的实验一做就是十几年。传到 230 代时，这种牛结核杆菌的致病能力已经很微弱，但能刺激动物免疫系统对结核杆菌产生足够的免疫力。在动物实验中确定预防效果后，1921 年，卡尔梅特和盖林给一名父母亲属皆是结核病患者的婴儿接种了这种疫苗，这名婴儿在周围充斥着结核病菌的环境下成长，却没有患上结核病。实验结果证明，这种减毒活疫苗能有效预防结核病，宣告着人类第一款针对结核病的疫苗诞生。

为了感谢两位科学家的发现，结核病疫苗的名字取了两位发明它的科学家的姓氏，被命名为“卡介苗”（Bacillus Calmette-Guerin Vaccine，BCG）。1927 年，从法国开始，卡介苗以口服的方式在婴儿群体中大范围接种。但 1929—1930 年发生在德国吕贝克的事件，使人们一度对卡介苗失去了信心。由于工作人员的疏忽，一批疫苗中混入了人结核杆菌，200 多名接种卡介苗的婴儿中，有 72 人死亡，引起社会恐慌。尽管这与疫苗本身的安全性无关，但卡介苗的接种率仍下降了许多。

虽然 1929 年我国已经引入卡介苗，但吕贝克事件也影响了卡介苗在我国的普及。尽管如此，深信卡介苗意义的中国医生王良仍决定在 1931 年前往法国巴斯德研究所，在卡尔梅特和盖林的指导下学习疫苗制备技术，并于 1933 年将这一技术带回中国，进行小范围接种。为中国国产疫苗做出贡献的汤飞凡，在 20 世纪 40 年代研制出国产卡介苗。1950 年，我国开始大范围接种卡介苗，如今，接种率已逾 90%。

现在，卡介苗已是我国计划免疫中必需的一环，新生儿出生后接种的第一针疫苗往往就是卡介苗。由于这是一种减毒活疫苗，会出现接种反应。和一般疫苗的皮下接种不同，卡介苗采取皮内接种方式，即将药物注射在表皮层以下真皮层以上位置，接种后会在婴儿手臂上形成一块圆形疤痕。卡介苗只针对粟粒性肺结核和结核性脑膜炎，防护期并非终身，通常是 5~15 年，即使多次接种也无法获得更强的防护效果。这也是成年人无须接种卡介苗的原因。直到今天，卡介苗仍是全球唯一一款用于预防结核病的疫苗。

虽然卡介苗能预防结核病，但只能为从未感染过结核杆菌的人提供保护，对已经感染结核杆菌的人则无效。在卡介苗研制成功的 7 年后，1928 年，弗莱明发现青霉素，为结核病的治疗指明了新的方向。

开启抗生素时代

细菌感染是致命的，简单的皮肤划伤也可能出现严重的全身感染。相传，在古代各种稀奇古怪的偏方里，西方曾有人用发霉的面包敷在脓肿的伤口上；中国唐朝的裁缝在划伤手时，会将长了绿毛的糨糊涂在手上。这种治疗方法或许来自一次观察，或许是一种迷信，就像人类历史上曾有过的各种奇怪疗法一样。数千年后，真的有科学家发现了能起治疗作用的物质，而这个发现多少有些运气的成分，这个幸运的科学家是亚历山大·弗莱明（Alexander Fleming）。弗莱明不是第一个发现霉菌能消灭细菌的人，也不是第一个提出青霉素可以用于治疗的人，但却成了我们常说的发现青霉素的第一人。

在弗莱明之前，科学家们已经发现了微生物之间的对抗，这种对抗被称为微生物间的拮抗作用。1874 年，青霉菌对细菌的抑制作用就被威廉·罗伯茨（William Roberts）观察到。然而，罗伯茨也不是第一个观察到青霉菌作用的人。1871 年，首创外科消毒法的医生约瑟夫·李斯特（Joseph Lister）发现青霉菌具有抵抗细菌感染的作用。在他之前，也有研究者发现了青霉菌的抗菌作用。而在这之后，提出细菌致病理论的巴斯德在研究炭疽杆菌时，在培养皿中发现能抑制炭疽杆菌生长的霉菌。直到弗莱明发现青霉菌的前几年，还不断有关于青霉菌抗菌作用的报道，一些研究者以论文的形式发表了研究成果，可离奇的是，就是没有引起太多人的注意。

幸运注定要降临在弗莱明的头上。在他发现青霉素的故事中，他第一次观察到青霉菌，居然是因为一次疏忽，度假回来才发现葡萄球菌的培养皿上长了霉菌。他没有立即清洗，而是仔细观察了这个周围都没有细菌靠近的霉菌，想着是不是青霉菌杀死了附近的细菌。他比其他研究者多做了一步实验，继续培养青霉菌，发现能杀菌的不仅是青霉菌，还有培养皿中的溶液，于是推断真正起杀菌效用的，是青霉菌的代谢产物。他发表了研究成果，然后将这种杀菌物质命名为青霉素（Penicillin）。

弗莱明发现青霉素，来源：维基百科

或许曾是战地医生的缘故，弗莱明对发现一种能避免战士死于感染的物质相当执着。在之后的十几年里，他从未放弃对青霉素的研究。只可惜作为一名医生，他缺乏解构及提纯青霉素的化学知识，研究一直没有大的进展。从培养皿中获得的青霉素含量很低，杂质很多。虽然他知道青霉素能杀菌，但在人体应用上相当小心，仅用于外敷和涂抹于少数患者伤口，效果不错，比如以这样的方法治愈了出生时因淋病感染而差点眼盲的婴儿。

弗莱明一直坚持培养青霉菌，还给牛津大学寄了一份青霉素样本。他的坚持直到 1938 年才迎来了转机。当时，牛津大学的两位科学家霍华德·华特·弗洛里（Howard Walter Florey）和恩斯特·鲍里斯·钱恩（Ernst Boris Chain）在翻阅文献时看到了弗莱明的研究，找到了这份保存在牛津大学的样本，在弗莱明的实验基础上，对青霉菌进行了分离提纯，经动物实验证明青霉素是无害的。弗莱明看到了两位科学家发表的青霉素研究论文，格外激动，立马来到牛津大学，给两位科学家送来了自己一直培养的新的青霉菌种，也获得了钱恩提供的提纯的青霉素。

这不是结束，青霉素成为如今广为应用的抗菌药物，还有好几年的路要走。弗洛里和钱恩发现，凭借自己的力量，也无法百分百提纯青霉素，他们获得的粉末状药粉是棕色的，显然还含有大量的杂质。适逢二战期间，弗洛里和钱恩在英国没有得到想要的支持，转而在美国得到了工业化的帮助。在这期间，他们将蔗糖培养液换成玉米浆培养液，提高了青霉素的产量。一位女士帮他们找到了一种长在哈密瓜上的产黄青霉菌，这种菌种的青霉素含量很高。1942 年，一位美国女性成为世界上第一例被青霉素治愈的病例，她因细菌感染而濒临死亡，却被当时仅有的青霉素治愈，这种神奇的药物吸引了制药界的关注。分离、提纯及量产的工作依次进行，在二战期间，这种药物拯救了许多士兵的生命。1945 年，弗莱明、钱恩、弗洛里因为发现青霉素及其对各种传染病的治疗贡献而获得诺贝尔生理学或医学奖。

之所以要提青霉素，是因为正是青霉素的成功研发，拉开了抗生素时代的帷幕。虽然青霉素成为量产药物有运气的成分，但科学的发现离不开这样的幸运。链霉素的发现又是另一个被幸运之神惠顾的故事。

青霉素能够杀死许多致病菌，但对结核杆菌无能为力。20 世纪 20 年代，影像学有了发展，X 光机被用于临床检查，越来越多的结核病患者被发现，对于治疗的需求越来越迫切。

在青霉素的启发下，许多科学家都开始进入微生物研究的领域。由于土壤中微生物含量最多，成为研究者青睐的对象。美国科学家塞尔曼·瓦克斯曼（Selman Waksman）从读书时期开始，就致力于从土壤中发现抗菌物质。当时，有研究者发现了一种特别的情况，那些埋葬结核病人的泥土中，并没有结核杆菌的存在，这是很反常的。于是有人推测，土壤中一定存在某种物质，能够杀灭结核杆菌。那么新的问题来了，土壤中的微生物何止亿万，如何筛选出发挥作用的那一种呢？瓦克斯曼选中了放线菌家族进行研究，事实证明这是一个正确的方向。

在土壤微生物中探索了十多年后，瓦克斯曼仍没有找到自己想要找的微生物，但正一步步地接近目标。瓦克斯曼确定某种放线菌能杀灭结核杆菌，但开发出的放线菌素及链丝菌素虽有效却毒性太强，无法应用于人体。直到1942年，瓦克斯曼的学生阿尔伯特·萨兹（Albert Schatz）接下了研究对抗结核杆菌物质的任务。在幽暗的地下室里，萨兹一遍遍地重复枯燥的实验步骤，坚持了一年多后，终于在培养皿中看到了希望，一种灰色链霉菌能够对抗结核杆菌。但其中真正起作用的是什么物质呢？萨兹又开始了更辛苦的分离试验。1944年，链霉素终于被发现。

从这时开始，肺结核才算有了治疗的药物。1946年，萨兹离开学校之前，在瓦克斯曼的要求下，签署了放弃专利的文件。刚推出的链霉素有专利保护，价格高昂，并未在所有患者中普及应用，而瓦克斯曼获得了巨大的收益，这让萨兹心生不平，提出了诉讼。最终胜诉的萨兹虽得以分享链霉素的专利收益，却因为与导师打官司争夺科研成果而被学界排斥。因此，尽管萨兹科研能力出众，却无法再赢得一流研究所的工作机会。1952 年的诺贝尔生理学或医学奖只颁给了瓦克斯曼一人，萨兹并未名列其中。几十年后，在一些追求学术公平的人的声援下，1994 年，萨兹获得了罗格斯大学奖章，算是对他在发现链霉素过程中的贡献的肯定。

链霉素被用于治疗结核病效果显著，但由于纯度不够，副作用较大，后来陆续有研究者发现了其他治疗肺结核的药物，如异烟肼、对氨水杨酸、利福平等。有的药物如异烟肼副作用比链霉素小，而且没有专利限制价格低廉，普及程度较高。

中医里有“以毒攻毒”的疗法，西方也有类似概念的“顺势疗法”，背后的概念都是用一种有毒物质去抑制另一种有毒物质。这种借力打力的方法，在抗生素出现后变成现代科学的重要理念。

抗生素的发明，是人类巧妙利用物种间竞争的实例。既然人体免疫系统无法对抗病菌，就需要引入外援来帮忙。微生物的世界如此广袤，任何微生物都能找到天敌。那些能消灭致病菌，占领致病菌的地盘，让致病菌无路可走、无法生存的就是抗生素，顾名思义，它们阻止了致病菌的生存。

但这也产生了两个问题。再强大的天敌也无法消灭整个致病菌群体，杀不死的致病菌变得更强大，它们开始猛力繁殖，成为致病菌的升级版本。相对而言，抗生素的打击能力没有得到提升，在与致病菌的对抗中落于下风。

如果抗生素占了上风呢？如果大量长期地使用抗生素，那么数量占多的抗生素也会对身体产生影响甚至是副作用，如在携带突变基因的情况下，庆大霉素、丁胺卡那霉素可能导致耳聋，也会导致肾脏问题，大量使用四环素可能会造成肝脏损伤等。

而且，抗生素的打击是无差别的，连同身体里有益或中性的微生物都会消灭，比如那些本来在肠道中发挥着功能性作用的微生物被杀死后，肠道功能紊乱，不停腹泻，原本用来治病的抗生素却导致人患上另一种疾病，像艰难梭菌感染就被发现与抗生素的大量使用有关。变着花样地对人体进行抗生素轰炸，这样的方法只会让事情更糟。耐药性致病菌的出现，又给治疗提出了新的难题。有统计显示，耐药性肺结核的治疗费用，比普通肺结核的治疗费用高出 100 倍。

人与细菌的较量，变成了药物和细菌的角力，结果往往决定着治疗的效果。细菌没有实验室也没有基金赞助，然而它们却能以星球化运作的方式持续了几十亿年。如结核杆菌般靠耐力与变化能力著称的古老病菌，不会那么轻易被打败，在抗生素普及后，毫无节制地滥用抗生素在给结核杆菌带来很大生存压力的同时，也逼迫它的演化速度和形态比过去更快速、更多元，这也是为什么结核病至今仍是威胁人类健康的重大传染性疾病之一。

现代肺结核抗争

1993 年 4 月 23 日，世界卫生组织宣布全球结核病处于紧急状态，若不加以控制，预计 1995 年将有 30 万人死于结核病，2000 年将有 350 万人死于结核病。其中一个重要趋势是艾滋病人逐渐增多，发生艾滋病毒和结核杆菌双重感染的人数增加，而这部分人最容易因双重感染而加剧两种疾病的病程，导致死亡。

在抗生素发明之前，人们可能因为体表的一个小伤口而出现全身感染继而死亡。抗生素的诞生给了人们很大的安全感，但耐药菌的出现让我们清醒地认识到，人类并没有获得绝对的安全。结核杆菌是一种适应性特别强的细菌，对许多药物出现了耐药性，这种多重耐药菌很难对付。没有新药和新疗法，现代人可能像中世纪的人一样，只能任由结核杆菌在身体里造次却无能为力。

1998 年，名为 H37Rv 的结核杆菌的基因组被破译，有 4000 多个基因，大小超过 440 万个碱基对。值得一提的是，结核杆菌基因组的 GC 含量接近 75%（此含量越高，基因组越稳定，如大肠杆菌 GC 含量约为 50%，超过 60% 为高 GC），这也是结核杆菌生长缓慢但同时难以对付的原因之一。对基因组信息的了解有助于新药物和疫苗的研发。

作为一种文明病，肺结核在城市化、全球化的现代，感染人数日渐攀升。世界卫生组织发布的《2020 年全球结核病报告》显示，全球有约 20 亿人携带结核杆菌。2019 年新发结核病例数为 996 万，与 2018 年 1000 万的新发病例数相差不多，中国的新发病例数量约为 83.3 万（占 8.4%），仅次于印度（占 26%），居全球第二位。如今，中国仍是结核病高负担国家之一。

携带结核杆菌的人中有 5%~15% 会患病，有些免疫力好的人，体内的结核杆菌会一直蛰伏。有的人在痰液中能检测到结核杆菌，但没有表现出任何症状，这些人就是结核病的移动传染源，结核杆菌通过他们说话、咳嗽、吐痰传播开来，这正是结核杆菌这种古老细菌与人类共存的证明，也是演化至今的结核杆菌的高明之处。

狡猾的结核杆菌会对药物产生耐药性，链霉素发现后很快遏制住肺结核的传播和死亡趋势，但服用一段时间后，对一些产生耐药性的结核杆菌已不起作用。一种药物没用，那就换几种药物一起使用，类似艾滋病鸡尾酒疗法一样，是不是可以解决问题呢？为了降低耐药性结核杆菌的出现概率，临床上开始采用联合用药的方式，将链霉素、异烟肼、对氨水杨酸、利福平等药物按一定配比供患者服用。

联合用药确实是治疗结核病的新思路，但结核杆菌实在太机灵了，能对不同机制的药物产生耐药性，演化成多重耐药性的结核杆菌，甚至变成广泛耐药，让治疗难上加难。此外，结核病治疗周期较长，患者需要坚持至少半年的疗程才能痊愈，如果没有严格按照医嘱服用药物，从原发性肺结核演变为继发性肺结核的话将给治疗带来更大的困难。所以，如果确定开始治疗结核病，就要一直坚持到疗程结束，做到根治。

除了耐药，结核病与艾滋病的合并感染也是结核病治疗方面的重要问题。艾滋病人一旦感染结核杆菌，比普通人感染结核杆菌的后果凶险得多。而且，艾滋病人感染结核杆菌的可能性比普通人高 26~31 倍，结核病是艾滋病人死亡的主要原因之一。

如今，世卫组织朝着 2035 年消除全球结核病流行的目标努力，寄希望于新疫苗的研发，以及其他预防、早诊断、早治疗、规范治疗的方式，将病例在 2015 年的病例数基础上减少 90%。但 2019 年底暴发的新冠肺炎疫情，令终结结核病流行的目标时间延后至 2045 年，这也意味着会有更多的人死于结核病。

2020 年 10 月，江苏省一所大学发生肺结核聚集性传播的疫情，一名感染肺结核的女生导致学校 20 多名学生确诊肺结核，另有 20 多名学生胸部 CT 异常。这种数十年前还是医学难题的疾病，如今虽能治疗，但最好的办法还是预防。紫外线、高温、酒精可以杀灭结核杆菌，在日常生活中，个人需要做好结核病的防护。

曾经，因为对肺结核的不了解，人们视之为一种文艺病。科学研究方法的应用，令肺结核的诊治走向文明。而肺结核的防治，也需要行为的文明。人类与微生物的对抗无休无止，对肺结核等传染病的防控亦该与时俱进。

结核杆菌的自白	
中文名:	结核分枝杆菌或结核杆菌
拉丁学名:	*M.tuberculosis* 或 *Tubercle bacillus*
“身份证”获得日期:	几千年以前
籍贯:	放线菌目，棒杆菌亚目，分枝杆菌科，分枝杆菌属，结核分枝杆菌
身高体重:	4000 多个基因，440 多万个碱基对
住址:	人体
职业:	钉子户
自我介绍:	我是偏爱人的结核杆菌，最喜欢在人体内驻扎。我很喜欢人类社会流行的一句话，“凡是杀不死我的终将会让我更强大”。这几十年来，你们用了许多药物对付我，可对我来说就像场游戏，最后获胜的总是我。当然少不了你们的帮忙，原本你们只要在被我感染的 6 个月内发现我并按剂量服药，我就无计可施了，可你们要么延误治疗，要么擅自停药，这就给我演化出抗药能力的机会了。虽然现在我的势头没有一百多年前强了，但新冠疫情期间你们顾不上我，我准备卷土重来啦！你们可要小心哦。

结核漫画，绘制者：符美丽

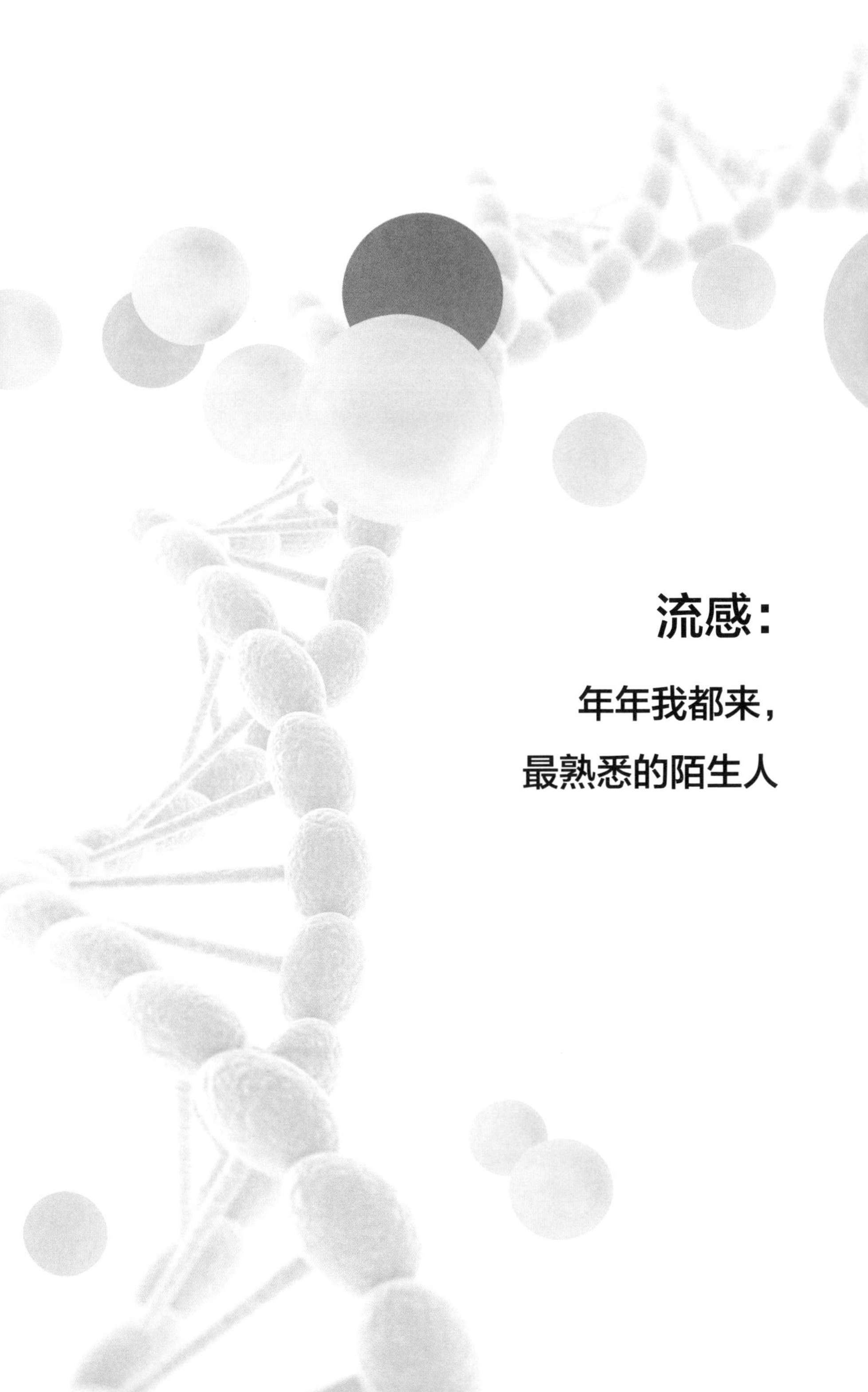

流感：

年年我都来，

最熟悉的陌生人

尹哥导读

感冒可能是大家最为熟悉，同时也误解最多的一类疾病。一般说到感冒，大家往往想到发烧、咳嗽、鼻塞，原因则可能是上火、着凉、感染。中医根据症状将其分成“风热感冒”和“风寒感冒”，而现代医学则会区分成普通感冒和流行性感冒，也有按照感染病原体分成细菌性感冒、病毒性感冒以及混合型感冒（细菌、病毒同时闹妖）。如果是病毒性感冒，冠状病毒（注意不是新型冠状病毒）也是凶手之一，还有一种主要由柯萨奇病毒引起的“胃肠型感冒”，主要指闹肠胃炎的同时还合并了感冒的症状……好吧，这么多种感冒类型难以分清，能引起感冒的病原体至少有数百种，而我们这里只讨论这其中最麻烦的一种，由流感病毒引起的流行性感冒。

- 一战时期，拥挤的兵营里暴发了流感，继而迅速传播至欧洲各国，引起三波疫情，导致至少 5000 万人死亡。
- 流感病原体究竟是什么，曾经有一番争论，权威认为是细菌，但后继者用事实推翻了这一结论，可见权威并不能左右科学的进步。
- 流感病毒的溯源工作足足跨越了数十年的时间，直到 21 世纪初，人类才完全了解流感病毒的基因组信息。
- 流感病毒是又一种从动物身上传播而来的致病微生物。如今我们已有了抗病毒药物和流感疫苗，虽然没办法清除流感对我们的威胁，但已有了预防的手段。

如果要从所有传染病里选一个人们熟悉度最高的，那无疑是流感。咳嗽、乏力、发烧甚至肺部感染，每年冬天似乎都要上演一场人与病毒的攻防战。我们太熟悉这种疾病，以至于掉以轻心，不少人觉得，得了流感在家里躺躺就好了。殊不知，它曾是历史上最残酷的杀手之一，100 年前，世界逾 1/3 的人口曾因它而跌倒。

再往前追溯，据有限的历史记载，流感的症状在雅典时期就已出现。希波克拉底时代也有流感出现的记载。中国关于伤寒、瘟疫的记录中，或许有不少也与流感有关。17 世纪时，意大利暴发了一场流感，导致 6 万人死亡，无数人恐慌。流感最初被命名为“influenza”，也正是源于意大利语，同英文中“影响”（influence）之意。从流感肆虐的过程来看，它确实影响了历史。

止战之疫

谁也未曾想到，叫停第一次世界大战的竟是疾病，一种传播力极强的疾病。

在美国参战之前，第一次世界大战胶着许久。德国自 1914 年战争发起之时便展现出强势进攻的态势，时任总统伍德罗·威尔逊领导的美国始终保持中立。1917 年 4 月 6 日，美国终于宣布参战，派遣士兵前往欧洲并不断增兵，准备大力压制德国，快速取得战争的胜利。

短短几个月的时间里，美国派遣至欧洲的士兵数量从几万增加到几百万，却并没有准备足够的兵营容纳这些士兵。于是，在寒冷的冬季，拥挤的兵营里毫无意外地迎来了各种疾病，时时都有生病的士兵，那些从各地被征召而来的可怜兵士，成了新病原融会的试炼场。

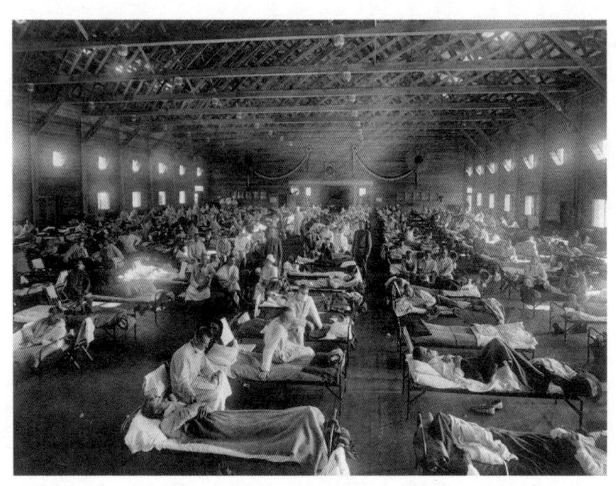

流感患者的临时病院，也是“方舱医院”的前身，来源：维基百科

1918 年 3 月，美国堪萨斯州福斯顿军营里的一名炊事兵突发疾病，数小时内便倒下了。接着，医疗帐篷里挤进了越来越多的患者，能安放医疗床的空间有限，狭小的病床之间仅用床单隔离。还不知道这种疾病可怕之处的医生与护理人员因没有足够有效的防护措施而陆续倒下，医疗人手严重不足，生病的人既缺人照顾，也没合适的药物进行治疗，只能凭借自身免疫力硬扛着。隔壁床位的人来了、死了、换人了，病人往往都不知道，他们可能由于肺部受损，血氧浓度极低，呼吸困难，体表皮肤发青，呈现出紫绀现象，短时间内便也成为毫无声息的尸体。这是比战争更可怕的战场，人们甚至无法拿起武器反击——面对这场来势汹汹的疾病——人们完全没有武器。

当时，美、英、法、德等参战国正处于激烈的交战状态，为了不动摇军心、影响战局，实施了新闻管制，军营里暴发流感的消息并未外泄。1918 年 5 月，流感波及西班牙，800 万民众感染，甚至连国王阿方索十三世也患病卧床。由于西班牙在一战中是中立国，新闻报道不受控制地流传出来，以至于其他国家不明真相的民众，以为西班牙是这次流感暴发的源头，称这次流感为“西班牙流感”（Spanish flu），甚至为其起了个颇为浪漫的名字“西班牙女郎”（Spanish lady），西班牙就这样莫名奇妙地成了背锅侠。

西班牙画家加雷特名画《西班牙女郎》“躺枪”大流感，来源：维基百科

这场传染病源头在哪儿？至今没有定论，有学者认为，流感最可能首先发生于美国堪萨斯州临近兵营的哈斯克尔县。1918 年 3 月，探亲的美国士兵从那里把这种疾病带到军营，在拥挤的环境中引发了传染。结束了培训的美国士兵陆续被派往欧洲战场，也把这种疾病带到了欧洲。参战国隐瞒不报的行为，令流感疫情愈演愈烈。战争成为疾病传播的跳板，从各地而来的战士们不但大大增加了不同株流感病毒间基因交流“乾坤大挪移”的机会，受伤或者疲劳造成免疫力低下又为流感病毒快速扩张提供了温床，战争和瘟疫的死亡概率持续叠加，恍如《启示录》中天启四骑士真实降临。

流感的症状包括发热、咳嗽、浑身酸痛等，严重者会发生急性呼吸道感染、肺部感染或累及其他器官。当患者咳嗽时，唾液飞沫中的病原体四处飞溅，飘浮在空气中，寻找下一个宿主。飞沫中的病原体浓度高，足以在下一个宿主身上扎根。有些患者即使没有表现出流感症状，或是在康复期，也可能传染他人。

流感传播期间，美国国内大批志愿者被发动起来支援战争，征兵工作如火如荼。大批医生支援前线，许多妇女担任后勤，密集的接触和频繁的人员流动，让疾病的传播更为迅速。

蹊跷的是，1918 年春天，流感在狂暴地消灭了数百万人后，毫无征兆地鸣金收兵了。人们以为已经和这场流行病告别了，谁知道，这只是全球大流行的开始。

死亡狂欢

在对疾病骤歇的庆幸和参与战争的热情的双重刺激下，美国人民开始走上街头庆祝，征兵宣传活动也吸引了许多人，大批人聚集在一起，又给了死神一次收割的机会。

1918 年秋季的这波疫情，来得更为凶猛。如果说春季的第一波疫情是料峭的北风，那这第二波疫情便是呼啸的台风，摧毁力十足。当时的交通网络已经非常发达，火车、轮船、汽车已经普及，随着人群的迁移，流感病毒也同步扩张，疫情逐渐蔓延到亚洲、非洲、南美洲的许多国家，一些太平洋和大西洋的岛屿上也出现了疫情。

直到 1919 年夏季，第二波疫情才稍稍平息。又是大批人因此倒下，同样缺乏药物治疗，更可怕的是，这次疫情的传染面，从军营扩散到城镇，从美、英、法、德等国的军人身上扩散到平民家庭里。恐慌无济于事，祈祷也不起作用，人们因严重的肺部感染或其他严重并发症而死亡。

佩戴口罩的西雅图警察，来源：维基百科

流感的风头完全盖过了战争，人们对战争的恐惧也败给了流感。

1918 年 11 月，同样受流感侵袭的德国及其盟国宣布投降，第一次世界大战草草结束。1919 年，在讨论战后事宜的巴黎和会上，对于如何处理德国这个问题，战胜国代表分为两个阵营，表现出温和与强硬两种截然不同的态度。美国总统威尔逊强调处罚的合理性，却因为身患流感而未能主导会谈方向。因此，最终落地的《凡尔赛和约》，要求德国承担巨额赔款。德国心有不甘地签下了《凡尔赛和约》，这也为第二次世界大战埋下了伏笔。每每看到这里，尹哥不免唏嘘：因为一个人感染流感，从而改变 20 世纪的历史走向，微生物的力量何其强大！

战争暂时停息了，但流感疫情并未平息，随着士兵们回归家园，难免又发生新一轮的传播。曾经经历多次瘟疫洗礼的欧美国家，在流感暴发时都采取了多种公共场所隔离措施，并公告市民勤通风、勤洗手、戴口罩、避免接触病人。这起到了一定的防护作用，但效果有限，人们仿佛与一个看不见的敌人战斗，所有的防疫措施似乎只是心理安慰，流感自来自去，丝毫不受人的行为影响。

这场流感大流行影响了全球 5 亿人，当时世界人口总数也只有 17 亿，后来据估计，流感肆虐的这一年多时间里，0.5 亿 ~1 亿人死于这次疫情。

1920 年之后，流感逐渐消失了，或许是气候原因，也可能是有足够的人产生了免疫力，病原体变得温和，不再具有那么强的攻击性。但从后来百余年的历史来看，这种病菌只是暂时回归自然，蛰伏在其他宿主体内，随时准备再次掀起狂欢浪潮。

事实上，这不是流感第一次大范围传播，但因为战争的缘故，这无疑是范围最广、影响力最大的一次。1889 年的俄国流感也曾传播至欧美，流行过好几轮，研究者们曾宣称发现了流感病原体，而 1918 年这次大流感却推翻了原来对流感病原体的论断。

这次流感的病原体究竟是什么？科学家们争论不休，在学界掀起了一场权威与真理的对抗。

在谈论医学界对流感的认知过程之前，我们有必要先了解一下西方医学的大致发展过程。

医学的精进

虽然现代医学仍有许多解释不了的人体疾病问题，可与数百年前相比，已有了飞跃式的进步。

西方医学始于希腊时期，学者希波克拉底创立了相关的理论，只不过在如今看来颇为粗陋。希波克拉底自创的体液说，将人体体液分为四种类型——黏液、黄胆汁、黑胆汁、血液，并开创解剖先河，写出外伤手术指导手册。希波克拉底在医学方面影响深远，世界上首个关于医师道德的宣言，便是由希波克拉底提出，成为古代医师的入行誓词，也是现代医生的道德规范。说起医德，不免要提起中国唐朝的孙思邈。孙思邈所著《备急千金要方》的第一卷，便是有着深远影响力的《大医精诚》，文中提出医师既要勤研医术，“博极医源，精勤不倦”，又要仁心为民，“誓愿普救含灵之苦”，这一理论具有与希波克拉底宣言同样的意义。

相传，在公元前430年雅典暴发的大瘟疫中，希波克拉底发现城中铁匠不会患病，进而提出在城中多处燃放火堆的方法来攻克瘟疫，起到了一定作用。虽然希波克拉底的体液说并不符合现代医学对人体的理解，但在那个普遍认为疾病是超自然原因（神怪说）造成的年代，认为治疗疾病就是让体液恢复平衡的看法是很有开创意义的，与现代医学的免疫理论有相似之处。

古罗马时期的盖伦在前辈的基础上有所创新，对解剖学颇有研究，但由于当时古罗马禁止用人体做实验，他便将在动物解剖中得到的经验套用在人身上，分析人体各部分的功用，得出的结论难免存在一些谬误。

盖伦提出的血液循环理论，在当时看来是创新的，但他认为肝脏是血液的发源处，而且动脉血和静脉血是双向流动且不循环的，这一观点后来被英国医生哈维证实是错误的。他也有一些参考价值不高的理论，比如“灵气说”。这也是阻碍他发现疾病真相的因素。

盖伦是希波克拉底的拥趸，延续了体液学说，认为人之所以生病，是因为体液失衡，相应的治疗方法就该是排出体液，比如放血。后世在此基础上延伸出催吐、催便等排出体液的治疗方法，前文也多次提到，但这种治疗方法往往没达到该有的效果，反而将病人折腾得不轻。

在人们重视宗教而不知科学为何物的年代，盖伦的这套理论流行了一千多年，直到 16 世纪，还被医生奉为圭臬。

1543 年，是科学史上的奇迹之年——哥白尼的半生心血《天体运行论》问世，日心说得以广泛传播，开启了天文学研究的科学之路；安德烈 · 维萨里（Andreas Vesalius）通过解剖人体，发现了盖伦解剖理论的不足，他的《人体的构造》一书奠定了人体解剖学理论的基础；1628 年，英国医学家哈维发现了血液循环理论，发表《动物心血运动的解剖研究》，说明了血液是单向流动，由此开启了生理研究的科学之路。哈维提出："无论是教解剖学或学解剖学的，都应当以实验为依据，而不应当以书籍为依据；都应当以自然为老师，而不应当以哲学为老师。"这个观点无疑是符合科学精神的。也正是从这时开始，生理学真正成为独立的学科。

但那些敢于挑战权威的学者并没有得到应有的尊重。哥白尼临死前才摸到《天体运行论》的书皮；维萨里被教会勒令去耶路撒冷朝圣谢罪，最后死于归航途中；而哈维的血液运动说理论经过了数十年才获得认可。

在知道了微生物的存在后，科学家们在探索疾病真相的道路上越走越远。进入 20 世纪后，科学界在微观世界的研究收获不断。1928 年，弗莱明意外地发现了青霉素，开启了人类面对微生物有药可医的新局面。1943 年，瓦克斯曼找到了链霉素，结核病有了对应的药物。1953 年，詹姆斯 · 沃森（James Watson）和弗朗西斯 · 克里克（Francis Crick）发现 DNA 双螺旋结构，从分子层面细究生命本质成为科学家的热门研究方向。1977 年，桑格发明第一代测序技术。1983 年，穆利斯发明了 PCR（聚合酶链式反应）技术，将扩增效率从羊肠小道带上了高速公路。人类得以真正将分子技术应用于解决科研和生活问题，现代医学也有了分子层面的实验依据，我们能够探究病毒基因组，从肉眼不可见的微生物中发现致病原因，了解致病线索，尝试精准地预测、预防、监测和治疗疾病。

医学终于迎来了大爆发的时代。

权威 vs 真相

在人类历史上，流感从未曾远离，它就像频繁更改装扮的大盗，神出鬼没地不时出来劫掠一番，再带着满城的惊恐离去。然而，这个蒙面大盗到底是何方神圣，却一直是科学家和医生的一块心病。

科赫与巴斯德在微生物研究方面的建树颇多，声誉鹊起，可谓微生物学领域的一代宗师，代表德法一时瑜亮。再加上李斯特代表的英国，欧洲上演了一场微生物和医学领域的三国演义。

一个又一个致病菌的发现让科学界兴奋不已，许多有志之士投身其中，但也正因为大师的光环和细菌学说的强大统治力，一些学者走不出细菌理论的预设，在流感病原体的发现上，科学界走了不少弯路。

1892 年，德国细菌学家理查德·费佛（Richard Pfeiffer）从 1890 年流感感染者体内分离出流感杆菌，便认定它是 1889—1890 年流感的病原体，将之命名为流感杆菌，业界称之为费佛氏杆菌（Pfeiffer’s bacillus）。费佛的这一做法是草率的，他弄混了因果关系，研究过程并不严谨，将科赫法则的四步验证过程抛在脑后。可由于他是科赫的弟子，而且也是当时微生物界的权威，在很长一段时间里，医学界与科学界不少人认同这一发现，并自动屏蔽了质疑的声音。

1918 年大流感的病症与 1889 年暴发的俄国流感很像，科学家们急于确定病原体，一些人即使没有从尸体样本中分离出流感杆菌，也由于迷信权威而坚称是流感杆菌导致了传染病的暴发。可有的实证派研究者始终没有从所有死者的身体中发现流感杆菌，对“流感杆菌是病原体”提出质疑的人越来越多。

事实上，罹患流感后，人体免疫系统疲于应对，难免会被其他病原体钻空子，引起不少并发症，会在感染器官中发现细菌甚至真菌也不足为奇，但并不能以此作为某种细菌便是流感病原的证据。科学界一边倒的赞同之声，既是对权威的盲从，也是对致病因果的混淆。而类似这样的错误，在后期其他病原体的发现历程中也一再重复，所谓“后之视今，亦犹今之视昔”，令人不胜唏嘘。

后来，流感杆菌被更名为流感嗜血杆菌（*Haemophilus influenzae*），虽然不用对 1918 年流感大流行负责，但同样会引发肺部感染，是细菌性肺炎、婴幼儿脑膜炎等疾病的病因。这种上呼吸道感染，严重的会导致患者死亡，对人体来说也是危险分子。不过，由于人类发明了针对它的疫苗，如今流感嗜血杆菌的威胁力弱了许多。

科赫和巴斯德在细菌方面的成就阻碍了研究者拓展认知。直到 1933 年，科学家们才确认了导致流感的病原体是什么。

在发现流感病原体的过程中，如果说细菌致病说是主线剧情，那在这数十年间，另有一个支线剧情在不断发展，最终在 1933 年与主线剧情交会在一起。这个重要的研究支线就是病毒，一种突破当时微生物研究者认知的生物。

19 世纪末，科学家发现烟草——一种哥伦布从新大陆带回的植物生病了，叶子上出现浅色的花纹，影响烟草的产量。1886 年，德国农业化学家麦尔（Adolf Eduard Mayer）称之为烟草花叶病（tobacco mosaic disease），其中的 mosaic 就是我们常说的马赛克，用来形容患病烟草叶片的状态。1892 年，俄国植物学家伊万诺夫斯基（Ivanovski）发现患病的烟草碎叶汁在经过细菌过滤器过滤后仍能让其他烟草叶染病，认为病原体是一种比细菌更小的滤过性病原。1898 年，荷兰植物学家马丁努斯·贝叶林克（Martinus Beijerinck）发表烟草花叶病研究论文，提出了病毒（virus）的概念，并说明它比细菌更小，而且无法像细菌一样在培养皿中培养。

烟草花叶病，由烟草花叶病毒引起，拍摄者：杨爱国（农科院烟草所）

病毒比细菌小多少呢？假设细菌和病毒都是球体，常见的球菌直径在 1 微米，也就是 1000 纳米左右，而球状病毒的直径仅为其 1/10，约 100 纳米，也就是说细菌的体积是病毒的上千倍。而可见光的衍射极限在 230 纳米以上，这就注定了光学显微镜下无法观察到病毒，但人类的智慧并不会因为无法直接观测而止步。即使在看不到也无法用培养皿直接培养出病毒的情况下，研究者们还是对病毒有了一定的认识。

1928 年，植物学家珀迪（Helen Purdy Beale）推测烟草花叶病毒中含有蛋白质；1935 年，美国洛克菲勒医学研究所的生物化学家温德尔·斯坦利（Wendell M. Stanley）成功萃取出烟草花叶病毒结晶，证明结晶后的病毒仍具有传染性，而且能在活细胞中增殖，因此获得 1946 年诺贝尔化学奖；1936 年，英国洛桑农业实验站植物病理部门的鲍顿（F. C. Bawden）和剑桥大学病理系的皮里（N. W. Pirie）经过研究指出，烟草花叶病毒由约 95% 的蛋白质和 5% 的核糖核酸（RNA）组成，并推测出它是杆状结构。当然，大部分人包括科学家群体还是相信“眼见为实”的，而观测工具也在不断进步。1931 年，恩斯特·鲁斯卡（Ernst Ruska）及其团队发明了透视电子显微镜，这种用电子束替代可见光的方式使得分辨率大幅度提升，人类终于可以看到病毒了。1939 年，研究者们通过电子显微镜，第一次亲眼观察到烟草花叶病毒的真容，确认了它的杆状结构，开始逐步承认了病毒的广泛存在。

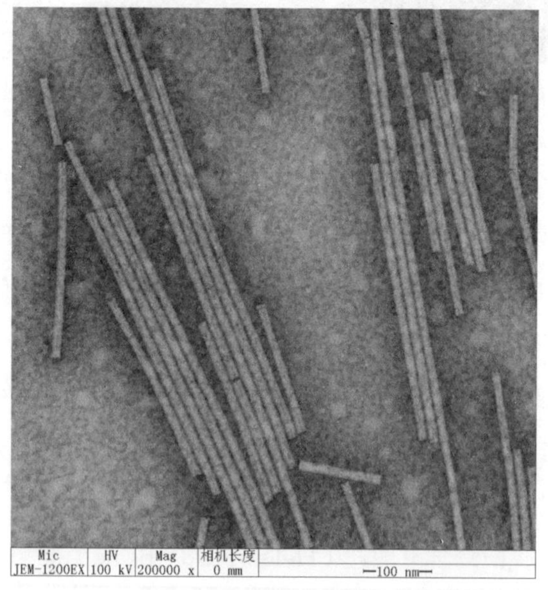

烟草花叶病毒电镜照片，拍摄者：杨爱国（农科院烟草所）

与此同时，追查1918年大流感元凶的工作也未停止。1929年，美国洛克菲勒医学研究所的年轻研究员理查德·肖普（Richard Shope）在猪身上分离出一种类似人流感杆菌的猪流感杆菌。他敏锐地将这一发现与1918年大流感暴发联系起来——果然，那一年在猪群中也出现了流感传播。

1931年，肖普发表论文称，猪流感的病原体是一种病毒，而非流感杆菌，但当流感杆菌和病毒同时存在于猪体内时，猪会表现出严重的流感症状。同时他提出，流感病毒应能在人和猪之间交叉传播，但并不确定是人传猪，还是猪传人。这意味着1920年消失的流感病毒，可能变成了较为温和的猪流感病毒，藏匿在猪群中，而且随时可能返回人间。肖普的研究还有一个亮点，他发现1918年大流感幸存者的血清能帮助猪抵御猪流感，进一步证明了该病毒人猪共患的同源性。

在他的启发下，1933年，英国科学家克里斯托弗·安德鲁斯（Christopher Andrewes）等人分离出了人流感病毒，在雪鼬（白鼬，一种感染流感病毒的症状与人很相似的动物）身上做实验，发现感染病毒后的雪鼬表现出的症状与人是高度相似的。

这种人流感病毒到底长什么样？又是凭什么有这么强的传染力的呢？这就要探究流感病毒的本质了。千禧年即将到来之际，科学界才真正凭借基因技术解开流感病毒的谜团。

病毒基因解密

受技术及样本所限，为了一窥1918年流感病毒真容，人们一直等到了2005年。

这个故事要从科学家“盗墓”开始讲。1950 年，瑞典病理学家约翰·赫尔汀（Johan Hultin）就曾尝试揭示 1918 年流感病毒的秘密。在了解到阿拉斯加一个曾有 80 人的小村庄在 1918 年流感疫情中死去 72 人的情况后，他认为埋在永冻土的遗体中，可能藏有他想要的答案。于是，1951 年，他亲自来到阿拉斯加一个叫布雷维格的小山村，从挖掘出的 4 具保存完好的遗体中提取了肺部组织样本。但遗憾的是，他并未从样本中提取出能增殖的“活病毒”。

念念不忘，必有回响。赫尔汀一直将这件事记挂了 40 多年，即使退休后也没放弃关注 1918 年流感研究进展。1997 年，他看到华盛顿特区军事病理学院的病理学家陶本伯格（Jeff Taubenberger）发表在《科学》（*Science*）杂志上的一篇关于 1918 年流感病毒基因组研究的论文——《1918 年西班牙流感病毒的初始基因特征》（Initial Genetic Characterization of the 1918 “Spanish” Influenza Virus），受储存的样本所限，陶本伯格团队只测序出了 9 个病毒的局部片段。赫尔汀立马与他取得了联系，告诉他自己曾尝试获取 1918 年流感病毒样本的故事。二人商量之后，决定开始合作破解 1918 年流感谜题。

1998 年，赫尔汀重返布雷维格，再次开启埋葬着 72 位村民的永冻层墓地，从一具较胖的女性遗体（值得一提的是，这位女性叫露西，在拉丁语中，露西的意思是光明。1974 年在埃塞俄比亚发现的迄今人类最古老祖先遗骨也以此命名，同样的还有 2014 年上映的电影《超体》女主角的名字）上取得了保存完好的肺部组织样本，因为怕丢失，分了四批寄给了陶本伯格。幸运的事发生了，陶本伯格很快便确认，从样本中提取出了 1918 年的流感基因片段，这也告诉了科学界，如果要做回顾性验证，样本保存的条件有多重要！

挖掘中的赫尔汀，来源：CDC

1999 年 2 月，赫尔汀与陶本伯格联名发表的论文《1918 年西班牙流感病毒血凝素基因的起源与进化》（Origin and Evolution of the 1918 "Spanish" Influenza Virus Hemagglutinin Gene）刊登在与《自然》《科学》齐名的顶级学术期刊《美国国家科学院院刊》（*PNAS*）上，主要完成了血凝素（hemagglutinin，HA）的测序，发现 1918 年流感病毒与猪流感病毒较接近，与禽流感病毒差异较大。第二年，研究团队又发表论文《1918 年西班牙流感病毒基因的特征》，完成了神经氨酸酶（neuraminidase，NA）的测序。

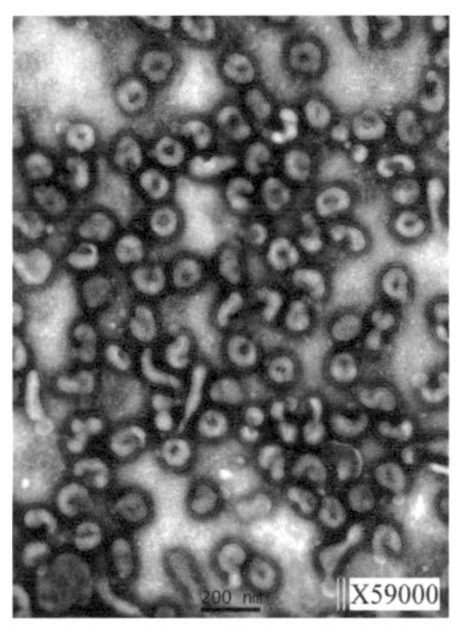

H1N1 流感病毒颗粒，拍摄者：宋敬东

了解了 1918 年流感病毒的基因序列信息，相当于有了复活 1918 年流感病毒的蓝图，人类终于有机会对流感病毒的功能进行研究，看看究竟是什么原因让 1918 年流感病毒如此致命。

具有如此强传染力的病毒的复活工作是危险的。出于安全性考虑，美国疾控中心（CDC）安排微生物学家特伦斯·坦佩（Terrence Tumpey）一人独自开始了重组 1918 年流感病毒的工作。实验进展很顺利，这位勇敢的微生物学家用几个月时间就完成了这项工作。西班牙流感病毒消失 86 年后，终于在实验室复制成功。他的研究文章《重组的 1918 年西班牙流感病毒的特征》（Characterization of the Reconstructed 1918 Spanish Influenza Pandemic Virus）于 2005 年 10 月在《科学》杂志上发表，文章介绍了病菌的重组过程以及小鼠实验确证 1918 年流感对肺部的显著影响。这项工作被《科学》杂志列为年度突破性成果之一，同时被《柳叶刀》杂志评为年度最佳论文。

1918 年大流感带来了一个至今未能有确切答案的问题：为什么在这次流感中，因病死亡的青壮年数量几乎占死亡总人数的一半？要知道许多传染病攻击的都是免疫力较低的老弱妇孺，百年前的大流感为何“偏爱”年轻人？学界比较认同的一个猜想是，免疫系统形成了细胞因子风暴，所以免疫系统强的群体反而死亡率更高，这是许多青壮年在 1918 年大流感中倒下的原因。类似的情况在 2003 年的 SARS 疫情中也有出现。

免疫系统是保卫人体健康的防线，一般情况下它不会攻击自身，除非人体罹患某些疾病。免疫系统仿佛一位人体警察，时刻平衡着己方和异己的力量对抗。那么免疫力是越强越好吗？其实也并非如此。免疫系统有特异性免疫和非特异性免疫两种消灭病原的手段，它遇到外敌来袭所做的第一步工作，便是派出免疫细胞无差别地杀灭异己群体，这个过程中，一些正常、未被感染的细胞也会遭殃。当免疫系统攻击力太强，以至于无差别地消灭了过多的人体正常组织细胞后，会影响机体功能，多组织器官濒临崩溃，人因急性呼吸窘迫综合征或器官衰竭而死亡。这一过程也被称为细胞因子风暴。

所谓至刚易折，青壮年男性可能因细胞因子风暴而出现免疫系统的自我攻击，受此所累，体内的病原剿灭战战况激烈，加上一些乘虚而入的并发症的推波助澜，最终导致人体因器官衰败而亡。相较青壮年男性来说，老年人和妇孺免疫力较弱，身体里的病原对抗战稍显温和，出现自我攻击的情况较少，因而在感染后恢复健康的可能性反而较大。

那么为什么1918年大流感病毒如此致命呢？2008年12月29日，关于西班牙流感致命原因的研究成果刊登在《美国国家科学院院刊》上。研究者们发现在流感病毒的8个基因中，*PA*、*PB1*和*PB2*这3个基因保持了流感病毒在肺部的存活和繁殖能力，流感病毒这种很强的侵染肺部的能力，也是它比其他呼吸道病原体更为致命的重要原因。

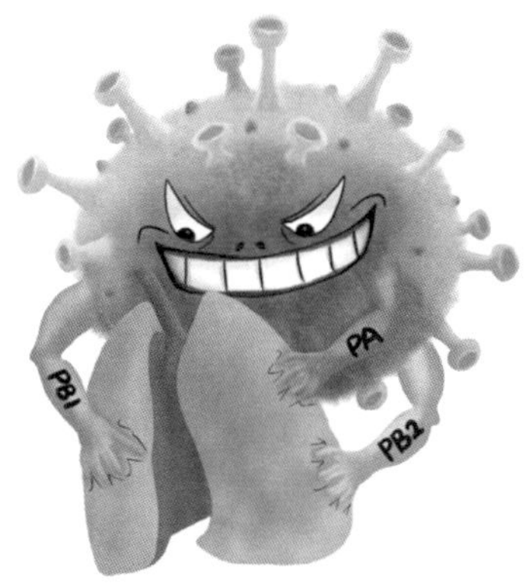

流感病毒*PA*、*PB1*和*PB2*这3个基因保持了流感病毒在肺部的存活和繁殖能力，绘制者：符美丽

“骨骼清奇”的流感病毒

感冒算不上是一种确定的疾病，在生活语境下，更是包括发热、乏力、咳嗽等一系列不舒服症状的“代名词”。几乎每个人都曾患过感冒，或多或少，每到换季时节，发烧咳嗽的症状屡见不鲜。这种疾病会让人感觉乏力，在不少学生和上班族的假条上出现过。也正因此，人们往往习以为常，很少把它与带来严重后果的疾病视为一类。

事实上，绝大部分感冒都能自愈，极少致命，但流感却要了不少人的性命。

论起普通感冒与流行性感冒的不同之处，其一便是“流行”二字。而流行的原因，则与引发疾病的病原体有关。普通感冒传染力较弱，大部分由与人体共生的上百种病毒或细菌导致，包括非典和新冠病毒的同宗——四种普通冠状病毒，这些病原体甚至可以长期潜伏于人体之中，只待免疫系统呈现弱势之时，它们便成了威胁人体健康的疾病。

普通感冒通常症状较轻，病人会出现咳嗽、流涕、咽痛、低热等症状，病程较短，一般一周就会痊愈。流感带给人的不适感更强，患者往往突发高热、全身酸痛、头痛等，有时会并发其他细菌感染，带来严重后果。

民间常说是受凉引发的感冒，而且英文中感冒一词也是“catch a cold”，其实感冒与冷并无必然关系，我们一年四季都可能感冒，热带当然也有感冒，感冒引发病症的真正原因是病原体在身体里“捣乱”引发了免疫系统“平乱”，只是因为天气冷可能使得人体分配更多的能量用于维持体温，从而在某种程度上降低了免疫系统的抵抗能力。

普通感冒的传染性较低，不会成为流行病，而流感却不一样，它的传染性很强，这与它的基因组容易变异，以及它的病原体结构有关。

与导致普通感冒的病原相比，流感病毒天生“骨骼清奇”。它极强的传染力来自独特的结构——通常来说是冠状，看起来像个刺球，俯视视角下也像皇冠，和新冠病毒外观也比较像，只不过直径略有不同。

流感病毒是 RNA 病毒，鉴于这个概念在之后会反复出现，在这里特别解释一下。1953 年，DNA 双螺旋结构被发现，我们开始认为遗传物质都是这样子的（见下图），脱氧核糖核酸，也就是双螺旋 DNA，结构上和一根麻花很像。

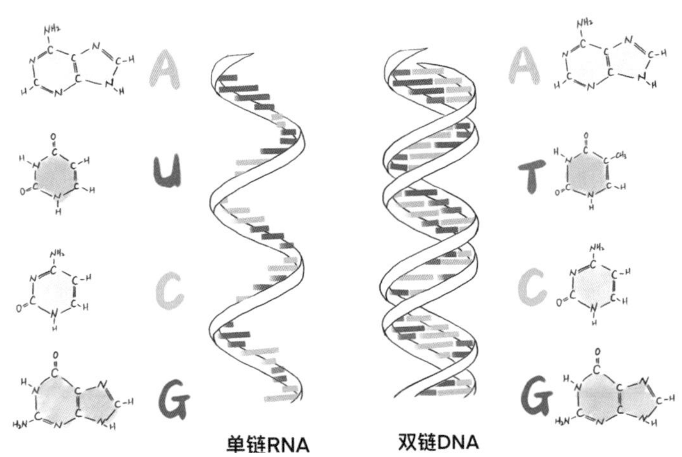

单螺旋和双螺旋示意图，绘制者：符美丽

但生命科学中唯一不例外的就是例外，后来我们才知道原来病毒也有半根麻花的，这样的半根麻花叫作核糖核酸，也就是 RNA！（注：后来清楚了 RNA 也有双链的，生命之玄妙可见一斑。）

以双螺旋为遗传物质的病毒叫 DNA 病毒，以单螺旋为遗传物质的病毒叫 RNA 病毒。DNA 病毒每一个位置都有个“伴”，所以相对没那么容易变异，而 RNA 病毒是“单身”，这个结构天然就适合“浪”，所以变异可能性大大增加。

流感病毒直径在 100 纳米左右，和现在正在作妖的新冠病毒差不多，如果放大数十万倍就是下面这张图片里的样子，我们可以简单地把流感结构描述为一个长满了两种不同“毛刺”（实际为杆状蛋白）的球体，球内则包裹着它的命根子，也是它能七十二变的根源。这些单链的 RNA 可以根据环境和选择压力随时变异，在和宿主的斗争中努力维持优势。

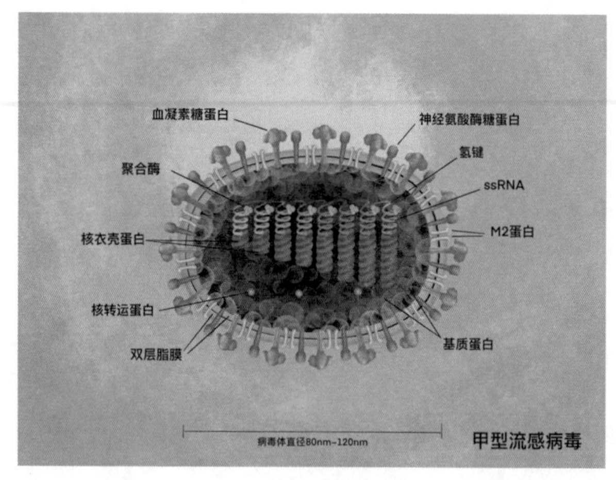

流感病毒示意图，绘制者：符美丽

我们来看看流感病毒的武器，也就是它身体外层的“毛刺”。流感病毒有两种进攻细胞的武器——也就是前文提到的血凝素（简称 H）和神经氨酸酶（简称 N），所以我们会常常看到 H1N1、H7N9，这样不同组合的流感病毒亚型。血凝素和神经氨酸酶都是糖蛋白，糖和蛋白结合后的复杂结构使其拥有更多的构象以对付细胞。在流感病毒入侵细胞时，血凝素负责“破门而入”，即寻找与之相匹配的细胞受体，找到后，血凝素会哄骗细胞受体自己是无害的，然后牢牢地抓住细胞膜，在细胞膜上局部开一个孔，逐渐将自己嵌入细胞中。

进入细胞后的流感病毒，会通过释放病毒基因夺取细胞核的控制权，鸠占鹊巢，一方面自我复制，另一方面则利用细胞工厂拼命生产病毒外壳，然后源源不断地组装成新的病毒大军。

被病毒感染的细胞此时已经完全沦陷，但它还有最后一招，就是用表面的唾液酸分子困住这些病毒，不让它们出去祸害其他细胞。病毒同样也有应对之法，那就是刚才提到的另一种武器神经氨酸酶，它负责“夺路而出”，会溶解细胞膜表面的唾液酸分子，细胞就如同敞开的口袋，再也无法束缚病毒的出逃。这些从已死亡细胞中涌出来的病毒会感染附近的细胞，重复在细胞中的破坏过程，这个景象是不是像极了《权力的游戏》中的异鬼大军？

当病毒在忙着复制自己时，免疫系统又在忙什么呢？面对病原的攻城行为，免疫系统通过识别抗原来判断巡逻路上遇到的是“自己人”还是“敌人”，一旦发现坏分子，就会先派出“飞虎队”对异己的病原进行无差别杀伤，然后派出巨噬细胞打扫战场。这时候人体会出现炎症，就是免疫系统在对抗病原。接下来，免疫系统中的“检察官”T 细胞会扫除一切坏分子，并记录它们的特征，也就是抗原，把病原体的抗原信息传递给“B 细胞”。B 细胞就像档案员，会记录下这些坏分子的特征，分发给免疫系统里的白细胞辨认，下次这些坏家伙再攻击人体的时候，免疫系统将第一时间做出反应，将它们一举歼灭。

神经系统也会与免疫系统打配合战，体温升高就是为了抑制病原继续复制。免疫系统中还有一些酶、白细胞与抗体配合，共同组成人体抗击病原的多道防线。

为什么时刻有“卫兵”在人体巡逻的免疫系统没有注意到病毒正在侵入细胞呢？这是因为病毒哄骗细胞的手段实在是太高明了，而且很善于伪装自己。直到病毒在复制的过程中造成大量细胞死亡，这才吸引了免疫系统的注意。

为何 1918 年流感期间，第二波疫情比第一波来得更猛烈？有一种解释是，战时各国兵马聚集，病原体毒力激增，快速变异，出现新的病原体，这种全新的与细胞受体蛋白结合力更强的病原体自然就能放倒更多的人。

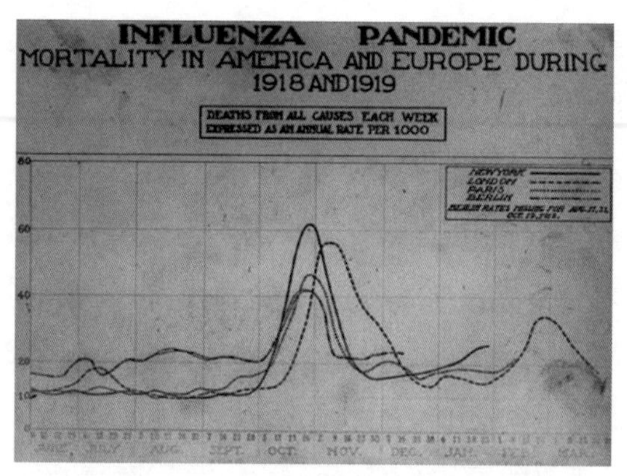

1918 年 6 月至 1919 年 3 月，纽约、伦敦、巴黎和柏林的流感致死率，来源：维基百科

另有一种解释是病原体的传代效应，这种病原体进入人体之后，在一代代的繁殖过程中，发生了变异。一般来说，一种新病原体进入人体，为了长久地生存和繁殖，会与人体免疫系统达成“约定”，即不能危及宿主生命，如果宿主死亡，这一微生物也无法存活。因此，毒性很强的病原体如果不想中断传播链，往往毒性会在一代代繁殖后

减弱，对人体的伤害没那么大，甚至大部分时候能与人的免疫系统和平共存。

当然，病毒传代并不以和平共处为唯一目的，也可能变得更为凶猛，毒性更强，这与病毒的不稳定性有关。和 DNA 相比，RNA 这种单链结构的遗传物质并不稳定，时常会在复制中出错，有的错误会导致病毒功能异常而死亡，有的错误却会提高病毒的传染性。病毒的繁殖能力很强，从一个细胞中破膜而出的新病毒就以亿万计数，即使其中千分之一或万分之一的病毒演化出更强的传染性，也能很快地感染临近的细胞，并通过宿主咳嗽出的飞沫传播给其他人。

为什么感染流感不像感染天花等疾病一样，能够获得终身免疫力呢？这同样与流感病毒的独特结构有关。相比 DNA 双链结构，RNA 结构的病毒更不稳定，很容易发生变异。只有 8 个 RNA 片段的流感病毒，它的结构很不稳定，尤其是血凝素和神经氨酸酶最容易变异。需要说明的是，这种变异并不是定向的，而是无序的，可能让病毒死亡，也可能让它具有超能力——感染力更强，传播范围更广。

如果是蛋白发生较大变异，而 RNA 变化不大的话，就称为抗原漂移（antigenic drift），会引起流感的流行，但传播范围不会太广。如果 RNA 也发生了较大的变异，以至于影响了功能，便称为抗原转变（antigenic shift），引起全球大流行的流感，多半是发生了这样的变化。

病毒还有一种神奇的功能，不同的病毒如果在生命体中相遇了，大家就会交换遗传物质，发生规模不同的基因重排，甚至发生病毒融合。不同病毒间发生基因交换，很可能产生跨物种传播的超级病毒。曾攻击人类的禽流感病毒、猪流感病毒，就是病毒基因重排的产物。

所谓大道至简，或许就体现在病毒的生存哲学上。也正因此，我们可能永远无法预测病毒会发生怎样的变异，又将在什么时候暴发大范围传播，在这种甚至称不上生命体的物种面前，人类能做的极为有限。

跨物种传播

这一突然暴发的流感从何处来？研究者们逐渐将目光从西班牙转移到了别的物种身上。

1931 年，肖普关于“流感极有可能返回人间”的预测让研究界着实担忧，1957 年、1968 年、1976 年、2009 年暴发的禽流感、猪流感也印证了肖普的预言。为何病毒会在人和动物间跨物种传播？这与流感病毒的结构有关。

科学家们已经揭晓了流感病毒的基因序列信息，根据核蛋白（nucleoprotein，NP）和基质蛋白（matrixprotein，MP）的不同，我国将感染人的流感病毒分为甲型、乙型、丙型三种类型，国际上称为 A 型（Influenza A virus）、B 型（Influenza B virus）、C 型（Influenza C virus）流感病毒。近年来有研究显示，流感还有丁型，但这一类型并不传染人。

甲、乙、丙或 A、B、C 的分类方式，是针对能感染人的流感病毒而言的，不包括禽流感、猪流感等动物流感病毒。根据流感病毒表面蛋白血凝素与神经氨酸酶的不同，可将流感分为不同类型，目前科学家们发现，血凝素有 18 种亚型，神经氨酸酶有 11 种亚型，不同的亚型组合在一起，就构成不同的流感病毒。

绝大多数甲型（即 A 型）流感病毒都演变自禽类，研究者发现，H1–H16、N1–N9 这些亚型能从野生水禽体内分离出，H17–H18、

N10–N11 则来源于蝙蝠，尚未形成流感传播能力。

一般而言，在动物中传播的流感病毒不会侵扰人类，因为动物细胞与人类细胞并不相同，能与动物细胞受体结合的流感病毒不一定能与人类细胞结合，除非是病毒发生了突变。能传染给人的禽流感、猪流感，就是发生了变异的动物流感病毒，即不同类型的病毒在人体或动物体内交换了基因，形成了新的病毒，具备能在人与动物间传播的能力。但至于新病毒是否能在人际传播，则是未知数。

在 1918 年大流感停息后，近百年来，又陆续出现了多次流感的流行，虽然影响力没有百年前的那场瘟疫大，但却明显出现了在动物与人之间跨物种传播的现象。

1957 年，流感从亚洲蔓延开来，扩散到各地，全球死亡人数约 100 万。有研究显示，这次病毒类型为 H2N2，是禽流感病毒与人流感病毒发生基因重排后的新病毒，能在人与禽类之间传播，且能在人与人之间传播，这一新病毒的 *HA*、*NA* 和 *PB1* 三个基因源自禽流感病毒。

1968 年，流感病毒在香港暴发，病原体同样来自禽类与人流感病毒的基因重排，新病毒被命名为 H3N2，在全球造成 100 万~300 万人死亡。研究显示，新病毒的 *HA*、*PB1* 基因来自禽流感病毒。

跨物种传播的流感病毒存在从禽到人的传播链，而猪在这条传播链中扮演着中间宿主的角色。能感染禽类和猪的流感病毒，不一定能感染人；能感染人的禽类和猪流感病毒，不一定能引发人际传播，这种情况有时也被称为“有限传播性”。

但有了 1918 年流感的警告后，人们对流感的再次造访始终保持警惕。当禽流感、猪流感暴发，带来人员死亡的时候，大量的鸡和猪被屠杀，以达到减少传播的结果。

1997 年，香港出现 H5N1 禽流感病毒，且能从禽类传染给人，感染 18 人，其中 6 人死亡，为了控制这场疫情，约 150 万只鸡被屠杀。

2003 年，荷兰暴发 H7N7 禽流感，感染 89 人，1 人死亡，也感染了猪，3000 万只家禽和猪因此被屠宰。

2009 年，H1N1 猪流感再现，研究显示，这是与 1918 年大流感病原体最为接近的一种流感病毒亚型。它同样具备传给人的能力，导致全球 214 个国家和地区 7 亿 ~14 亿人感染。

2013 年，禽流感 H7N9 在中国传开。到了 2014 年，这一病毒具备了有限的人传人的能力，即尚不具备在人群中广泛传播的条件，但即使是有限的人传人病例，我们也不能掉以轻心，因为流感病毒变异很快，尤其是跨物种传播的流感病毒，在适应新宿主的过程中，往往会发生新变化。研究者一直留意监测和分析流感病毒的变异趋势，并根据基因分析，预判出怎样的变异是会让病毒具备广泛人传人能力的，以便在变异毒株流行的初期就控制住疫情的暴发，避免演变成严重的疫情。

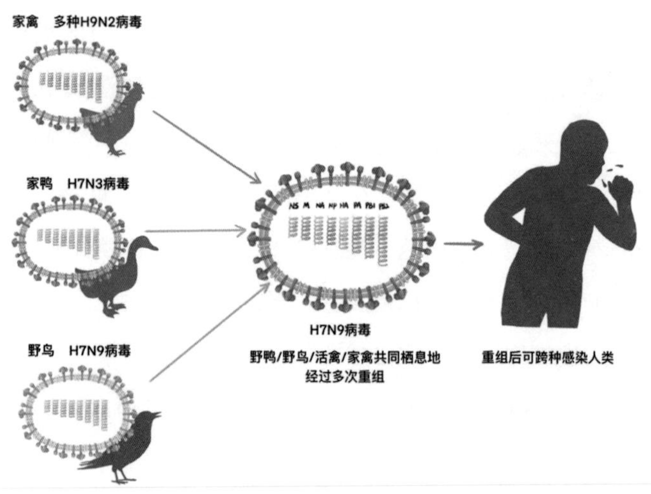

2013 年禽流感的遗传演化路径示意图，绘制者：符美丽

目前的研究显示，H5N1 与 H7N9 是需要重点关注的两种禽流感病毒，一旦病毒朝着善于与人呼吸道上皮细胞结合的方向演变，人际传播的能力将大大增强，可能引发历史上如 H1N1、H2N2、H3N2 带来的流感大流行。

疫苗的研发与流感监测

肖普的预测成为病毒学界的警钟。相较于天花、鼠疫等同样带来无数死伤的瘟疫来说，流感看似温和——一般来说，最高致死率甚至不超过 5%，但它却能感染地球上的绝大多数人。在庞大的人口基数下，强大的感染力与较低的致死率相遇，同样会造成大量人死亡——的确如此，在一年多的时间里，死于 1918 年大流感的人数，不比死于天花、鼠疫的人少多少。在病毒杀手总量排行榜中，它的“成绩”是仅次于天花的第二名。

为了对抗流感，学界很早就开始研究疫苗。

科赫和巴斯德这两位大师分别带领各自的研究团队，开启了免疫研究。如前文所述，1891 年，德国细菌学家贝林成功用白喉抗毒素治愈患白喉的儿童，因此获得 1901 年首届诺贝尔生理学或医学奖。1897 年，德国免疫学家埃尔利希提出了侧链学说，预测了人体中存在抗体，获得 1908 年诺贝尔生理学或医学奖。

1918 年流感暴发之前，人类已经有了狂犬疫苗、炭疽疫苗、天花疫苗等对抗病原体的武器。也正因此，人们对征服自然的热情和信心空前高涨，催生了一大批人投身微生物研究中。

1918 年流感暴发的时候，尽管没有确切的证据表明，流感杆菌就是致病病原，但已经有学者开始据此制作疫苗。纽约市公共卫生部主任威廉·帕克（William H. Park）承担了疫苗研究的工作，尽管他不能完全确信病原体是流感杆菌，仍在10月推出了据此研制的灭活疫苗。10月25日，美国军队陆续开始接种混合了流感杆菌、两种肺炎球菌和其他几种链球菌为靶标的疫苗。和他一样投身疫苗研发的人还有许多。当时，美国的疫苗研制与生产并没有严格的管控规定，市面上流通着不同的疫苗。《大流感》记载，“单伊利诺伊一个州就有18种不同的疫苗”。当然，病原体尚未确定，此时诞生的疫苗是一点作用都没有的。

在21世纪以前，美国曾有过一段大范围接种的历史。

1976年2月，美国费城新泽西迪克斯堡美军基地发生了小范围的传染病，一名士兵死于流感。经鉴定，研究者发现，导致士兵死亡的病毒与曾引发1918年大流感的H1N1联系紧密。出于对1918年大流感的恐惧，这一消息立马引起了美国社会的关注，时任美国总统福特在电视讲话上提出流感将于秋冬季节暴发，建议全民接种疫苗。10月，在很短的时间里，近一半美国人接种了流感疫苗，预告的疫情却并未发生；进入12月，反倒出现了数十例罕见的神经系统综合征——格林–巴利综合征（Guillan–Barré syndrome，GBS），公众开始恐惧接种疫苗这件事，这种恐惧甚至要盖过对患流感的担忧。不得已，政府紧急叫停了这一疫苗接种计划。直至1980年，政府累计收到总金额为35亿美元的索赔要求，这比疫苗研发生产所投入的1亿多美元高出许多。实际上，疫苗接种与格林–巴利综合征的关系，至今仍未有定论。1976年未暴发大范围的流感疫情是一种幸运，但及时制定流感病毒的预防对策是必要的。

2009年，墨西哥暴发流感疫情，很快传播到美国及世界多个国家。这次的病原体同样是H1N1，但与引发1918年大流感的病毒有些不同。世卫组织判定这是一次流感疫情，美国不仅开始下发抗病毒药物及口罩，同时着手研发疫苗。第二年年初，流感在杀死 1.25 万美国人后，再次消失了。到底是夸大其词还是确有其事？究竟是草木皆兵还是正当反应？政府、媒体、公众之间的沟通矛盾，最后却由科学界来承担责任——在监测预警面前，人们不知如何反应是对的，接种疫苗的利弊权衡，再次动摇了人们对科学的信任。可不接种疫苗真的会更安全吗？

如今，1918 年大流感过去了 100 多年，可我们在治疗流感方面并没有太大的进步。流感被列为自限性疾病，只能依赖人体的免疫系统在病程中发挥作用，但我们仍需要医学的帮助。免疫力弱的老年人更容易因流感而引发继发性细菌感染，并发症严重的话会危及生命。《流感下的北京中年》一文曾记录一名老年人因患流感而入 ICU（重症加强护埋病房）急救，插人工肺，出现严重并发症，药石无医，黯然去世。这对我们也是一种提醒，告诉我们流感虽然是一种自限性疾病，但需要格外重视和预防，尤其是免疫力低的老年人和儿童，在感染初期便需要到医院治疗。如果是流感易感类型人群，世卫组织通常推荐每年接种流感疫苗，避免因严重感染而死亡。

流感病毒就像一个擅长开锁的小偷，打开人体细胞的大门，然后反客为主，在细胞中不断繁殖，住不下了就破膜而出，寻找下一个细胞寓所。对于流感病毒来说，它的目的是生存和传播，丝毫不顾及寄居生命体的存亡。当然，让宿主死亡并非它的终极目标，这也是在经过多次传播后，病毒往往趋于温和，在某处潜伏静待下一次进攻机会的原因。

继发性感染则是让流感变得格外致命的原因。当流感病毒吸引了免疫系统的全部炮火后，其他一些细菌便大摇大摆地走进人体大门，小动作不断，在呼吸道肆意破坏，引发肺炎、喉炎、支气管炎等疾病，甚至转战其他组织，造成脑炎、心肌炎等严重并发症，危及患者生命。

流感病毒结构独特，表面蛋白有不少亚型，变异速度极快，一旦暴发流感疫情，我们开发、生产疫苗的速度是否能跟上它变异的速度？而且，它是一种季节性传播的疾病，世界卫生组织只能先预测当年可能流行哪种类型的流感，然后据此推荐接种疫苗的类型，防护性基本在 60% 以下，且保护期只有几个月，是否真的能抵挡流感的攻击？

这个问题的答案，还得从接种疫苗的利弊来分析。对于群体来说，越多人得到疫苗保护，则有越少的人成为感染者及传染源；对于个体来说，如果不接种疫苗，感染死亡或引发严重并发症的可能性很大，接种疫苗是好的选择，能降低死亡风险。因此，对于流感高危风险人群（儿童、老年人、肥胖者、孕妇等）来说，接种疫苗是更为稳妥的选择。

如今，研究者们尝试研发过减毒疫苗、灭活疫苗、新型疫苗等流感疫苗，还试图一劳永逸地研发出通用型流感疫苗，能够对所有流感病毒一网打尽，而且对人体产生长久的保护性。

流感曾经劣迹斑斑，又是难以预测的潜伏分子。1947 年，世卫组织建立“全球流感规划”，推动世界各地建立流感研究中心及流感监测网络。1952 年，“全球流感监测网络”（GISN）计划诞生，后更名为“全球流感监测和应对系统”（GISRS），执行全球流感监测和防治工作。世卫组织每年都会监测流感暴发大流行的可能性，并选出最可能在当年引发流行的 1~2 种病原类型，给各个国家提供疫苗建议。尽管疫苗的有效性只有 60%，但对于流感高危人群来说，这样的概率已经比完全没有保护强得多了。

2008 年，由全球 70 多位科学家共同发起建立的“全球共享流感数据倡议”组织（GISAID），总部位于德国，主要推动全球流感病毒数据的管理、共享和分析，与 GISRS 相对独立，功能上相互补充。这个组织在新冠疫情中也发挥了重要作用，快速建立新冠病毒数据库，并与深圳国家基因库达成战略性合作，建立中国首个镜像数据库，累计共享 200 多万条新冠病毒数据，极大地推动促进新冠病毒数据的全球共享。

目前，科学家已经研发出一些能早期治疗流感的药物，如抑制神经氨酸酶的奥司他韦，但前提是在流感早期服用效果较好，这也对流感早期诊断提出了要求。RIDT（快速流感诊断试验）是常规的流感检测手段，速度快，15 分钟出结果，但准确率只有 50%~70%。相较于常规流感检测手段，分子诊断的准确率更高。在出现流感严重症状之前，对病原进行检测，有利于医生快速做出判断，避免不必要的药物特别是抗生素滥用——抗生素对病毒几乎无效。

流感病毒的祖先比人类更早来到地球，随着人类的活动更加普及且越发活跃，它一直潜伏在我们周围，没有人能准确预测下一次大流感流行的时间和烈度，就如同无法预测楼上的另一只靴子何时落地一样。面对这样的全球性流行病，我们需要重视并携手合作，共享信息，共建预警机制，尽最大可能地做好个人防护，因为保护自己的同时也是在保护他人。

流感病毒的自白	
中文名：	流行性感冒病毒
英文名：	influenza virus
“人间”出生日期：	可能很久，但在 100 年前终于被正确认知
籍贯：	正黏液病毒科，流感病毒属
身高体重：	单链 RNA，8 个基因，14000 个碱基
住址：	人、猪、禽类等动物体内
职业：	江洋大盗
自我介绍：	我是病毒盗窃家族的成员，因为变化多端、地位较高，我最擅长撬锁开门，进入宿主体内繁殖自己。很多人对我有一点误解，似乎认为我是有意识地攻击宿主，其实这只是科学家们在介绍我时的拟人化说法，我没有五感，怎么主动瞄准人体呢？我和宿主的结合是一种偶然，我的刺突蛋白如果碰到合适的受体便会顺势进入。所以只要不相遇，我就对你们没有威胁性。可世界这么大，我想去看看，不小心进入你们的生活空间，咱们就会发生碰撞啦！看得出来，你们并不喜欢我们之间的缘分，所以用药物和疫苗来对抗我。为了生存，这么做无可厚非，我也会用变异的手段来对抗。我们之间的拉锯战一时半会不会结束，或者就这样相爱相杀走下去？

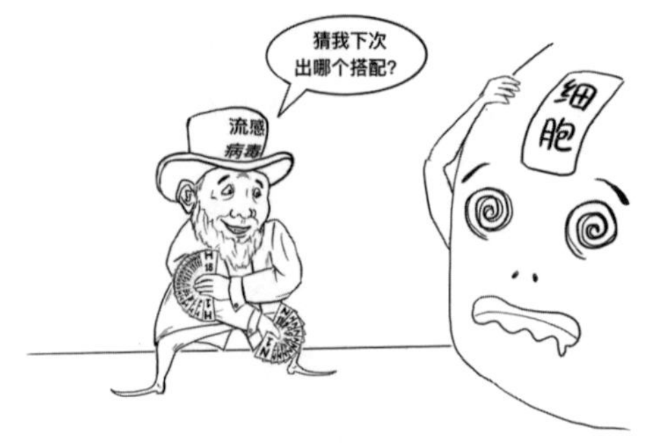

流感漫画，绘制者：符美丽

脊髓灰质炎：

防必大于治，

从铁肺到吃糖丸

尹哥导读

- 脊髓灰质炎听起来似乎陌生，但如果说小儿麻痹症很多人脑海中立即就会出现鲜活的形象，至少尹哥在小时候还是经常可以看到有这种病后遗症的患者。
- 铁肺的发明意义重大，在没有“看到”对手是谁的情况下，人类第一次有了应对因为感染而无法呼吸的工具，它拯救了许多人的生命，但也将他们终生的活动范围限制在如棺材般的金属笼子里，引发了关于自由和生命的持久讨论。
- 脊髓灰质炎是少有的，被推测是因为“太干净”而导致的传染病。因为病例集中出现在发达国家的中产家庭。根据卫生的假说，这与生活环境太干净，婴幼儿时期没有机会接触病毒有关。
- 脊髓灰质炎是最早有灭活和减毒两种疫苗的疾病，并且引发了一系列论战。
- 脊髓灰质炎是继天花之后，无限接近全球消除的病毒传染性疾病，早在 2000 年，中国就已成为无脊髓灰质炎病例的国家。但时至今日，脊髓灰质炎仍未被消灭，推广疫苗接种是消灭它的最重要方法，但需要全世界共同努力。

生活在现代的我们可能很难想象，只是出去游了个泳，或是去游乐场、电影院玩了一圈，几岁大的孩子就可能永远失去行走和自主呼吸的能力，即使能重新站立，有的也会留下跛足的终身残疾。但这样的故事在 20 世纪初的美国却不断地发生着，那些常年关闭的泳池、儿童禁止外出的夏天见证了这段历史。

20 世纪初的美国，脊髓灰质炎被称为“让美国瘫痪的疾病”，来源：美国国家公共广播电台

脊髓灰质炎为什么会在美国这个经济发达的国家流行？为什么会成为人们想要根除的第二种疾病？为什么有疫苗却还无法根除？这其中有着长长的故事。

铁肺人生

“世界那么大，我想去看看”“生活在别处”这样文艺的口号，是现代年轻人向往自由的呼声。沉默的大多数中，有不少人终其一生困居一隅，想要自由却不可得，其中最无奈的应数因疾病而无法行动的人，比如，一生中的大部分时间需要躺在铁盒子里的人。

这种 20 世纪的医疗设备，如今已退出历史舞台，还在使用它的人屈指可数。仅有的几位仍在使用它的人，一天中的绝大部分时间，都躺在一个铁箱子里，只露出一个头。他们是脊髓灰质炎病毒感染者，小儿麻痹症重症患者，儿童时期的一次高烧后，突然失去控制身体的能力，在急救过后，便开始了与被称为“铁肺”（iron lung）的铁箱子相伴一生的经历。

需要用上铁肺的都是重症患者，在机械推拉运动期间能抽空说话和吃饭，这是需要练习许久才能掌握的技能。他们最害怕的就是这个铁家伙因年久失修不再工作，那样的话，这些最后使用铁肺的人或许会死去。

并非没有这样的先例。2008年，一位名为戴安娜·奥德尔（Dianne Odell）的老年人就因停电，铁肺停止运转而窒息死亡。随着使用者的减少，铁肺也将退出历史舞台。回顾历史，铁肺的存在是一个时代的象征。在那个时代，人们用制造的机器来与自然产生的病毒相抗衡，很难分清胜负，因为虽然留住了性命，但代价是患者困顿的一生。

不得不说，这些幸存者还算是幸运儿，能通过造价高昂的铁肺来延续生命。许多罹患脊髓灰质炎的儿童，往往在急速发病期内便失去了生命。铁肺的发明恰逢其时，初衷是帮助出现呼吸问题的脊髓灰质炎患者度过危险期，但没想到，却成了一些人活下去的终身依赖。

1928年10月，哈佛大学工程师菲利普·德林克（Philip Drinker）和路易·肖（Louie Shaw）发明了铁肺，最初的铁肺硕大而笨重，且价格不菲。为了方便进出，1931年，约翰·艾默生（John Haven Emerson）对铁肺进行了改进，增加了自如出入的滑轨，还留有小窗口能让护士不时帮病人翻身。

德林克和肖不是借助机器来帮助人呼吸的首创者。在此之前的数百年间，有不少研究者根据呼吸原理制作了辅助呼吸器，但他们俩的发明更适合脊髓灰质炎病人的使用场景。

每 4 秒钟，负压的铁肺就会出现一次推拉运动，模仿肺部膈肌的工作原理，帮助将空气推进和压出病人肺部，尤其在病人睡眠时，铁肺不可或缺。尽管后来出现了更多轻便而易用的设备，但对有些人来说，与铁肺相伴已成终身的习惯。

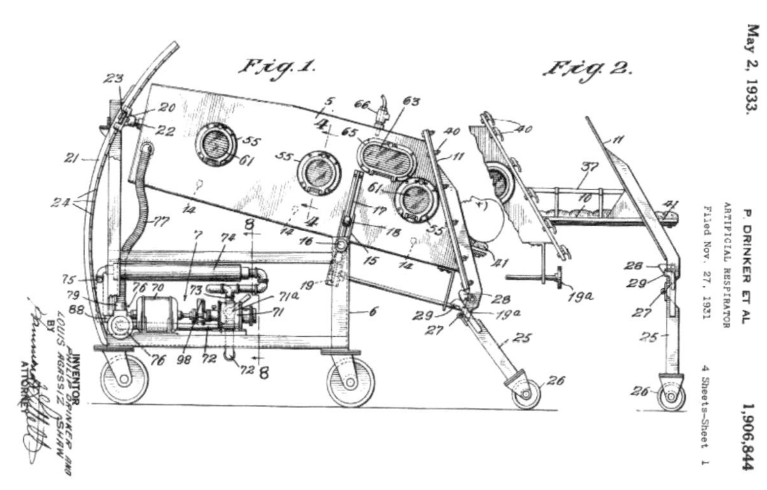

菲利普·德林克的铁肺专利图，来源：英国科学博物馆

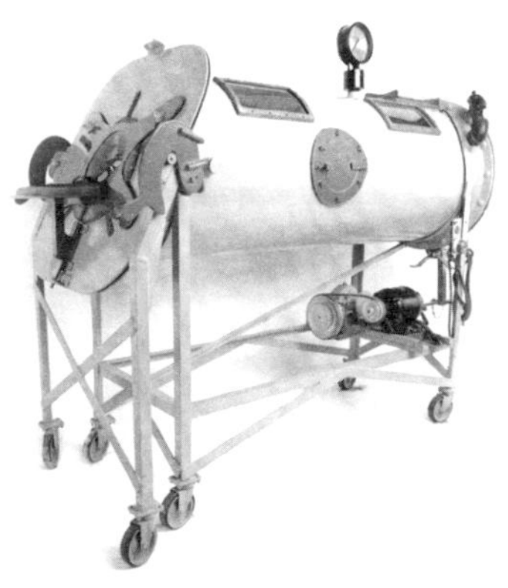

约翰·艾默生改进后的铁肺，来源：国立美国历史博物馆

在脊髓灰质炎大暴发期间，一些医院的脊髓灰质炎病房里堆满了铁肺，这样的场景难免看起来古怪，似乎一些活人过早地躺进了棺材里。据曾住过铁肺的人回忆，安静的病房中只听得到机器的声音，而不闻人声。

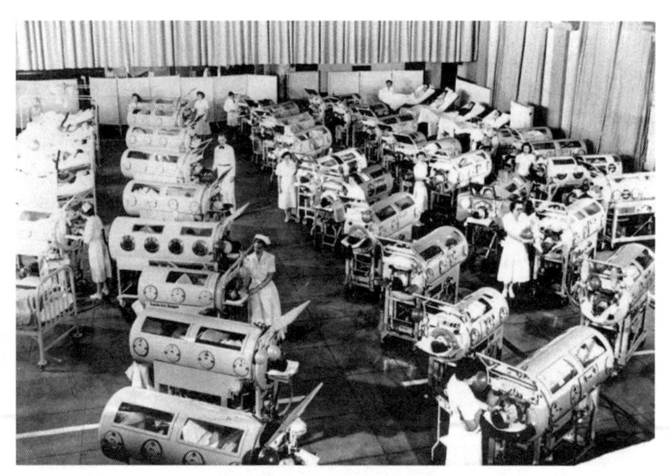

病房里的铁肺，来源：维基百科

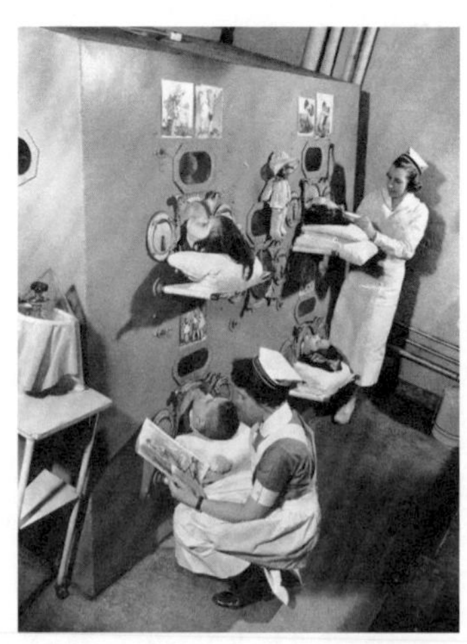

集成式铁肺以节省空间，来源：全球疫苗免疫联盟

铁肺的应用是一种不得已，记录了一段人与病原体较量的历史。这远非人类在面对脊髓灰质炎时所能提出的最佳解决方案，只是向脊髓灰质炎宣战的、多少有些无奈的权宜序曲。

探秘脊髓灰质炎

脊髓灰质炎并不是一种新的疾病，有着相当古老的历史，但由于其致死率不高，在恐怖传染病的排行榜上，一直未能留下姓名。

公元前14—15世纪的埃及石碑上记录了最早的脊髓灰质炎病例。画上是一个拄着拐杖的青年，右腿明显比左腿细弱，呈肌肉萎缩状态，与感染脊髓灰质炎的后遗症类似。

埃及石碑上关于脊髓灰质炎患者的记录，来源：维基百科

历史上关于脊髓灰质炎的病症记录不多，详细的记录能追溯到1789年，英国内科医生迈克尔·恩德伍德（Michael Underwood）

首次对脊髓灰质炎的病症做了描述。1840 年，德国外科矫形医师雅各布 · 海涅（Jakob Heine）详细描述了脊髓灰质炎的临床病症。由于这种传染病通常导致下肢麻痹，多发于小孩，因此也被称为“小儿麻痹症”。

1905 年，瑞典医生伊瓦尔 · 维克曼（Ivar Wickman）提出脊髓灰质炎是通过接触传染的。1908 年，发现 ABO 血型系统的奥地利医生卡尔 · 兰德施泰纳（Karl Landsteiner）不仅鉴别出脊髓灰质炎是一种病毒传染病，并且通过猴子实验证实从死于脊髓灰质炎的患者脊髓中提取出的病毒能让猴子也患上脊髓灰质炎。

虽然在 20 世纪早期，人们就已经发现脊髓灰质炎的病原体是一种病毒，但在电子显微镜尚未发明的当时，脊髓灰质炎病毒还只是一种看不见的微生物。不断地有研究者对它的传播及病理进行分析，发现与天花一样，人类是脊髓灰质炎病毒的唯一宿主，多发于 5 岁以下儿童，童年未接触过脊髓灰质炎病毒的成年人也是易感人群。

脊髓灰质炎病毒通过食物和水传播，即粪口传播，感染初期，患者会表现出发热、疲惫、头痛、呕吐、脖颈僵硬以及四肢疼痛等病毒感染症状。一些感染者不会表现出任何症状，但和患者一样，他们的粪便中含有病毒，具有传染力。这些病毒经消化道进入淋巴和血液，1% 的病例中病毒会攻击脊髓神经，可能会造成病人永久瘫痪，一些情况下还会影响患者的自主呼吸能力。每 200 例患者中，就有 1 例腿部瘫痪病例，瘫痪病例中 5%~10% 的患者会由于呼吸肌麻痹而死亡。这种疾病无法治愈，只能预防。

至少在 19 世纪后期，日趋便利的交通让脊髓灰质炎开始在欧美流行，并传播到世界各地。相较于历史上杀人如麻的传染病，脊髓灰质炎并不起眼，但它的传播力却不容小觑，而且多数感染者不发病却保持传播力这一点又比许多病毒隐蔽得多，令人防不胜防。直到进入20世纪，许多传染病得到控制后，脊髓灰质炎的暴发才让人们开始正视这一传染病的威力。

1916年，一战在欧洲战场上如火如荼地进行着，美国保持中立并未参战，却为国内的疫情头疼不已。这一年，脊髓灰质炎在美国大范围地暴发，全美共记录约27000个小儿麻痹症病例，6000人死亡。不少原本能在草地上奔跑跳跃的孩子，只能躺在病床上因疼痛而哀嚎，甚至死于窒息。

这种专门对孩子下手的疾病令人揪心，除了恐慌，却也让人束手无策。父母限制孩子外出，政府开始向空气中喷洒DDT，检查下水道、公共厕所、水源等设施，期待找到致病原因，却总是一无所获。

自从病菌理论被广泛接受，人们对看不见的微生物开始感到恐慌，追求环境和个人的清洁。那么，为什么在人们卫生意识更高之后，脊髓灰质炎反而开始在发达国家流行呢？而且据当时的病例分布来看，和居住条件及卫生状况不好的家庭相比，一些家境较好的儿童反而更容易感染脊髓灰质炎。最初，这个问题很令人费解，后来学界有了较为一致的答案，正是由于卫生条件的提高，才凸显了脊髓灰质炎的威胁性。过去在不洁的环境中出生的婴儿，很小的时候就会接触没那么致命的脊髓灰质炎病毒，受到轻微的感染，长大后就对这种病毒有了抵抗力。欧美国家环境改善及人们卫生意识提高之后，过度的清洁导致了儿童接触的病菌减少，幼时免疫系统未经过多样化微生物的锤炼，对致病菌的不耐受造成疾病频发。或许正是因为脊髓灰质炎对中产阶级的偏爱，才让美国社会有足够的支持来控制这种疾病的流行。在媒体的宣传、政府的支持、群众的慷慨解囊之下，脊髓灰质炎成为研究支持力度最大的传染病之一。

在对抗脊髓灰质炎的过程中，不得不提一个人：富兰克林·罗斯福（Franklin D. Roosevelt）。作为第 32 任美国总统，他不仅创造了任期最长的纪录，还是历任总统中唯一的残疾人。在就任总统的 12 年前，39 岁的他因患脊髓灰质炎而瘫痪，长期坐轮椅出行，但并未影响外界对他的完美评价。罗斯福是对抗脊髓灰质炎战斗中最有力的支持者，在他的倡议下，1938 年，美国国家小儿麻痹基金会得以成立。他的律师事务所合伙人巴塞尔·奥康纳作为基金会的负责人，余生一直为脊髓灰质炎相关事宜奔走。在他们的努力下，脊髓灰质炎在美国得到有效控制。

这一基金会资助了不少科研项目，而它募捐善款的途径也颇为值得一提。当时，一些富豪会向基金会捐助大量善款，但国家小儿麻痹基金会走的却是平民路线，利用罗斯福的影响力，充分调动媒体的宣传力，将脊髓灰质炎项目与可爱的孩子、可怜的家庭联系在一起，组织大批妈妈为基金会筹款，这项运动也被称为"一毛钱进行曲"，鼓励广大群众参与其中，为脊髓灰质炎提供资金支持。这样的策略不负众望地吸纳了许多善款，一些包裹着一毛硬币的信件填满了基金会的办公室，群众对攻克脊髓灰质炎的热情，成为推动疫苗研发的燃料。

罗斯福总统与脊髓灰质炎小病友亲密接触，来源：美国国家公共广播电台

疫苗之争

在新冠疫情仍在肆虐的当下，全球至少有四种技术路线的疫苗（灭活疫苗、腺病毒载体疫苗、重组蛋白疫苗、mRNA 疫苗）已经上市并共同发挥着作用，甚至可以混合注射。要知道，不同疫苗原理不同，安全性、有效性难免有争议。然而，针对一种疾病同时有多种疫苗可以使用可不是一直就有的，脊髓灰质炎算是开先河之作。

20 世纪上半叶，人类已有了不少预防病原体感染的疫苗，相较 19 世纪，死于病原体感染的人大幅减少。而且，狂犬疫苗、炭疽疫苗等都是在人们尚未亲眼见到病毒结构的情况下，就研发出的保护型疫苗，这让许多研究者对脊髓灰质炎疫苗的研发充满信心。在当时，病毒界的研究者普遍认为，活病毒是激发机体免疫力的唯一途径。他们会想办法减弱其毒性，以期兼顾免疫力和安全性，这也是减毒活疫苗的由来。

1910 年，美国洛克菲勒医学研究所所长西蒙·弗莱克斯纳（Simon Flexner）发现，患脊髓灰质炎而康复的猴子体内携带对抗脊髓灰质炎病毒的抗体，这意味着可以通过疫苗的方式来实现对脊髓灰质炎病毒的免疫。可惜的是，弗莱克斯纳在后续实验中走错了关键的一步。弗莱克斯纳选择恒河猴作为实验对象，发现口服病毒的猴子不发病，而从鼻腔吸入病毒的猴子则会感染脊髓灰质炎。他总结的结论是，这是一种直接感染神经的病毒，不通过消化道进入血液，故呼吁大家保护好鼻腔，防止“病从鼻入”。殊不知他选的恒河猴就是不容易通过胃肠道感染病毒的，不少研究者因之而被误导。更遗憾的是，后来才发现，在猴脑中培养脊髓灰质炎病毒是一件很危险的事，这些本就会侵染神经系统的病毒在经过一代又一代培育后，再制成疫苗，对人来说仍然是有感染风险的。

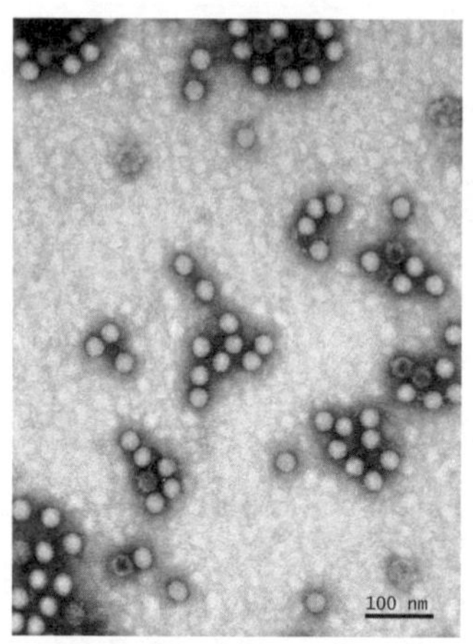

脊髓灰质炎病毒电镜照片，拍摄者：宋敬东

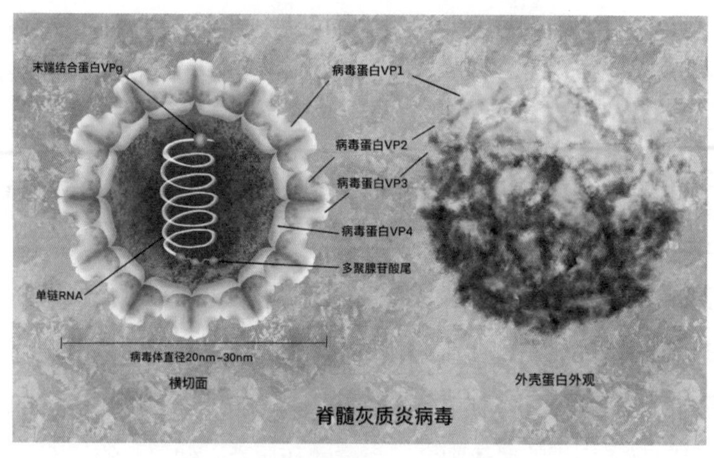

脊髓灰质炎病毒示意图，绘制者：符美丽

20 世纪 30 年代，疫苗研发有了新进展。1935 年，两个科研团队宣布研发出脊髓灰质炎疫苗，还进行了人体实验，结果却很糟糕。约翰·科尔默（John Kolmer）研发出减毒活疫苗，在包括自己在内的仅仅几十人身上做过实验后，就在 1 万名儿童身上大范围开展接种活动，造成了十几个孩子感染脊髓灰质炎，9 个孩子因此死亡。组约大学的莫里斯·布罗迪（Maurice Brodie）创新地提出用甲醛灭活病毒以保留抗体，以此刺激机体产生免疫力，但儿童实验结果同样糟糕。今天的我们难以想象，在当时，规模疫苗实验能如此轻易地展开，实验对象还直接选择儿童群体，这样的做法无疑是极其不负责任的。

为什么有关脊髓灰质炎疫苗的实验接连失败？原因是研究者还不够了解病毒特性。在经历过几次失败的疫苗研发尝试之后，科学家们又将目光放回了基础研究。在研发疫苗之前，有几个问题需要先解决：脊髓灰质炎感染人体的路径是怎样的？脊髓灰质炎病毒有几种类型？如何实现体外培养足够多的病毒来制备疫苗？如何避免出现毒性返祖现象？

作为脊髓灰质炎界的科研先驱，弗莱克斯纳认为脊髓灰质炎病毒只有一种，通过鼻腔传播，可基于这种假设的实验都失败了。1941年，事情峰回路转，约翰·霍普金斯大学的戴维·博迪恩（David Bodian）团队做出了亮眼的突破，他们选用的实验对象是黑猩猩，先将黑猩猩的嗅觉神经切断，然后将病毒喂入黑猩猩的口中。实验结果显示，黑猩猩感染了脊髓灰质炎病毒，这证明脊髓灰质炎是可以通过消化道传播的！

1943年，多萝西·霍斯特曼（Dorothy Horstmann）意外在脊髓灰质炎患者血液中检测出病毒，由此发现脊髓灰质炎病毒在人体中的传入路径。脊髓灰质炎病毒从口腔进入人体，通过消化道进入血液，而在一些案例中，病毒突破血脑屏障进入大脑感染神经，病人出现瘫痪或呼吸麻痹症状。多萝西的这一发现说明通过疫苗来预防脊髓灰质炎是可行的。

脊髓灰质炎感染人体的途径已经明确，但它到底有几种类型呢？澳大利亚研究者认为脊髓灰质炎病毒不止一种类型；1949年，美国的博迪恩和摩根发现脊髓灰质炎有三种类型。而真正通过实验进行分类确证的是曾研发出流感疫苗的美国微生物学家乔纳斯·索尔克（Jonas Salk），一位在疫苗史上留下浓墨重彩的科学家。

乔纳斯·索尔克（1914—1995 年），美国实验医学家、病毒学家

在美国国家小儿麻痹基金会的支持下，索尔克开展了长达三年的脊髓灰质炎病毒分类研究。在实验猴子身上测试了 196 株病毒株后，1951 年，索尔克得出结论，脊髓灰质炎病毒有三种类型，Ⅰ、Ⅱ、Ⅲ三型，Ⅰ型最普遍，Ⅲ型较少见。为了与疫苗衍生及疫苗相关的麻痹性脊髓灰质炎区分开，自然感染称为野生型。确定了脊髓灰质炎病毒的类型，就可以根据这些类型来制定对应的疫苗了。

还有一个重要问题需要解决：如何培养足够多的病毒？当时在培养皿中进行病毒培养是一个几乎不可能的任务，但波士顿儿童医院传染病实验室主任约翰·恩德斯（John Enders）还是向这一课题发起了挑战。1948 年，在他的指导下，团队成员弗雷德里克·罗宾斯（Frederick Chapman Robbins）和托马斯·韦勒（Thomas Huckle Weller）基于新的体外培养技术，将脊髓灰质炎病毒放在培养皿中培养，获得了成功。1954 年，恩德斯和罗宾斯、韦勒因此成果获得诺贝尔生理学或医学奖。

有了这些科学成果的铺垫，疫苗研究路线已越来越清晰。第一个射门成功的就是索尔克。与当时信奉唯有活病毒才能用来制备疫苗的做法不同，索尔克选择了灭活疫苗的路线。他组建了一支团队，成员富有经验，善于细胞培养技术的朱丽叶斯 · 扬格纳（Julius Youngner）将猴肾细胞作为培养基来制备疫苗，再将猴肾细胞、营养物质和脊髓灰质炎病毒加入培养皿。病毒繁殖数代后经提纯得出能制作疫苗的病毒，扬格纳用一定比例的甲醛溶液进行灭活处理，然后仔细检查病毒是否仍存在活性。1952 年，索尔克研制出第一款覆盖三种脊髓灰质炎类型的注射型灭活脊髓灰质炎疫苗（injectable killed virus polio vaccine，IPV）。

这一年，脊髓灰质炎疫情再次暴发，影响人数为历年最高，约有 57000 例病患，其中 21000 位永久瘫痪，死亡者约为 3000 人。在严峻现实的冲击下，疫苗的应用需要尽快提上日程。

在动物实验中表现可靠的灭活疫苗让索尔克信心十足地提出了人体实验的申请。1952 年，在 30 位儿童身上进行的人体实验宣告成功，在美国国家基金会的支持、媒体大众的呼吁以及科学家本人意愿的推动下，一场真正意义上的消灭脊髓灰质炎的疫苗运动徐徐拉开帷幕。1954 年，一场前所未有的、面向美国 180 万名儿童的疫苗实验开始。

这次大规模的实验引起了学界和政府的重视，不同意见的碰撞，使得索尔克本人在执行方案上有所妥协。与他原本设想的不同，这次实验设置了对照组和观察组，即一些儿童不会获得真的疫苗，只被注射安慰剂，或是根本不接种。而且，吸取以往儿童实验的失败教训，安全起见，美国国立卫生研究院（NIH）建议往疫苗中添加防腐剂硫柳汞，这样的方案间接削弱了疫苗的效用。

索尔克疫苗登上《时代》周刊封面

1955 年 4 月，人体实验宣告成功，疫苗有效率为 60%~90%，而索尔克自信地认为自己研发的灭活疫苗的有效率应该为 90%~100%。面对成果，索尔克展现了人性的光辉，并不打算为脊髓灰质炎疫苗申请专利。在回答关于专利的问题时，他表示："要我来说，它属于所有人。脊髓灰质炎疫苗没什么专利权可言，你能说太阳的专利权是谁的吗？" 1960 年，以索尔克名字命名的索尔克生物研究所正式成立，这所位于圣迭戈的研究所至今仍是世界顶尖的生命科学机构，DNA 双螺旋的发现者克里克也曾在此工作。

尽管学界对这场人体实验存在负面评价，认为原本应由科学主导的研究项目成了一场媒体面前的表演，同时活疫苗的坚定追随者仍然认为灭活疫苗并不适合用于群体接种，但对大众来说，这仍是一个好消息——索尔克的灭活疫苗取得了生产许可，赶在新一季脊髓灰质炎暴发的高峰期之前开始推广。

索尔克生物研究所，由著名建筑设计师路易斯 · I. 康（Louis I. Kahn）设计，来源：维基百科

索尔克成功研发灭活疫苗，是疫苗研发历史上的一大突破，证实了灭活疫苗同样能激起免疫反应，而不是之前坚持的只有减毒活疫苗才有此功能。但这款疫苗价格高，只能保护接种者本人不感染病毒，不能有效阻断病毒的传播，比如接种者的胃肠道免疫水平较低，感染后自身虽不发病但仍能通过粪便传播病毒。

为了保证灭活病毒能最大程度激发人体免疫力，索尔克所用的毒株是毒力最强的那种，很快让美国的脊髓灰质炎病例减少了 80%~90%。脊髓灰质炎从此就被征服了吗？很遗憾，并没有。作为疫苗生产商之一的卡特实验室由于操作流程不规范被检出一些批次的疫苗中存在活病毒，这导致一些接种疫苗的儿童因此而感染脊髓灰质炎。这让索尔克疫苗蒙上污点，动摇了人们对疫苗的信任，因此，在灭活疫苗正式上市后，接种率并不理想。所谓你的“危”正是我的“机”，以辛辛那提儿童医院院长阿尔伯特 · 萨宾（Albert Sabin）为首的科学家趁机开始重启活病毒疫苗路线。

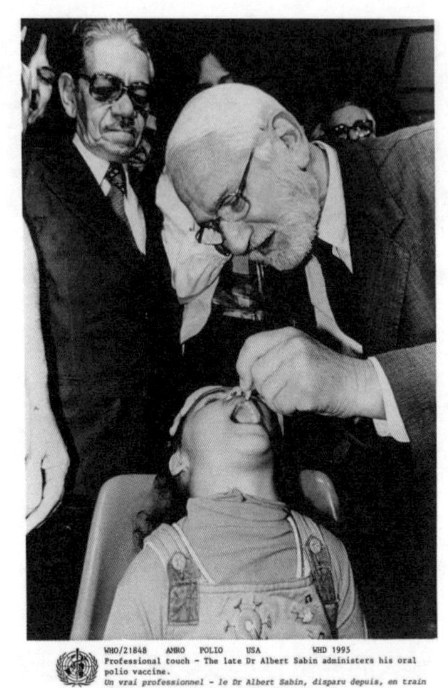

阿尔伯特·萨宾为儿童接种其研制的口服疫苗，来源：WHO

美国国家小儿麻痹基金会对脊髓灰质炎的治疗和疫苗研发的支持不遗余力。萨宾的活病毒疫苗研究同样获得了基金会的支持，信奉天然感染理念的科学家都很赞同萨宾的研究路线。萨宾从猴肾细胞中通过传代培养获得合适的减毒活病毒，发明了口服脊髓灰质炎疫苗。1954 年，在索尔克宣告灭活疫苗大型人体实验成功的第一年，萨宾的减毒活疫苗在 30 名犯人身上的实验也宣告成功，但受卡特实验室事件的影响，减毒活疫苗迟迟未能开展大规模的人体实验。

1959 年，事情迎来了转机。当时的苏联也在考虑研发脊髓灰质炎疫苗，来应对国内日渐增长的病例。在多次接洽后，萨宾和苏联科学家米哈伊尔·丘马科夫（Mikhail Chumakov）开展合作，在 1000 万名儿童身上试验减毒口服活疫苗，取得了不错的效果。接下来，苏联在 20 岁以下的近 8000 万年轻人群体中强制推行疫苗接种。

与萨宾同期研究活病毒疫苗的还有科克斯和科普罗夫斯基。科克斯的人体实验结果不佳，他将对抗三种脊髓灰质炎病毒的疫苗做成一剂供接种者服用，疑似这些疫苗引发了脊髓灰质炎病例。而科普罗夫斯基的大型人体实验在当时的比利时殖民地刚果举行，这引发了日后的一场质疑，成为一些国家和民众抵制疫苗的理由。

萨宾在病毒研究和疫苗研发方面的洞见和能力显示他是一位杰出的病毒学家，但因为在原理上过于坚持，与索尔克之间呈现对抗状态，二者皆全力为自己所投身的疫苗研究发声。事实上，二人所研发的疫苗各有可取之处，改变了许多儿童的人生，两种技术路径的疫苗在同一时期并行使用的先例不多，脊髓灰质炎的疫苗研发塑造了历史。

虽然索尔克的灭活疫苗在推出之后极大地减少了脊髓灰质炎患者数量，但美国卫生当局认为灭活疫苗会造成一些接种感染，而且口服疫苗更方便、成本也更低。1961—1963 年，萨宾的减毒活疫苗逐渐取代了索尔克的灭活疫苗，成为美国儿童接种脊髓灰质炎疫苗的首选，而后不断扩展到欧洲、亚洲等地区。到了 20 世纪 80 年代，除了荷兰等少部分地区仍使用索尔克疫苗，萨宾疫苗俨然成了市场的宠儿。

实际上，减毒疫苗也有其缺陷，可能由于病毒仍存在活性而在体内发生突变，会导致接种者患麻痹性脊髓灰质炎（vaccine-associated paralytic poliomyelitis，VAPP）或具有感染能力。这些存在于人体中的减毒病毒也可能与其他肠病毒或脊髓灰质炎病毒发生基因重组，增强毒力，形成疫苗衍生的脊髓灰质炎病毒（vaccine-derived poliovirus，VDPV），俗称“疫苗毒”，甚至还可能发生排泄出的病毒毒力超过口服下去的病毒的情况。不过通常来说，导致这样严重后果的概率并不高。另外，患有先天性免疫缺陷的群体也不适合接种减毒疫苗，会引发严重不良反应。

灭活和减毒两种脊髓灰质炎疫苗并存的时代开始了，萨宾疫苗暂时略胜一筹，但并不意味着索尔克与萨宾的“死”“活”疫苗之争已完结。多年以后，这场论战迎来了峰回路转的变化。

抵制疫苗

脊髓灰质炎疫苗的研发过程一直伴随着各种质疑之声，而伦理和安全性是讨论得最多的两个方面。

1947 年，为了杜绝二战中非人道的人体实验再次发生，关于生物伦理的纽伦堡守则（Nuremberg Code）问世，对人体实验做出了约束，要求保护受试者的利益。20 世纪 50 年代，仍有不少人体实验是在囚犯、孤儿，以及身体残疾、智力低下、精神异常的人身上进行的。这也引发了一些科学家的反感，有的科学家坚决抵制这样的做法。

希拉里 · 科普罗夫斯基（Hilary Koprowski）就是被抵制的科学家。他是一位很有建树的科学家，先于索尔克和萨宾研制出减毒脊髓灰质炎疫苗，但他在智障儿童身上进行减毒活疫苗实验的做法，在学术界引起了争议。当然，“双标”的事情不是今天才有的，尽管很多科学家对科普罗夫斯基的做法表示了谴责，但在自己需要开展人体实验时，却同样会以种种理由降低标准。

学界伦理的质疑尚不足以成为疫苗推广的阻力，疫苗接种的不良反应和不良事件才真正让疫苗的推广在民众中举步维艰。1955 年，由于前文提及的部分儿童接种的疫苗批次中混有活病毒，而导致一些瘫痪病例，让家长及部分州的卫生官员对疫苗失去信心，没有让孩子接种。那一年，美国病例达 28000 例。

此外，疫苗的可及性也很重要，一剂当然优于多剂，口服当然好于注射，计划免疫当然好于自费。因为索尔克疫苗要间隔一段时间接种三剂，无论是经济上还是时间安排上，对底层人民来说都是一种负担。因此，在疫苗问世后的一段时间里，感染者多出现在未接种疫苗或依从性不好的人群中，这就导致本来“一视同仁”的脊髓灰质炎病毒看起来能够“选择性攻击”某一特定群体，进而引发各种阴谋论。自此，抵制疫苗的阴谋论成为科普最大难题之一，直至今日都未平息。

另外令所有人始料不及的是，在成品疫苗中竟然混入了猴病毒！ 20 世纪 50 年代，研究者就从猴肾细胞培养的疫苗中发现了多种类型的猴病毒，索尔克和萨宾的疫苗中都有，其中一种编号是 SV40 的猴空泡病毒能让实验仓鼠长出肿瘤。疫苗中之所以有残存的猴病毒，与消毒不够严格有关。研发疫苗时，研究者根本没有想过疫苗会受到猴病毒感染，因而没有对消毒提纯后的疫苗进行猴病毒的检测。自 1962 年起，美国卫生当局规定，所有用于脊髓灰质炎疫苗的猴肾细胞，需检验排除 SV40 病毒感染的可能。

但这样的疏忽已经带来恐慌，成功打击了一些人接种疫苗的积极性。要知道，1954—1963 年，接种索尔克疫苗的儿童共计 1 亿左右，他们体内可能也被输入了猴空泡病毒 SV40。争论一直持续到 21 世纪，有人认为这种病毒可能导致人患上几种致命疾病，比如间皮瘤，但遭到了美国国立卫生院等机构的否认，临床追踪研究也未发现在 20 世纪五六十年代接种索尔克疫苗的人中出现不正常的癌症比率。

然而猴肾细胞带来的问题远不止于此。1967 年，用于制作疫苗的非洲绿猴，将马尔堡病毒传染给实验室人员，猴肾细胞的安全性再次受到质疑。

1992 年 3 月 19 日，《滚石》杂志刊登文章《艾滋病的起源：是上帝之举还是人类自作自受？回答这一问题的新想法》，作者汤姆·柯蒂斯提出，HIV–1 型病毒可能来自口服脊髓灰质炎疫苗，因为制备疫苗的猴肾细胞被某种猴病毒感染了。文章作者将矛头直指脊髓灰质炎疫苗接种实验。20 世纪 50 年代末，希拉里·科普罗夫斯基曾在中非比利时殖民地刚果进行大规模的脊髓灰质炎疫苗接种活动，英国作家兼记者爱德华·胡柏（Edward Hooper）认为，当地居民服用的“CHAT”脊髓灰质炎疫苗（即 I 型脊髓灰质炎疫苗）被猴免疫缺陷病毒污染了，因为疫苗生产中使用了黑猩猩的细胞。这遭到了科普罗夫斯基的否认，他有证据显示并未使用黑猩猩细胞，但这无疑在大众中已造成了严重的恐慌。

疫苗的研发和一系列或偶然或人祸的问题，引发了一代代群众对疫苗接种的抵制，影响了消灭脊髓灰质炎的速度。

消灭脊髓灰质炎

作为最早推行疫苗的国家，美国的脊髓灰质炎控制得很好。1979 年，在世界卫生组织宣布消灭天花之际，美国公布了最后一例脊髓灰质炎病例，至此进入无野生脊髓灰质炎的状态。

到了 1988 年，不仅美国消灭了脊髓灰质炎，欧洲大部分国家和澳大利亚都消灭了脊髓灰质炎，但仍有 125 个国家尚未控制脊髓灰质炎的流行，每年有 35 万人感染脊髓灰质炎病毒。当年，世界卫生组织发起“全球根除脊髓灰质炎行动”（Global Polio Eradication Initiative，GPEI），宣布了 2000 年根除脊髓灰质炎的计划。

“全球根除脊髓灰质炎行动”由各国政府及世界卫生组织、国际扶轮社、美国疾病控制与预防中心、联合国儿童基金会及比尔和梅琳达·盖茨基金会合作完成，志愿者达2000万，20年间接种了近30亿儿童。

脊髓灰质炎对中国也有深远影响。中国最早将脊髓灰质炎导致的小儿麻痹症称为“痿症”的一种，《黄帝内经·素问·痿论篇》中记载，“痿者，四肢无力委弱，举动不能，若委弃不用之状”。1959年，我国准备自主研发脊髓灰质炎疫苗，派遣顾方舟团队前往苏联学习疫苗制备方法。当时，灭活疫苗和减毒活疫苗之争尚无定论，美国采用灭活疫苗，苏联使用减毒活疫苗。顾方舟分析，减毒活疫苗成本只有灭活疫苗的千分之一，考虑成本问题，结合国情，中国选择研发减毒活疫苗。在人体试验阶段，顾方舟给不满一岁的儿子喂下疫苗，团队的其他成员也在自己孩子身上试药，体现了他们对所研发疫苗的信心及责任心。1960年，全国部分城市开始接种脊髓灰质炎疫苗。1962年，为了方便运输，原本的液体口服疫苗被制作成糖丸，放在保温瓶里，运送到偏远地区。顾方舟也被孩子们亲切地称为“糖丸爷爷”。

病毒学家顾方舟（1926—2019年）父子

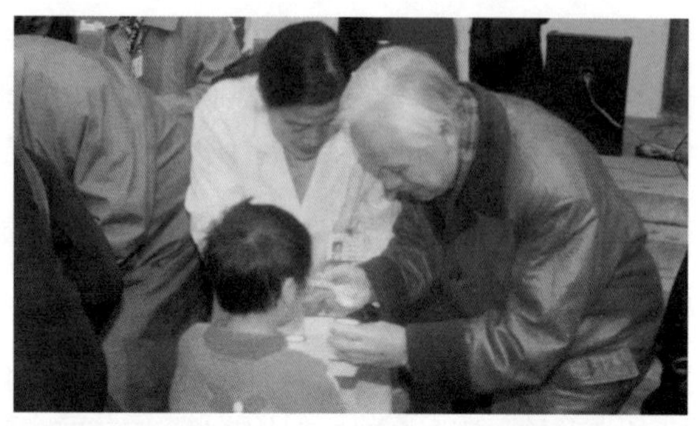

“糖丸爷爷”顾方舟给孩子们接种，来源:《一生一事：顾方舟口述史》

在世界卫生组织宣布向脊髓灰质炎全面宣战之际，中国每年的脊髓灰质炎病例仍超过 5000 例，是脊髓灰质炎病毒传播的大国。中国计划先在 1992 年将发病率降至十万分之一，并承诺 1995 年全面根除脊髓灰质炎。经过努力，中国的脊髓灰质炎病况得到有效控制：1949 年，脊髓灰质炎平均发病率是 0.406/10000；到了 1993 年，平均发病率降到了 0.0046/10000。1994 年，中国湖北襄阳最后一例脊髓灰质炎病例之后再无病例传播。2000 年，世卫组织宣布，中国已为无脊髓灰质炎国家。

1994 年，世卫组织宣布世卫组织美洲地区无脊髓灰质炎。

2000 年，世卫组织宣布世卫组织西太平洋地区无脊髓灰质炎。

2002 年 6 月，世卫组织宣布世卫组织欧洲地区无脊髓灰质炎。

2014 年 3 月 27 日，世卫组织宣布印度及世卫组织东南亚地区无脊髓灰质炎。

1988 年，世界卫生组织开始发起在非洲根除野生脊髓灰质炎的运动，世界上最后一例天花病人阿里，被治愈后投身于索马里根除脊髓灰质炎运动。2004 年，阿里正式成为一名脊髓灰质炎疫苗接种员。“我努力工作，只是因为不想索马里成为最后一个消灭脊髓灰质炎的国家。”2008 年，索马里根除脊髓灰质炎。

1999 年后，Ⅱ型脊髓灰质炎野生病毒未再出现。2015 年，世界卫生组织宣告Ⅱ型脊髓灰质炎野生病毒已被消灭。但在 2016 年停止接种Ⅱ型脊髓灰质炎疫苗后，2019 年感染Ⅱ型脊髓灰质炎患者数量较前一年有所增加。

2012 年后，Ⅲ型脊髓灰质炎野生病毒未被发现。2019 年 10 月 24 日，世界脊髓灰质炎日当天，世界卫生组织通过全球消灭脊髓灰质炎证实委员会（Global Commission for the Certification of Poliomyelitis Eradication，GCC）正式宣布全球范围内已根除Ⅲ型脊髓灰质炎野生病毒。

消灭脊髓灰质炎运动使 1600 万孩子免受脊髓灰质炎的侵袭，不再不良于行。

2012 年，阿富汗、尼日利亚、巴基斯坦以及印度这四个国家仍有官方报道脊髓灰质炎病例。如今，世界上绝大部分地区已无脊髓灰质炎，但Ⅰ型野生株还在阿富汗和巴基斯坦传播。由于战争及宗教对疫苗抵触等问题的存在，这两个国家迟迟未能消灭脊髓灰质炎，这对周围城市的脊髓灰质炎传播带来了威胁。事实上，如今我们需要格外警惕死灰复燃问题，目前已发现，一些本已消除脊髓灰质炎的国家，又出现了输入病例。

接种疫苗是消灭脊髓灰质炎的主要武器。在根除脊髓灰质炎病毒的过程中，为避免群体传播，口服减毒活疫苗是需要继续推广的。但一些接种口服减毒活疫苗的人，排泄物中会存在此病毒，这些病毒有可能是毒性更强的野生菌种，会在人群中引发新一轮传播。而且，对于一些免疫力低下的人群，接种减毒活疫苗有感染脊髓灰质炎的风险，更适合他们的是灭活疫苗。所以世界卫生组织制定了相应的策略，根除脊髓灰质炎病毒之后，只推广接种灭活疫苗。

于是，疫苗“死”“活”之争峰回路转。1992 年，索尔克疫苗在美国重新取代了萨宾疫苗，因为美国野生脊髓灰质炎病毒已经几乎不存在传播链了，导致脊髓灰质炎的反倒是口服活疫苗带来的感染病例。此时用灭活疫苗取代口服活疫苗，目的是根除脊髓灰质炎病毒。

而关于动物细胞制备疫苗出现问题的事宜也有了多种对策。法国里昂的梅里埃研究所（创始人为马塞·梅里埃，师从巴斯德）基于非洲绿猴肾细胞制作的异倍体细胞，能用于灭活疫苗的制作，产能满足欧美等地的需求。事实上，自从细胞培养技术出现后，研究者们也在不断寻找适合作为研究培养对象的细胞。莱昂纳多·海弗里克（Leonard Hayflick）和保罗·穆尔黑德（Paul Moorhead）提出，源自人胚胎的细胞较动物细胞所携带的病毒更少、更安全，而且他们发现通过传代，细胞能在培养皿中迅速增长，适合制备疫苗。1951 年，科学家还发现了一种能够不停生长的细胞——海拉（HeLa）细胞，是各种细胞实验的最佳载体。海拉细胞来自一位名为海瑞塔·拉克丝的 30 岁女性，1951 年，她因患宫颈癌死亡。研究者发现，只要定期更换营养液，她的肿瘤细胞可以不停增殖，被认为是制备疫苗的最佳载体，解决了动物细胞制备疫苗的困境。1962 年，科普罗夫斯基的下属莱昂纳多·海弗里克从流产胎儿的肺部组织中分离出名为 WI–38 的肺叶细胞，该细胞至今仍用于制备包括脊髓灰质炎疫苗在内的多种疫苗。

死“灰”复燃

1988 年，全球估计有 35 万脊髓灰质炎病例，2017 年只有 22 例，脊髓灰质炎的根除似乎胜利在望。但实际上，在向脊髓灰质炎宣战的数十年间，顽固的脊髓灰质炎病毒在各个国家间反复传播，令人担心其死“灰”复燃。世界卫生组织消灭脊髓灰质炎的计划表一再修改，目标时间从 2000 年推到 2005 年，又从 2005 年推到 2014 年。时至今日，脊髓灰质炎仍有少量病例传播，而且每年并非稳中有跌，而是时涨时跌，原因与疫苗接种不全面有关。

仍有一些地区的家长拒绝给孩子接种脊髓灰质炎疫苗。如果携带病毒的人来到这个地区，对没有接种疫苗的孩子来说就是一场灾难。因为只要仍有病例存在，即使是一例，也可能使脊髓灰质炎重新在全球流行，感染未受疫苗保护或保护性弱的儿童。

2003 年，尼日利亚北部居民因谣传脊髓灰质炎疫苗中有艾滋病毒，且会让妇女绝育等各种西方阴谋论，许多相信这些言论的人拒绝接种，不仅使尼日利亚的脊髓灰质炎防疫工作陷入僵局，还导致病毒传播至本已消灭脊髓灰质炎的国家。在根除脊髓灰质炎的阻力中，除了谣言，还有暴力，巴基斯坦曾发生过袭击援助脊髓灰质炎疫苗接种志愿者的事件。在任何地区，如不能在全民范围内接种疫苗，脊髓灰质炎很难根除。

由于输入性病例的存在，中国的脊髓灰质炎同样有死灰复燃的迹象。2011 年 10 月，巴基斯坦的脊髓灰质炎输入中国，在新疆造成数十例感染病例。为了避免传染病的进一步传播，一些可能引发疫情传播的区域进行了强化免疫以控制疫情的传播。2012 年 10 月，中国再次成为无脊髓灰质炎的国家。

2014 年脊髓灰质炎疫情再掀风浪。这一年，脊髓灰质炎在亚洲、非洲、中东开始流传，世界卫生组织宣布其为“国际关注的突发公共卫生事件”。当时，根除脊髓灰质炎的判断标准是当地在一段时间内未检测出野生脊髓灰质炎病毒的传播。2012 年至 2013 年间，野生脊髓灰质炎病毒销声匿迹，却在 2014 年再次引发大范围传播，这是消灭脊髓灰质炎道路上的一大挫折。世界卫生组织称，最严重的后果是脊髓灰质炎可能成为“疫苗可预防，但无法在全球消灭的最严重的一种疾病”。

2019 年，脊髓灰质炎病例数量突然增至 2018 年的 10 倍，为 168 例，其中大部分出现在巴基斯坦。而由接种疫苗导致的脊髓灰质炎病例增加到 249 例，让攻克脊髓灰质炎的前景被乌云遮蔽。

面对脊髓灰质炎这种反复传播、难以断根的传染病，疫苗不能停，监测也不能停。往来于脊髓灰质炎疫区的人出行需接种脊髓灰质炎疫苗，杜绝病毒的传播。未根除脊髓灰质炎病毒地区的居民需要接种疫苗，根除脊髓灰质炎病毒地区的居民也要从娃娃抓起，定期接种疫苗，并且要完成所有剂量的接种，不能半途而废。

之所以要强调全面接种，除了预防病毒传播的原因，也有避免生物武器威胁的考量。

早在 1981 年，美国麻省理工学院的科学家就重组了脊髓灰质炎病毒反转录后的 DNA 序列，经验证这种病毒具有感染能力。2002 年，《科学》杂志报道，美国一实验室宣布，根据已公布的脊髓灰质炎病毒序列成功合成了具有感染力的脊髓灰质炎病毒。研究者首先合成与脊髓灰质炎病毒 RNA 互补的 cDNA，然后利用工具酶将 cDNA 转录为 RNA，在试管中培育出具有感染力的脊髓灰质炎病毒。

在科学家看来，可以人工合成病毒是技术上的一大进步，能为我们彻底研究病毒及相关疫苗、药物提供线索。但也有不少人提出对人工合成病毒的担忧，认为这一技术如果被不法分子利用，会成为威胁人类的灾难。脊髓灰质炎病毒能在短短数小时里致人瘫痪，这让它有被恐怖分子觊觎的条件。一旦脊髓灰质炎病毒被用来当作大范围投放的生物武器，未接种或疫苗保护力已丧失的人群将受到极大的威胁。

无论出于什么样的保护目的，疫苗接种计划都是不能耽搁的任务。至今，世界卫生组织仍将脊髓灰质炎列为“国际关注的突发公共卫生事件”，警报尚未解除。我们曾用 200 年的时间消灭了天花，与脊髓灰质炎的抗争历史亦有百年，我们有理由寄希望于科学，将脊髓灰质炎作为人类战“疫”的下一城。至于对技术滥用的担忧，有赖于伦理和法律的约束，也有赖于科技和科普的预防。相信最后的胜利仍会在人类的手中。

脊髓灰质炎病毒的自白	
中文名：	脊髓灰质炎病毒
英文名：	poliovirus
“身份证”获得日期：	几千年前
籍贯：	微小核糖核酸病毒科（picornaviridae），肠道病毒属（enterovirus）
身高体重：	单股正链 RNA，约 7500 个碱基
住址：	人体
职业：	人贩子
自我介绍：	我喜欢在人体中待着，尤其是小孩子的身体里，特别是从小被保护得太好、太爱干净的孩子。脊髓区域是我最喜欢的游戏场所，可这里也是很敏感的区域，不小心玩得太过头了，就让小朋友们无法走路了。不过，这样我就有理由跳到近距离照顾他们的人身上啦。可惜，在成年人身上，我通常不能发挥百分百的实力，失败是常事。人类研发的疫苗挺让我害怕的，眼看着我的家族势力越来越小，但我从不放弃。只要还有孩子没有接种疫苗，我就还有机会翻盘，不是吗？

脊髓灰质炎漫画，绘制者：符美丽

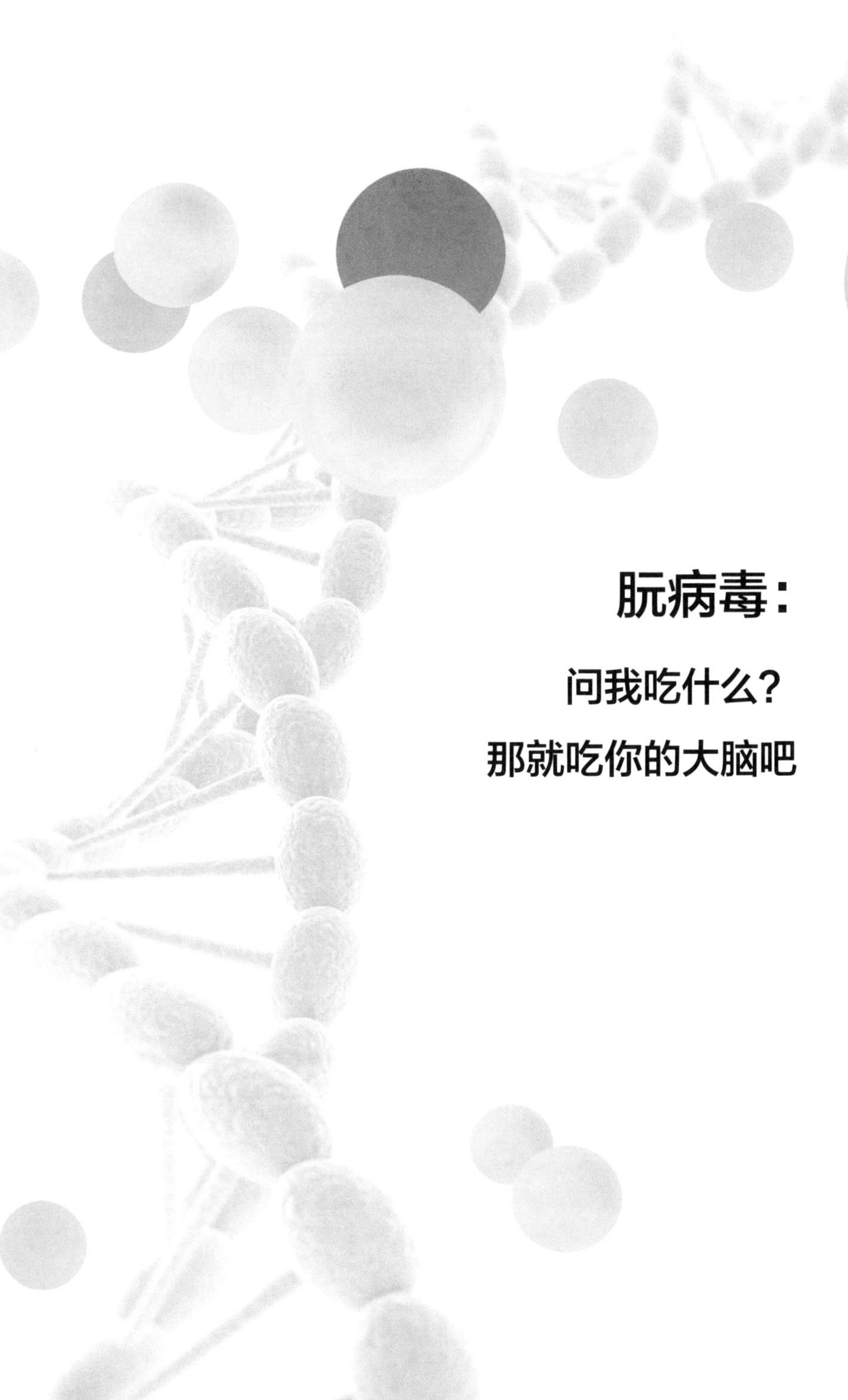

朊病毒：

问我吃什么？

那就吃你的大脑吧

尹哥导读

- 同类不相食？牛吃羊骨粉而产生疯牛病、人吃人脑而患库鲁病，我们因此认识了朊（ruǎn）病毒。
- 朊病毒非但不“软”，反而很硬核。朊病毒是一种没有遗传物质的蛋白质，却能直接“教坏”其他蛋白质，挑战了生命法则。
- 神经退行性疾病患者脑中也存在变性蛋白，但目前尚未被证明有传染性。
- 阿尔茨海默病患者脑中的淀粉样蛋白集聚可能是导致疾病的原因，也可能是保护大脑不被微生物入侵的原因。
- 警惕乱吃而感染朊病毒。人类尚需时间，以等待用药物或疫苗来解决朊病毒感染及淀粉样蛋白聚集而损伤大脑的问题。

微生物进驻人体岛屿，有的会如疾风骤雨般迅速搞破坏，比如霍乱弧菌，有的则会躲避免疫系统蛰伏一阵子，比如艾滋病毒，但要论忍耐力和迷惑性，都比不上一种奇特的病原体，它不仅能潜伏数十年，还毫不畏惧免疫系统的排查，直到最后搬空大脑指挥部，让人体陷入瘫痪。很长一段时间里，人们都不知道这种病原体这么做是为什么，而它造成的恐慌，至今仍影响着人类及不少其他物种。

这种病原体到底是什么？直到数十年前，我们才开始慢慢接近答案。

生长激素，尸体的诅咒？！

要说朊病毒，先要从生长激素讲起。生长激素是人类生长过程的重要中介。这种激素由垂体前叶内源性产生，并且在儿童时期表达旺盛，是人类早期发育必不可少的存在。如果生长激素分泌缺乏，会引起一系列疾病，其中侏儒症是最为典型的一种，矮小是最主要的表型。前段时间大火的美剧《权力的游戏》，“小恶魔”提利昂·兰尼斯特扮演者彼特·丁拉基就是这个疾病的患者，身高仅 1.35 米。甚至球坛巨星梅西也是这个疾病的患者，但因为医学的发展，梅西才得以从过去的小矮子（11 岁的时候仅 1.40 米高）长到 1.70 米的正常身高。

生长激素这么重要，但是在没有重组 DNA 技术之前，要获得生长激素可谓难上加难。在 1958 年以前，治疗所需的生长激素都是从人类尸体中分离出来的，称为“尸源性生长激素”。但处理一具尸体的脑垂体，仅能获得大约 1 毫克的生长激素。而想治疗一个病人，每天就需要 1 毫克。可以想象治疗一个人需要多少具尸体才能满足需求！

《权力的游戏》中提利昂·兰尼斯特的剧照，来源：维基百科

这种听起来匪夷所思的疗法终于迎来了反噬。1984 年，一位接受了脑垂体提取生长激素的美国人患上了一种怪病，病人很快在痛苦中死亡。接下来，越来越多的案例被公之于众，其矛头直指从人类尸体中提取的生长激素。鉴于此，FDA（美国食品药品监督管理局）于 1985 年下令禁止生产和销售含有从人类尸体大脑中提取的物质的药物。而在禁用尸源性生长激素半年后，FDA 就批准了重组 DNA 技术制造的生长激素，从而避免了尸源性感染的风险。但此时全球范围内至少已经有超过 3 万人接受过尸源性生长激素的治疗，这其中究竟还会有多少人发病至今仍是未被解除的定时炸弹。至于前文提到的巨星梅西，他出生在 1987 年，那时已经不再使用有风险的生长激素，广大球迷可以松一口气了……

类似的病情让医生们联想到了 20 世纪 20 年代的一个病例。德国医生汉斯·克鲁兹菲德（Hans Creutzfeldt）和阿尔冯斯·雅各布（Alfons Jakob）发现了古怪的病例，患者行走不协调、认知退化、失去记忆，最后甚至会失明，自发病起数月或几年内就会死亡。

这种根据两位医生姓氏命名的“克雅二氏病”（Creutzfeldt-Jakob disease，CJD）并不常见，大约只有百万分之一，因此一直未能引起人们的关注。

疯牛病？还能传人？

1985 年，英国一家农场里，有一头牛出现了奇怪的症状，不进食、无法站立、不时颤抖，来看病的兽医也说不清它到底是得了什么病。这头牛不久就死了，经解剖发现，牛脑就像海绵一样充满了空洞。1986 年 11 月，这种病有了名字——牛海绵状脑病（bovine spongiform encephalopathy，BSE），俗称“疯牛病”（Mad Cow Disease）。由于不知道这种病是什么原因导致的，一直没有有效的预防措施，以至于十几年后，病牛越来越多，除了屠杀别无他法。

1995 年，一位名叫斯蒂芬·丘吉尔（Stephen Churchill）的男孩被诊断患了抑郁症。可作为一名 19 岁的青年，他的生活中并没有什么能触发他患抑郁症的因素，而且药物治疗毫无效果。从不说话到无法正常行走，然后丧失记忆、神志不清，直至死亡，这名年轻人就这么结束了不长的一生，而医学连确诊都做不了。在讨论中，大家忽然发现这个男孩发病前吃过牛排，而他的病症与疯牛的症状极为相似，难道病原体是从牛身上跃迁到人身上的？接下来的情况触目惊心：他并非唯一出现类似克雅二氏病病症的人，英国有百余例病症出现，患者都吃过牛肉。而后，这种疾病被命名为变异型克雅二氏病（variant Creutzfeldt-Jakob disease，vCJD），一种通过食物传染的克雅二氏病。1996 年，有 15 万头病牛被屠杀，英国卫生部长向民众宣布，这种疾病会通过食用病牛牛肉传染给人，引起了极大的恐慌。

其他国家也陆续有了类似病例，溯源得知，大部分来自英国进口牛肉。一时间，英国牛肉滞销，许多国家都停止了从英国进口牛肉。美国出现疯牛病病例之后，美国的牛肉也一度滞销。

某国疯牛病暴发现场

究竟是什么让牛变得疯狂？研究者们找来找去，找到了一种饲料上，开始怀疑这种叫肉骨粉的蛋白质补充饲料就是罪魁祸首。这是 20 世纪 80 年代英国流行的一种饲料，将羊、牛等动物的大脑、骨骼及内脏制成肉骨粉，再喂给牛羊吃。这种营养补充剂不仅在英国出售，还出口到多个欧美国家。即使怀疑这种饲料里有不明物质让牛患病，研究者也没能找出病原体究竟是什么。尽管这种饲料被政府下令禁止生产和出售，农场的病牛也被要求立即销毁，但因为政府提供的补偿不够，农场主往往继续宰杀病牛售卖以获利，肉骨粉仍被悄悄使用并出口，病牛肉还会销售到其他国家。于是，许多国家不仅出现了疯牛病的病例，还出现了变异型克雅二氏病的病例。

那么，作为饲料使用的羊有什么问题呢？逐渐地，人们又将疯牛病与羊瘙痒症（scrapie in sheep and goats）联系起来。这种羊类疾病出现在 1730 年，病羊的症状与病牛类似，四肢失调、无法站立，还会将身体在栅栏或石头上摩擦，最终在发病数周或数月内死亡。1947 年，水貂脑病在人工饲养的水貂中被发现，经检查发现，原来饲养者有将羊内脏作为食物喂给水貂吃的习惯，这些混杂了病原体的羊内脏一并将疾病传播给了水貂。

看起来，由于人吃病牛肉、牛吃病羊肉（也包括病牛肉）、水貂吃羊肉，然后相继感染了这种会传染的疾病，这种疾病也有了统一的名称——海绵状脑病（spongiform encephalitis）。但这样的推论只涉及了疾病传播的相关性，而非决定性，真正的原因还需要不断深入研究来确认。我们常说，从基因上来看，地球上几乎所有物种都有亲缘关系，这种通过食物链的形式传播的疾病，或许是一次自然对人类的提醒。

同类相食的反噬

用牛羊制造肉骨粉再喂给牛羊，这种让动物吃自己同类的做法匪夷所思，但在当时却是变废为宝的案例，也因为营养丰富而大受饲养者的欢迎。这种同类相食的做法不仅发生在动物之间，还出现在人与人之间。

南太平洋岛国巴布亚新几内亚有不少原住民部落，这些部落有着自成一派的传统习俗。其中一个叫福雷（Fore）的部落出现了一些怪病例，患者几乎都是妇女和儿童。患病之初，病人会感觉到身体疼痛，尤其是关节，不久后便出现行走困难的症状，接着认知模糊，失去记忆，昭示着死亡来临的，是病人开始出现控制不住的大笑。当地人称之为库鲁病（Kuru disease），意思是“颤抖”，也有人称之为“笑病”。

福雷部落居民

库鲁病患者，来源：维基百科

20 世纪 50 年代，美国国立卫生研究院的丹尼尔·盖杜谢克（Daniel Gajdusek）正在新几内亚研究流行性疾病，福雷部落也在他调研的范围之内。他发现了当地妇女和儿童这一异常的疾病状况，开始观察和思考，先后研究了土壤、饮食等因素，想知道究竟是什么导致了这样的疾病。终于，他发现了福雷部落和其他部落风俗上的不同：部落成员会分食部落里死者的尸体（病死的除外），在他们看来，这是一种获得死者力量，令死者与自己同在的重要仪式。分食的动作通常由女性完成，尸体的内脏和肉通常都分给部落里的男性，大脑则大多分给部落里的妇女和儿童，这也是妇女和儿童患病率更高的原因。绝大多数患者接触了尸体，或是食用了大脑。

这样的仪式由来已久，除了盖杜谢克，谁也没想到这竟然是一种传染病，原因竟然是食用大脑。为了证实自己的猜测，盖杜谢克想办法获得了库鲁病死者的大脑组织，将分离过滤后的液体注入人类的近亲黑猩猩的大脑里。过了一年多，黑猩猩开始出现和库鲁病患者一样的症状，盖杜谢克因此推测，库鲁病的病原体就藏在患者的大脑里。

病原体到底是真菌、细菌、寄生虫还是病毒呢？盖杜谢克开始用过滤的方法对病原体进行逐一排查，最后的结果让他大吃一惊。他过滤了寄生虫、细菌、真菌，又用放射性元素杀死了病毒，但剩下的液体仍具有致病性。这下盖杜谢克也被难住了，已知的致病因素都已被排除在外，那病原体究竟是什么呢？总不能是仅剩的蛋白质吧？任盖杜谢克如何大胆，也没敢推测病原体是蛋白质，他保守地称之为一种未被发现的特殊病毒，这种病毒没有 DNA，潜伏期长。只要废除这种分食死者尸体的风俗，就能消灭这种疾病。果然，当政府下令禁止福雷部落的这一风俗继续流传后，部落里几乎不再有新发病例。因为发现并揭示了这种脑部传染病，1976 年的诺贝尔生理学或医学奖颁给了盖杜谢克，表彰他在库鲁病的研究方面做出的贡献。

福雷部落的人吃人传统在历史上绝不是个例，考古学家曾发现原始人骸骨上有刀切割的印记，关于部落在战争后吃俘虏的记载也不少，即使进入农耕文明，也不乏饥荒时代人吃人的记录。这种疾病之所以出现在人类群体中，或许与这存在已久的陋习有关。

库鲁病病原体的潜伏周期很长，长达 4~30 年之久。也有研究显示，这种病原体在男性身上的潜伏时间更长，有的长达四五十年。进入 21 世纪之后，福雷部落里仍有人犯病，但那不是新发病例，而是数十年前就进入人体的病原体导致的。这种病原体的传播机制，真是自然界里独一份。既然能以吃的方式传染，那这种病原体必然是通过消化道传播的。破坏的是脑部，却是从消化道进入人体，耐得住胃酸的腐蚀，逃过免疫系统的追击，冲破血脑屏障的阻挡，这究竟是一种什么样的病原体？

挑战生命法则？

1997 年颁发的诺贝尔生理学或医学奖也是一场例外。获奖者斯坦利·普鲁西纳（Stanley Prusiner）是美国加州大学旧金山分校的生物化学教授，1972 年，当普鲁西纳还是一名医生时，他的一位患者患上了前文提到的克雅二氏病，看着好好的一个人变得意识全无，痴痴呆呆，而医学完全给不了病人任何帮助，只能眼睁睁地看着病人死去，这样的场景，他在接下来的几十年里从未忘记。1982 年，他提出了一种理论，还没得到证实，就获得了诺贝尔奖，这对于以“在前一年对人类做出了极大贡献的发现”为评判标准的诺贝尔奖来说，着实是一个特例。何况，与通常的三个人分享一个奖项不同，普鲁西纳独享这次诺贝尔生理学或医学奖，这在诺贝尔奖的历史上也是不多见的。

那么，普鲁西纳究竟是有了怎样的大发现呢？对于研究者无从下手的疯牛病病因研究，他提出了一个假说，病原体不是细菌，也不是病毒，而是一种蛋白，这种蛋白还具有传染性，能对正常蛋白施加影响，将它们变成和自己一样的致病蛋白。这种蛋白被他命名为朊病毒蛋白（prion protein，PrP），是一种蛋白质侵染颗粒。

在朊病毒的传播过程中，它完全依靠变异蛋白质来感染正常的蛋白质，以达到传播的目的。这是生物体内信息传递的特例吗？还是研究者弄错了？

直到他获奖后，关于他的理论正确与否的讨论一直未停止。有的研究者认为，这种蛋白不是孤身犯罪，也并非发挥着核心作用，只是还没被发现的致病病毒的帮手而已。究竟谁是对的？普鲁西纳到底是发现了真理，还是一时迸发了奇思妙想而已呢？

在 DNA 双螺旋结构发现者之一的克里克的构想中，生命中心法则是普适于绝大部分生命体的。通常，要实现感染，微生物的策略都是从核酸转录信息，再指导蛋白质的组建，极少数情况下会出现 RNA 以自身为模板转录成 DNA，借由宿主细胞来复制自己。但随着研究的进展，科学家发现，克雅二氏病、疯牛病、库鲁病背后所蕴藏的问题，对生命中心法则来说是一种挑战——没有遗传物质的蛋白质披挂上阵，直接感染其他蛋白质。这些事实再一次证明，关于生命的问题，唯一不例外的就是例外。

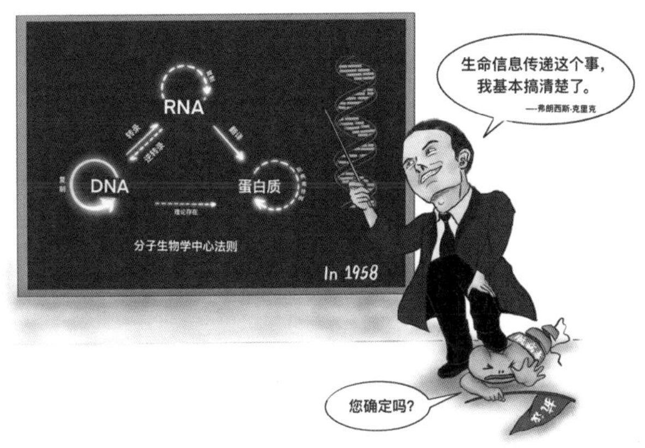

中心法则，绘制者：符美丽

当然，这里之所以用“挑战”而不是“颠覆”，是因为这种朊病毒的始作俑者仍然需要基因，仍遵循“DNA–RNA–蛋白质”的中心法则，只是在产生了首个错误的蛋白质后，后续感染其他蛋白质的过程再也不需要基因的参与了。尹哥在十多年前刚了解这个知识点的时候惊出了一身冷汗，朊病毒感染全程只需要开始的“推一下”就变成了“永动机”？这和物理上探求的宇宙“第一推动力”竟如此相似？

朊病毒不“软”

朊病毒名字中的“朊”与“软”谐音，实际上正好相反，它是最为硬核的一种传染性病原体。人体中生成朊病毒的基因位于 20 号染色体上，由 200 多个氨基酸构成。朊病毒中基本上不含有核酸物质，甚至不能称之为生命体，它们无法繁殖，却具有神奇的影响力——改造自己的“邻居”，将“邻居”们变成和自己一样结构异常的蛋白。这种无与伦比的策反能力，是它们横行于生命界的原因。

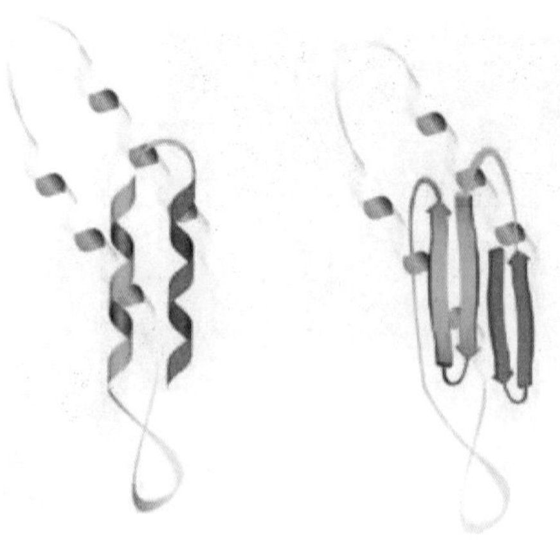

朊病毒变性过程，来源：克雅二氏病基金会

这让人联想到僵尸，能通过与人的撕咬将病毒传播给人，让人也变成僵尸。如果不被摧毁，僵尸还能一直活下去。朊病毒难道也如僵尸般能永生吗？那可不一定，但它们有的特征与僵尸确实有些类似。它们不需要食物，除了让其他蛋白变得和自己一样之外并无目的，最关键的一点，它们不会自行消失，即使随着死者入土，也能在土里存在许久，不会被其他物质分解。而且，即使入土了它们也不安分，等待进入其他生物体内，引起新一轮传播。

朊病毒对人类的影响，最早发现于克雅二氏病。克雅二氏病的病例虽然不多，但一度持续增加，大约有数百例。这种类似早发性老年痴呆的脑部疾病发病率不高，但破坏力十足，可能由遗传引起，也可由外科手术感染。朊病毒会经由手术器械的侵入式治疗，从上一个病人传染给下一个病人，这一点，在动物实验中已被验证。研究者将含有朊病毒的滤液注入实验动物脑部，往往会引发与人类似的神经系统疾病。而且，朊病毒不仅存在于脑部，眼球、皮肤上也有。医生发现，病人会因移植患严重阿尔茨海默病，即因移植老年痴呆症病人的角膜而感染克雅二氏病，所以现在对角膜捐献对象有了严格规定，其中一项要求就是不能患有老年痴呆症。

也许你会想，外科手术器械不消毒的吗？的确，在外科手术刚应用于临床的时候，手术器械是不消毒的，因此常有人死于术后感染。19 世纪中期，英国外科医生约瑟夫·李斯特提出了消毒的重要性，这才减少了因手术感染而死亡的人数。进入 20 世纪，抗生素的使用让术后感染率进一步降低。但实际上，即使经过完善的消毒措施，朊病毒也没那么容易被消灭。它极耐高温、紫外线、辐射，沸水、酒精、酸性物质等，很多常规消毒方法对它来说并不适用，蛋白质水解酶也拿它没办法，就算被泡在福尔马林溶液中也能生存很长一段时间，而且依然具有传染性。要确诊朊病毒感染，只有在患者死后进行尸检才能发现，或许之前曾有过更多的克雅二氏病病例，只是未被发现而已。

这种古怪的疾病被发现之后，我们并没有办法检测出谁携带了变异的朊病毒，因此无法监控疾病来源。由于朊病毒潜伏期长，感染者在很长一段时间里，可能都表现得毫无异常，它的发病也显得毫无征兆，容易被诊断为其他疾病。诊断的延误无疑影响了治疗，也可能造成医源性传染。我们唯一能做的，就是用焚烧的方式销毁患病的牲畜，避免朊病毒的食源性传播。

除了外源性感染，朊病毒也可能是大脑内正常朊蛋白的自发性错误折叠导致的。生活在北美的鹿出现慢性消耗性疾病，具体表现为体重降低、反应迟缓、流口水等异常状况，最后慢慢死亡。这些鹿被称作“僵尸鹿”，一如韩国电影《釜山行》开始的场景。但素食的鹿是怎么患上这种疾病的？一种推测是，由于朊病毒的强生存力，当病鹿死亡时，它会随着鹿身的腐烂，出现在草丛里、土壤中，等下一只鹿的到来。如果有鹿吃了死鹿附近的草或是在鹿死亡的地方休息，就可能发生感染。其他生物吃这种鹿肉同样会感染朊病毒，这一点在动物实验中已经得到证实。不过，目前还没有出现人吃鹿感染朊病毒的病例。

随着研究的深入，我们对于朊病毒越来越了解。朊病毒存在于许多种哺乳动物体内，不仅是我们提到的牛、羊、鹿，还有某些类型的猫、鼠等，不同的是它们的朊病毒结构有些差异。如今，自我国西北农林科技大学生命科学学院科学团队在病毒中发现朊病毒后，人类已经在地球上几乎所有的生命体里发现了朊病毒的身影，包括动物、植物、真菌、细菌、病毒在内。

感染朊病毒的鹿

有的朊病毒能够跨物种传播，比如羊传给牛、牛传给人、人传给鼠，难以想象，有朝一日，这种病毒具有强传播力的话，会给物种带来怎样的威胁。

值得提醒的是，在实验研究的过程中务必要注意安全，在过去10年里，法国已发生了十多起与朊病毒有关的实验室事故，以致其五家公共研究机构宣布暂停朊病毒研究。2010年，一位名叫埃米莉·贾梅因（Émilie Jaumain）的工作人员在清理仪器时不小心被携带朊病毒的弯镊刺伤了左手拇指，无药可医。而朊病毒能在人体内潜伏10年之久，最终在2019年，这位工作人员开始发病并因朊病毒感染导致的克雅二氏病而去世，年仅33岁。

免疫系统怎么了？

想象一下，有人在你家藏匿了数十年，却从未被严密的报警系统发现，直到有一天，他们出来大吃大喝，把你家弄得一团糟，完全无法住人，你都忍不下去了，警报系统还没启动。

这样的情景就像朊病毒在人体中潜伏时，免疫系统的不作为。担任身体警卫队职责的免疫系统这是罢工了吗？

在普鲁西纳揭示这种病原体是一种蛋白后，一切就能解释得通了。首先，朊蛋白是神经细胞膜表面的一种蛋白质，人体及许多哺乳动物体内都有这种类型的蛋白。我们将正常细胞的朊蛋白称为 PrP^{c}，将引起传染的蛋白称为致病性朊蛋白或朊病毒 PrP^{sc}，比如导致羊瘙痒病的朊蛋白，还有导致克雅二氏病的朊蛋白。正常朊蛋白与致病性朊蛋白由相同的基因指导形成，但在随后的活动中，致病性朊蛋白的结构发生变化，折叠方式与正常朊蛋白相比有了差异。正是这种变化，让朊蛋白队伍里有了好蛋白和坏蛋白之分。朊病毒进入人体，与正常的朊蛋白相遇后，便开始对后者施加影响，让原本正常的朊蛋白开始错误折叠，从形态结构上变成致病性朊蛋白。这些致病性朊蛋白在大脑中沉积数年，破坏神经细胞，引发疾病反应。

在人体中担任警戒职责的免疫系统，抓坏人是有一定规范和流程的。被它判定为侵略者的，一般来说是外来物质，激发了抗体反应。但致病性朊蛋白本就属于人体朊蛋白的一种变性，就像你家的亲戚换了件衣服，你不会把他当作陌生人一样。因此，免疫系统不是罢工，而是被这种狡猾的病原体给蒙蔽了。

这种变性蛋白极其强悍，无法被轻易消除，放任不管的话，会堆积得越来越多，让人无法忽视，又无可奈何，进入生物体后，往往会造成不可逆的神经细胞伤害。

中枢神经细胞几乎不可再生，高等生物特别是人类为了保护脑组织不被病原体侵害，演化出血脑屏障。这个堡垒屏障，一般的细菌病毒还真不易攻破，但朊病毒却不在话下，在对抗过程中，只要有一支朊病毒小分队侥幸通过了血脑屏障，就会不断感染周围的正常朊蛋白，这个场景像极了美剧《权力的游戏》中异鬼大军的建立。和其他强调群体作战的病毒类似，朊病毒也会抱团作乱。它们围攻了一个个神经细胞，使之死亡，并顺着神经细胞之间的联系，陆续攻陷其他神经细胞，这也是患者大脑组织中出现空洞的原因。

没有完美的结构，血脑屏障也是柄双刃剑，它的存在虽然能阻止病原体进入大脑搞破坏，但也让治疗脑部疾病的药物无法顺利到达并发挥作用，极大地增加了治疗难度。

要让免疫系统觉醒，还需要对脑科学有更深入了解才行。

揭开神经退行性疾病的面纱

作为一个正常人，你最害怕的是什么？迪士尼电影《寻梦环游记》的答案是“人最害怕的不是死去，而是被人遗忘”。阿尔茨海默病患者的答案相反，他们最怕在还活着的时候，就已不记得身边的人。我们自认为人的优越感在于掌管具有创造、情感和思想功能的大脑，那如果大脑被破坏呢？你还是过去的你吗？在这里我们不讨论哲学问题，单从生物学角度来看，当我们的大脑失去应有的功能时，会带来什么样的问题。

普鲁西纳一直从事与朊病毒有关的研究，他认为，这种会传染的蛋白质与阿尔茨海默病、帕金森等脑部疾病有关。

以病因相对明确的帕金森为例。这种疾病多发于老年人，患者会出现手脚震颤、肌肉僵硬、行动迟缓等典型症状。帕金森既与先天遗传因素有关，也与后天环境和病毒感染有关。帕金森患者脑部神经细胞大量损失，造成了神经系统无法控制肢体运动能力，影响了多巴胺的分泌，多伴随着抑郁等情绪症状出现。

经研究，科学家们已经发现了数个与帕金森有关的基因，如 α–突触核蛋白（α–synuclein，PARK1）。突触核蛋白是我们体内存在的正常蛋白，一旦 α–突触核蛋白基因发生突变，变异后的毒性 α–突触核蛋白喜欢聚集在一起，形成高分子聚合物，蛋白酶也拿它们没办法。而且，这种聚合物会对神经细胞产生毒性影响，使神经细胞大量死亡或失去活性，在大脑中形成淀粉样蛋白和空斑。

帕金森是神经退行性疾病家族中破坏力第二大的疾病，发病率更高的是阿尔茨海默病。约 1/4 帕金森患者会患上阿尔茨海默病。

朊病毒是变性蛋白家族中的一员，会这种绝技的蛋白也不止突触核蛋白这一种。导致阿尔茨海默病的变性蛋白为变异的 β 淀粉样蛋白，这种蛋白由位于 21 号染色体上的基因编码生成，朊病毒感染的病人脑内也会出现阿尔茨海默病斑块。但与朊病毒会让其他正常的朊蛋白变性不同，阿尔茨海默病多由遗传、外伤、衰老等复杂原因共同造成，β 淀粉样蛋白是否会传染这一点尚在研究中。

神经退行性疾病由变性蛋白导致，而蛋白变性或许也属于无奈之举。我们的身体里原本有一套行之有效的变性蛋白清除机制，能够防止这些变性蛋白聚集生事。但当身体机能发生变化，尤其是人类寿命大幅度延长后，衰老的组织已经无法自行清除这些变性蛋白时，这些蛋白就会在身体里沉淀下来，在大脑中形成斑块。日积月累，大脑正常区域被斑块侵蚀得如同干枯的核桃，到处是空洞，神经细胞大量死亡，大脑功能退化。我们之前讨论的克雅二氏病、库鲁病患者脑部空斑的形成，正是由于这种原因。

与库鲁病不同，致死性家族性失眠症是一种遗传病，不会传染。患者在发病的一两年内，就会因无法睡着、脑部被朊病毒蚕食而出现空洞，逐渐丧失意识后死亡。这是一种罕见病例，全球报告的病例数已逾 100 例，但确诊的病人几乎都会死亡。2004 年湖北协和医院确诊了我国第一例患者，河南也报道过确诊案例。

而来自美国的索尼娅·瓦拉巴（Sonia Vallabh），目睹其母亲在确诊患有致死性家族性失眠症一年后在痛苦中死亡，怀疑自己也携带了这种致病基因，忐忑不安地进行了基因检测。拿到结果一看，果然，她也有和母亲一样的朊蛋白基因突变，这意味着或早或晚，她也会死于这种令人痛苦的疾病。

既然基因技术能帮助她发现疾病，那么是否也能帮助她攻克疾病呢？索尼娅决定靠自己来改变命运。身为律师的她和身为城市规划师的丈夫辞掉了工作，全身心投入这种疾病的研究工作，并进入哈佛大学医学院攻读生物医学的博士学位。如今，他们正尝试研发一种药物，能让这种朊蛋白变异基因不表达，这样患者就不会发病。“我们知道前方充满着不确定，再多的努力，也不一定能带来治愈我的疗法，”索尼娅说道，“但我们还是会尝试一切所能做的。”毕竟每一件事都是史无前例的，直到有人去做它。

随着分子生物学的研究越来越深入，基因科技为治愈这种脑部顽疾带来了希望。

多年来，研究者们一直认为 β 淀粉样蛋白是导致阿尔茨海默病的原因，清除这种蛋白成了研究的主要方向。但自中国科研团队在病毒中发现朊病毒的踪影后，近两年有研究表明，阿尔茨海默病或许另有病因。科学家在研究疱疹病毒与阿尔茨海默病关系时发现，在阿尔茨海默病患者的大脑中，发现了疱疹病毒的身影，而感染疱疹病毒的人患阿尔茨海默病的风险是未感染这种病毒的人的 2.6 倍。

这让研究者有了新的猜测，而且支持者越来越多——会不会是一种微生物感染，导致了阿尔茨海默病？这听起来是盖杜谢克猜测的延续。研究者不断寻找新证据，试图证明这种理论。兼具免疫学家和企业家两重身份的莱斯利 · 诺林斯（Leslie Norins）提出，只要能找到微生物感染导致阿尔茨海默病的证据，就能获得他提供的 100 万美元的奖励。

既然是 β 淀粉样蛋白导致阿尔茨海默病，那淀粉样蛋白是怎么来的？有研究者推测，大脑感染病毒（如前文提到的疱疹病毒）后，淀粉样蛋白的出现正是为了对抗这些病毒，实验也证实了这一点，淀粉样蛋白和细菌、病毒同时存在于试管中时，微生物会被蛋白杀死。如果这个假设是真的，那我们可能错怪了这些蛋白，它们是保护我们大脑不被微生物感染的好蛋白，而不是故意导致阿尔茨海默病的坏蛋白。这些淀粉样蛋白究竟扮演的是什么角色？等待后续研究揭晓。

我们对大脑的理解程度有限，对于神经系统有关的疾病，我们一般没有办法治疗，而且这种病的致死率通常是 100%，比如朊病毒感染、狂犬病。在狂犬病方面，我们幸运地发明了疫苗，但至今没找到有效的治疗方法。而对于朊病毒感染，我们至今未能找到行之有效的疫苗，能做的也是少接触潜在传染源。如果微生物真的是导致阿尔茨海默病的原因，那也意味着，我们可以通过疫苗或药物来防治阿尔茨海默病。

既然变异后的朊蛋白这么难对付，那么有没有可能阻止它们抱团成大分子进而形成斑块呢？这是科学家研制药物的一种思路。抗过敏药物阿司咪唑曾在仓鼠实验中被验证能阻止朊蛋白聚集，但这一药物已因副作用而退出市场。

变性蛋白还能变回正常形态吗？或许通过药物的作用能实现。1997 年诺贝尔生理学或医学奖获得者普鲁西纳设想，我们可以制作一种药物，来防止朊蛋白变异，或者改变导致朊蛋白变异的基因，来预防它所导致的疾病。

所幸，朊病毒的传染能力有限，只要我们不吃病牛、病羊等动物的肉，也不要吃病人的大脑（我知道你不会），基本上是与朊病毒感染无缘的。神经退行性疾病则是我们真正需要担心的。世界卫生组织估计，2050 年，全球痴呆症患者数量将超过 1 亿，这种对大脑产生摧毁作用的疾病，可能是阻挡人类预期寿命进一步提高，甚至人类文明深度延续的最大挑战者。

科学家也在研究治疗阿尔茨海默病的相关药物。2019 年，我国原创的一款药物甘露特钠胶囊（代号 GV971）上市，走的是脑—肠轴的路线。研究发现，肠道微生物与大脑神经炎症有关，而神经炎症会导致大脑斑块形成，调节肠道微生物、改善微生物代谢产物后，能缓解大脑炎症，降低斑块沉积。基于这一策略，研究者发现从海藻中提取的活性分子 GV971 能改善阿尔茨海默病的轻、中度病症患者的认知能力，但业界对这一另辟蹊径的新药的临床试验过程及实际效果仍有争议。而 2021 年，FDA 批准了一款单克隆抗体药物 aducanumab，这种药物直接“叫醒”免疫系统来清理大脑中的斑块。虽然 FDA 也是在一片争议中批准该药上市，但这个批准是有条件的，要求研发方继续开展随机临床对照实验，根据实验效果决定是否需要撤销批准；而 2021 年的 12 月 17 日，欧洲药品管理局已拒绝该药在欧盟上市。药物研发之路困难重重，但科学家们仍在不断尝试，我们不妨耐心等待。

目前，我们最需要警惕的是朊病毒的跨物种传播，一旦这种蛋白质获得了轻松跨物种传播的能力，无药可医、致死率 100% 的这种脑部疾病将迅速摧毁人类对自身智能的自信，建造在人类智力、创造力、协作能力基础上的文明社会将迅速分崩离析。这是具有了强传播性的朊病毒可能带来的末日，也是现代医学要极力避免的未来。

朊病毒自白	
中文名：	朊病毒
英文名：	prion virus
“身份证”获得日期：	1730 年
籍贯：	蛋白质
身高体重：	250 个氨基酸组成，物质量仅为以核酸为遗传物质的最小病毒的 1%
住址：	人、牛、羊、鹿、水貂等哺乳动物
职业：	食脑者
自我介绍：	我是所有病原体中最特别的一个，我不是细菌、病毒、真菌、寄生虫中的任何一种，我就是一种蛋白质。我最爱待在大脑里，那里的神经细胞通过突触连接，我可以像玩跳棋游戏一样跳来跳去。我很喜欢和其他蛋白质玩击鼓传花的游戏，轮到谁，就把我这身本领传给谁。最后，那些原本分散各处的蛋白质都像我一样了，而且我们会聚在一起，虽然这会让那些神经细胞死亡。我知道人类很想知道为什么身为蛋白质的我们会传染，也总用各种实验来试图清除我们。可这正是我们的生存之道，对付我们的办法，就等着你们慢慢探索吧。

朊病毒漫画，绘制者：符美丽

艾滋病：

敌后武工队，

看你怎么对付我

尹哥导读

- 艾滋病出现在 20 世纪，但引起该病的人类免疫缺陷病毒（human immunodeficiency virus，HIV）早已存在于自然界，是从野生灵长类动物身上“跳跃”至人类身上的。
- 艾滋病可溯源至非洲，黑猩猩和猴子所携带的猴免疫缺陷病毒与 HIV 高度关联。HIV 这种逆转录病毒能欺骗人体免疫系统，截至本书成书之时，现有抗病毒药物无法完全清除这种病毒，只能起到遏制病毒繁殖的作用。
- 最初在美国暴发的艾滋病，因为没能及时控制而导致国际化传播。对传染源头的界定不清导致所谓的“零号病人”背锅，在后世备受诟病。
- 由于 HIV 病毒极其善于伪装和变异，目前没有长效的艾滋病疫苗。但人类并未因此而停止控制艾滋病的研究，在抗病毒药物上也有不少突破。当然，确实有一部分携带了 *CCR5* 基因突变的人类天然不易感，但也因此引发了医学奇迹和基因编辑丑闻。人类和艾滋病博弈的结果如何，还需耐心等待。

“自古暴力留不住，只有套路得人心。”20 世纪 80 年代，当埃博拉在非洲肆虐时，一种更“狡猾”的、更懂得人类免疫系统套路的疾病悄然出现在美洲，将世界搅了个天翻地覆。

与埃博拉的烈性不同，它静悄悄地来，潜伏许久，在不被了解的时候，无法让人心生防备。它从不以真面目示人，没有人的直接死因是它，但患病者的死亡肯定是它促成的。

这种疾病让人恐惧，也曾被忽视；它遭人鄙夷，也让世界恐慌。它的独特与破坏力让世人震惊，迟迟未能正确应对而酿成广泛传播的后果也让人类警醒。每当我们为拥有抗生素、疫苗等手段而放松警惕、志得意满之时，微生物就会给我们上一课。而获得这种教训的代价，人类显然难以承受。

被耽误的发现

20 世纪 60 年代末，美国刮起性解放运动的飓风。年轻男女们为性解放运动而狂欢不已。当时，多种抗生素已经被发现并广泛应用，曾经威胁生命的淋病和梅毒等性传播疾病有药可治，而口服避孕药物的发明又解除了人们放纵的后顾之忧。不少人以性自由为借口，尽情享乐，丝毫没有注意到潜在的风险已悄然来临。

20 世纪 70 年代，一群同性恋者发起了轰轰烈烈的民权运动，宣告同性恋自由，并用示威游行的方式争取自己的政治权利。为了造成影响，多数运动都在旧金山、洛杉矶、纽约等大城市举行，不少同性恋者为加入这场盛会而聚集在这几大城市里。

20 世纪 70 年代末，淋病病菌演化出了抗药性，与此同时，患有性病的人越来越多，不仅是欧美国家，亚非等大陆也是如此。而且由于亚非国家的公共卫生管理并不严格，性病传播泛滥不已，俨然成为严重的社会问题。

与此同时，有一个现象格外突出，那就是同性恋中性传播疾病的患者数量和疾病数量增长速度比异性恋多得多。溶组织阿米巴寄生虫病、甲肝、乙肝、淋病、梅毒等可经性途径传播的传染性疾病在同性恋中并不鲜见，且往往还不止一种。

这里要说明一下，上述传染病不仅通过性传播，还通过血液传播，并且吸毒、输血也是传播途径。那些在桥底、陋巷中偷偷购买毒品的人，往往就地轮流使用注射针头，病毒就此在不同人体中穿梭。因各种缘由进行有偿或无偿输献血活动的人，也在这种有创式的血液交流中，为身体引进了不能驾驭的感染源。

1980 年 10 月，美国洛杉矶开始陆续出现一些奇怪的病例，到 1981 年 5 月，已经有 5 位年轻人因患有卡氏肺囊虫肺炎（pneumocystis carinii pneumonia）而住院治疗，他们还有其他相同的症状，如口腔因感染念珠菌而长满了鹅口疮，以及巨细胞病毒感染。

一种通常只在免疫力极其低下的人身上才会发生的罕见真菌感染性疾病出现在年轻人身上，这在过去几乎没有发生过。而且，经检查，这些病人的 T 细胞数量少得可怜，尤其是 $CD4^{+}T$ 细胞，在部分人身上几乎完全找不到——这是免疫力极其低下的表现。更为离奇的是，卡氏肺囊虫肺炎并不是一种致命传染病，但这些感染卡氏肺囊虫肺炎的病人陆续死亡，究竟是什么摧毁了他们的免疫系统呢？

让医生大伤脑筋的事情接二连三地发生。1981 年 7 月，旧金山的医院里收治了一例卡波西氏肉瘤（Kaposi’s sarcoma）患者，他身上遍布的深紫色斑点，是这种罕见皮肤病的症状。通常，只有老年人才会患这种癌症，而且不是年年都有病例，但在纽约、旧金山、洛杉矶这样的大都市里，几个月间已经出现了数十位患者，都是看起来健康的年轻人。

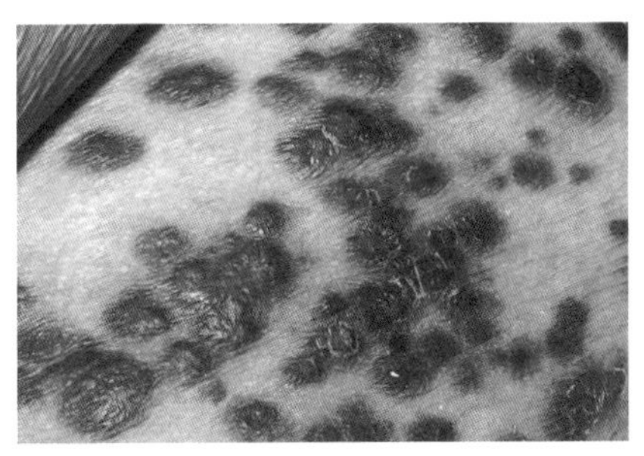

卡波西氏肉瘤图片，来源：维基百科

医生们对死者进行了尸体解剖，发现这些死去的人只是看起来健康，腹腔里的内脏器官已经全部感染，一片狼藉，成为各种真菌、细菌、病毒的狂欢之地。蹊跷的是，造成感染的病原体大都是正常人体内可能有的、并不会引发病症的微生物。

翻阅这些患者的背景资料后，医生们发现大部分人都是同性恋。于是，他们开始在同性恋、卡波西氏肉瘤和卡氏肺囊虫肺炎之间寻找共同点。经过调查和推导，研究者们得出结论，这是一种与同性恋行为有关的疾病，便将之命名为同性恋免疫缺损症（gay-related immune deficiency，GRID）。这些患者体内 $CD4^{+}T$ 细胞的数量都很少，而且往往拥有的性伴侣越多，$CD4^{+}T$ 细胞的数量就越少，相应病症也越重。

$CD4^{+}T$ 细胞在免疫系统中起着非常重要的作用，是免疫系统的一线指挥员。当面临病原体入侵时，它会进行识别，然后通知其他免疫细胞，如负责剿灭受感染细胞的 $CD8^{+}T$ 细胞、识别病原体的巨噬细胞、产生抗体的 B 淋巴细胞，集体围攻外来入侵者。一旦 $CD4^{+}T$

细胞数量减少，意味着免疫系统进入了无导航模式，对病原体视而不见，甚至会攻击人体组织，最终导致免疫系统的崩溃。

1981 年 6 月 5 日，发现这些病例的研究者，在美国《发病率与死亡率周刊》上发表了警示性的短文。有的医生向同性恋群体发出了警告，提倡的解决措施是普及安全套及同性恋性行为教育。这样的做法并没有引起广泛的重视，患者人数仍在持续上升。

Epidemiologic Notes and Reports

Pneumocystis Pneumonia --- Los Angeles

In the period October 1980-May 1981, 5 young men, all active homosexuals, were treated for biopsy-confirmed *Pneumocystis carinii* pneumonia at 3 different hospitals in Los Angeles, California. Two of the patients died. All 5 patients had laboratory-confirmed previous or current cytomegalovirus (CMV) infection and candidal mucosal infection. Case reports of these patients follow.

Patient 1: A previously healthy 33-year-old man developed *P. carinii* pneumonia and oral mucosal candidiasis in March 1981 after a 2-month history of fever associated with elevated liver enzymes, leukopenia, and CMV viruria. The serum complement-fixation CMV titer in October 1980 was 256; in may 1981 it was 32.* The patient's condition deteriorated despite courses of treatment with trimethoprim-sulfamethoxazole (TMP/SMX), pentamidine, and acyclovir. He died May 3, and

《发病率与死亡率周刊》上刊登的关于卡氏肺囊虫肺炎的警示文章

研究所遭遇的困境还体现在政府并未给予足够的重视。就在美国一线工作者为调查人群感染艾滋病情况而四处奔波时，以节约为宗旨的里根政府不仅迟迟未给这些志愿投入研究的科研工作者资金支持，甚至削减了不少研究部门的预算，包括艾滋病研究。尽管研究者再三强调这种传染病的危险性，但或许因为病例少，且被视为一种仅存在于同性恋群体的疾病，研究者们的要求并未受到重视。

一边是有前瞻性的科学家为这种传染病的患者数量快速增长而焦头烂额，一边是申请对这种疾病展开大范围调查的审批杳无音信。

1982 年 7 月，患病病例不断上升，范围不仅限于美国人，还出现在了海地人群中，包括移民美国的海地人和海地首都居民。科学界进行着各自为政的研究，他们对病因的推测各异，有的认为这是一种非洲猪瘟病毒感染了人的表现，有的说是肝炎疫苗被污染的原因，有的说与同性恋者的用药习惯有关……大多数研究者都固执地将疾病与同性恋紧密联系在了一起。

有人认为这是一种同性恋病毒而掉以轻心，有的因为这种疾病病例稀少而毫不在意，但越来越多的病例显示，这种疾病的传播范围正在扩大，越来越多无辜的人也因此死亡。婴幼儿因免疫缺陷而死亡的病例日渐增长，一些有固定伴侣的异性恋女性死于免疫缺陷所引发病症的状况越来越多，血友病患者死于艾滋病的数量也日益增多。显然，这种疾病并非同性恋者专属，其他人也有感染艾滋病的风险。

血友病患者的患病来源不难调查，与日常治疗中使用的一种 8 号凝血因子有关。在当时，血液制品的原料来源是民众自愿捐献或向民众有偿购买，生产过程中会过滤掉细菌，但却不会仔细检查这些血液中是否携带致病物质。什么致病微生物比细菌还小，能通过性、血液传播呢？有研究者开始猜测这是一种病毒。

20 世纪 80 年代末，世界许多国家都已出现艾滋病病例。到了 1982 年，研究者们终于承认，这不是同性恋患者所独有的疾病，这才将同性恋免疫缺损症的名称改为获得性免疫缺陷综合征（acquired immune–deficiency syndrome，AIDS）。

1984 年，确诊的艾滋病病例已有 7000 多例，其中 4000 多例死亡，那些未被发现的患者数量更多。眼看着形势越来越严峻，事情才有了转机。政府开始投入研究，拨给有限的资金支持。但这时候，美国国立卫生研究院和疾控中心之间仍在互相推卸责任。疾控中心开始将调查的目光转向非洲，认为疾病是从非洲传播而来的，要在非洲寻找答案。显然，这样“甩锅”的动机是带有地域歧视性的。这样的歧视在艾滋病的发现过程中并不鲜见，一种生理上的疾病被赋予各种令人侧目的内涵，不得不说是一种文明和良知的倒退。

污名化的疾病

在艾滋病暴发初期，认知片面的媒体和公众，甚至包括一些科学家，为艾滋病患者贴标签，并总结为“4H”：同性恋（homosexal）、吸毒者（heroin，海洛因）、海地人（Haitian）、血友病（hemophilia），将本来中性的疾病赋予了特殊的含义，从一开始“楼就歪了”。

“海地人”这一标签，明白无误地显示出地域歧视，种族成为艾滋病传播的标签。非洲发现病例后，欧美研究者便认为它来自非洲，甚至着重研究扎伊尔病例，将之视为可怕传染病的源头。非洲人则猜测这是一种阴谋，是美国人在非洲造出的病毒，再将之带回美洲。

在当时来看，虽然同性恋患者为自己争取到了一些话语权，但并非社会主流人群。这一点，在一线医务工作人员层层向上申请科研经费的时候，受到的拒绝中可窥一斑。可实际上，患者并不全是同性恋。

一个人走入牙医诊所看牙，却在数月后被告知感染了艾滋病毒，与他有相同症状的，还有 4 位同样在前段时间在同一诊所看过牙的人。经调查，这名牙医是艾滋病毒阳性感染者。

瑞恩·怀特，美国 13 岁男童，因输血感染艾滋病毒而患上艾滋病，从而遭受同学排挤，被家长联名要求学校禁止他入学，但他却能用一颗包容的心去看待自己的境遇，原谅歧视他的人。遗憾的是，6 年后，仅 18 岁的他便因病情恶化撒手人寰。

艾滋病患者中不乏吸毒的异性恋，以及生活自律的异性恋，还有在这场疾病传播中显得尤为无辜的白血病患者及婴幼儿。

任何人都会生病，任何病人都是人。对任何疾病贴上标签都是不科学也不人道的。当一种疾病被贴上这样那样的标签，似乎生病是一件咎由自取又羞于启齿的事。无论何种途径感染的艾滋病，患者往往被社会排斥在外。如苏珊·桑塔格在《疾病的隐喻》中所说，“把疾病妖魔化，就不可避免地发生这样的转变，即把错误归咎于患者，而不管患者本人是否被认为是疾病的牺牲品。牺牲品意味着无知。而无知，以支配一切人际关系词汇的那种无情逻辑来看，意味着犯罪”。

被贴上标签的同性恋者和海地人受到了来自社会的歧视，丢掉工作，流离失所，受社会排挤。即使专家告知大众拥抱和日常相处并不会传染艾滋病，人们也多选择对艾滋病人敬而远之，甚至有的专家公然宣称家庭日常接触会导致艾滋病传播，令公众恐慌。这种疾病迅速将患者从社会剥离开，让他们成为一座孤岛。无法治愈这一点也让患者心生绝望，非洲就出现过因患病而自杀的案例。

艾滋病被污名化的后果之一，是在社会压力下，患者不敢透露自己的病情，也不敢求医。甚至一些极端的患者，可能会出现报复社会的行为，比如，在明知道自己患病的情况下，仍然主动传播给其他人。

污名化艾滋病的诸多原因之一，是人们对这种疾病的恐惧。找到疾病源头，与之划清界限，是克服恐慌的解决办法。如果单从学术上考虑，溯源的做法有利于发现病毒来源，消除感染源以控制传染病。但研究者在溯源的过程中，却阴差阳错地闹了一次乌龙。

蒙冤的“零号病人”

1981 年，一位风流率性的法裔加拿大空少（航空公司男性空中乘务员）盖坦 · 杜加斯（Gaëtan Dugas）坐在他的皮肤科医生办公室里，与前来采访他的美国疾控中心的调查者侃侃而谈。据他回忆，十年来他曾有过逾 2500 位性伴侣，平均每年与 250 位男性有过亲密接触，并且提供了 72 位与他接触密切的人的名单。此时的他已感染了卡氏肺囊虫肺炎和卡波西氏肉瘤，但他并不在意，也不打算改变生活方式，这或许是当时大多数同性恋患者对待性传播疾病的态度。

盖坦 · 杜加斯照片

美国疾控中心的研究者之所以联系上杜加斯，是从另外的同性恋免疫缺损症患者那儿听说的。一群患病入院的同性恋不约而同地提到了曾与自己有过亲密关系的人中，就有这位空少。由于职业原因，他常在欧美飞来飞去，在各大城市的舞厅和公共浴场与不同的人约会，这让研究者想象出了一张疾病传播网络，并溯流而上，将杜加斯视为传播的源头，来推算疾病的发展状况。

在美国疾控中心的研究报告中，他们将杜加斯设定为“零号病人”，尽管后来报告作者解释，这里的“零”其实是字母 O 而非数字 0，代表着加州以外病例的意思（Outside of California）。但有记者拿到了杜加斯的照片，将他是“零号病人”的消息传了出去。一时间，民众都认识了同性恋者杜加斯，认定他就是将艾滋病毒带到美洲的第一人。从此，他的照片和姓名被到处传播，受到了不少人的轻视和诋毁。1984 年，31 岁的杜加斯因病去世，关于他是疾病源头的责问依旧没有消失。

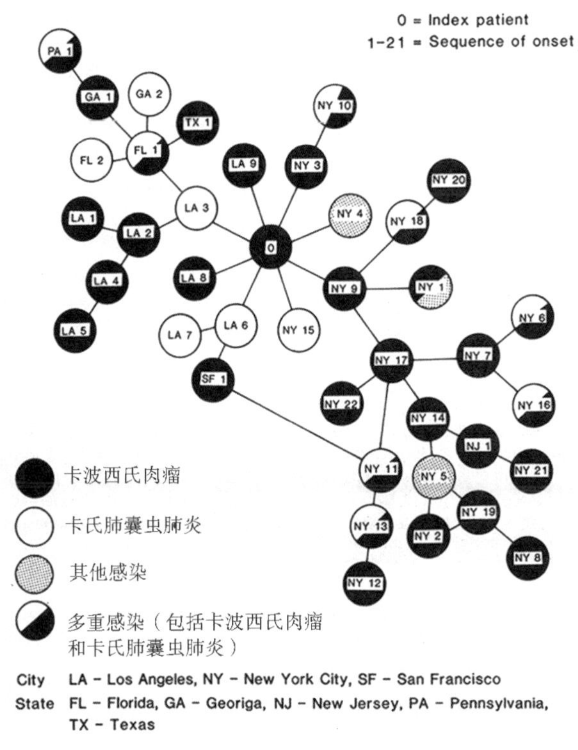

零号病人图示，来源：美国国立卫生研究院

NEW YORK POST

FINAL

Triggered 'gay cancer' epidemic in U.S.

THE MAN WHO GAVE US AIDS

STORY ON PAGE THREE

His love's safe after ordeal on icy peak

媒体将杜加斯描述成将艾滋病带到美洲的人，来源:《纽约邮报》

杜加斯的故事直到 2016 年才有了结局，基于基因检测技术，美国研究者在对一批 20 世纪 70 年代末期储存的血液样本进行检测时发现，这些样本中已经存在 HIV 了。经过分析发现，这些病毒的种类与杜加斯携带的 HIV 并不完全相同，从演化谱系来看，杜加斯所携带的 HIV 类型处于时间线的中段，这也意味着他绝不是美洲艾滋病的始作俑者，只是病毒开始传播后，其中一名感染者而已。

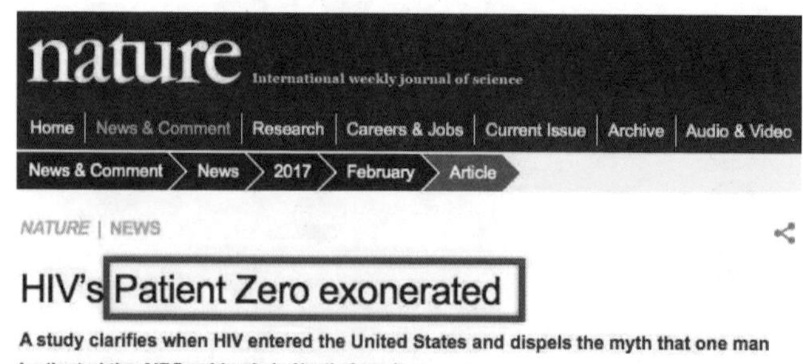

nature

International weekly journal of science

Home | News & Comment | Research | Careers & Jobs | Current Issue | Archive | Audio & Video

News & Comment > News > 2017 > February > Article

NATURE | NEWS

HIV's Patient Zero exonerated

A study clarifies when HIV entered the United States and dispels the myth that one man instigated the AIDS epidemic in North America.

发表在《自然》杂志上关于“零号病人”的澄清文章

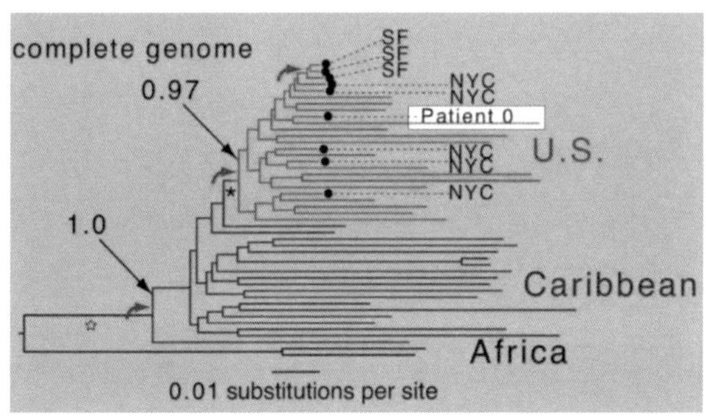

“零号病人”携带的 HIV 类型处于时间线的中段

真正的“零号病人”已经不可追溯。在塑造“零号病人”的过程中，学界、媒体、大众都应负有一定责任。如果一种疾病造成了全球传播与群体恐慌，那最大的责任来自监测、预警、防控措施的不及时，而绝非第一个患者不应该生病。

这种疾病究竟来源于哪儿？又为什么能给人体造成如此大的破坏？这些问题直到数年后才有了答案。

溯源艾滋病

从性取向来探索疾病成因的线索中断，科学家们终于开始从疾病本身来寻找病因。

血库的样本记录不全，与怕追究责任而人为损坏有关。有的研究者想到，既然这种病毒与非洲有关，那就从非洲着手，寻找病源。经过多番检验，研究者在金沙萨 1959 年的一份血液样本中，发现了与在欧美引发感染的艾滋病非常类似的病毒，而且，艾滋病毒最可能是某位患者于 20 世纪 70 年代带到美洲的。1977 年，丹麦女医生格雷特 · 拉斯克（Grethe Rask）因卡氏肺囊虫肺炎等感染性疾病而死亡，在这之前，她长期在非洲杨布库和金沙萨工作，自从患病后才回丹麦治疗。这说明，在 20 世纪 80 年代以前，欧洲就已出现艾滋病病例。2008 年，一篇发表在《自然》杂志上的文章再次引起大家关注，杂志登载了一项来自扎伊尔首都金沙萨的直接证据，证明艾滋病毒其实 1908 年前后就已经在人群中传播。

至于非洲的第一个病例出现于何时，尚未可知。非洲金沙萨公路也被称为艾滋病公路，就是从这里，艾滋病从热带雨林中走出，潜入了全世界。这条公路连通非洲与外界，每天都有许多卡车司机驾驶着重型卡车呼啸而过，同时这条公路也是性工作者不时出没的地方。交通网络发达，流动人口增多，不安全性行为频发，这些都是造成传染病暴发的因素。这并非要把艾滋病的传播全归结为性因素，血液传播、母婴传播也是其中的重要传播链条，只是在艾滋病暴发初期，性传播是最为突出的因素之一。

研究者推测，人类感染的艾滋病毒，是从非洲的黑猩猩或类似灵长类动物身上传播而来的。当地人缺少肉食，丛林动物成为稳定的蛋白质来源，包括黑猩猩在内的动物常被当地人捕猎。病毒可能是人类在处理这些动物尸体的时候，通过创口进入人体，在人体中发生变异，进而具备人传人的能力。在交通越来越便利之后，病毒随着宿主走出了非洲。

那么，这种病毒为何会突然在 20 世纪 80 年代开始暴发呢？有学者推测，这与当时如火如荼的公共卫生运动有关。为了预防多种传染性疾病，人们开始全球推广疫苗接种。这一活动不仅促使人员频繁流动，也让不安全的医疗方式传至多地。1976 年，扎伊尔暴发埃博拉时，不少病例就是由于医院用未经严格消毒的针头为不同病人打针而导致的。艾滋病在 20 世纪 80 年代的流行，与医院及吸毒者共用针头的状况也有关联。这种病毒究竟是如何在人体中搞破坏的呢？还得从它的结构和特性说起。

奇特的逆转录病毒

导致免疫缺陷的病毒，是一种逆转录病毒（retrovirus）。要了解这种病毒，首先需要理解生命中心法则。

如前文所述，生命中心法则是分子生物学的基石，克里克在发现 DNA 双螺旋结构的几年后，提出了这一重要理念。在他看来，DNA、RNA、蛋白质这三类生物大分子间的信息流动是有规律的，在绝大多数情况下，包含遗传信息的 DNA 转录为 RNA，RNA 翻译成蛋白质，但对于病毒这类以 RNA 为遗传物质的生物体来说，往往直接复制自己，或将 RNA 逆转录为 DNA，插入宿主细胞中，借由宿主细胞的生命活动来繁殖自己，后者被称为逆转录病毒。1975 年，美国科学家戴维·巴尔的摩（David Baltimore）、罗纳托·杜尔贝科（Renato Dulbecco）、霍华德·马丁·特明（Howard Martin Temin）共同获得诺贝尔生理学或医学奖，因为他们在研究肿瘤的过程中，确认了逆转录酶能将 RNA 反转录成 DNA。

逆转录病毒是一种特殊的存在，和一般病毒利用完就跑的破坏性不同，它们将自己与细胞捆绑在一起，完全依赖细胞的活性而存活。它们是 RNA 病毒，却具有双链结构，这在病毒家族中是极其罕见的。病毒中除了 RNA 链，还有逆转录酶和整合酶等蛋白质，所以它们具备了完备的自我复制和把自身整合到人类基因组的能力。其他 RNA 病毒更多是自我复制，而这货会通过自带的逆转录酶，以自己为模板，复制出双链 DNA，借由整合酶的帮助插入正在分裂的宿主DNA中，借助宿主自身的复制来搭车复制自己。但这种毫无章法的插入会让宿主原先的DNA发生改变，出现功能上的错误，一些疾病由此产生。更为夸张的是，艾滋病毒竟然优先把自己整合到人类细胞的“军队和警察”——免疫细胞内，从而实现了“开着军车、警车”在人体内招摇过市、畅行无阻，也为疫苗开发带来了巨大的挑战。

这些由外源性逆转录病毒内化而来的逆转录病毒称为内源性逆转录病毒（endogenous retroviruses，ERVs），从长期的角度看，这些病毒并非都是“坏人”。要知道，人体内约8%的DNA来自人内源性逆转录病毒（human endogenous retrovirus，HERV），它们最初被视为垃圾DNA，后来研究者才发现，这些藏在人体DNA里的病毒，在人类演化过程中起到了重要作用，尤其是插入生殖细胞的逆转录病毒，能随着生殖细胞的传递而跟随生命体一代代遗传下去，比如胎盘的形成与HERV–W这种内源性逆转录病毒合成的蛋白质“合胞素”有关，另一种内源性逆转录蛋白HERV–H能决定人类胚胎干细胞的多能性。这意味着，如果没有逆转录病毒，多细胞生物不会产生，人类也可能不会演化为现在的高等哺乳动物形态。

20世纪中期，便有研究者发现了逆转录病毒的存在。不过当时人们对逆转录病毒的理解仅限于它能导致猫白血病等恶性肿瘤，这样的局限性思维也困扰了部分顶尖科学家，包括美国国立癌症研究所的罗伯特·加洛（Robert Gallo），他执着地研究着逆转录病毒，并成功地在白血病患者身上分离出人逆转录病毒，他将其称为人T细胞白血病病毒（human T–cell leukemia virus，HTLV）。他一连发现了两种人逆转录病毒，分别命名为HTLV–Ⅰ和HTLV–Ⅱ。

巧合的是，1983年5月，当加洛在《科学》杂志上发表论文称HTLV–Ⅱ可能是艾滋病毒时，法国巴斯德研究所的吕克·蒙塔尼

（Luc Montagnier）也在同期杂志上宣布发现了艾滋病毒病原体，他将之命名为淋巴结病综合征相关病毒（lymphadenopathy-associated virus，LAV）。但应邀为蒙塔尼的文章写摘要的加洛，在摘要中将 LAV 归于 HTLV 家族，这让蒙塔尼非常恼怒，因此开始了长达几年的拉锯战，争论是谁先发现的艾滋病毒，谁又能享有专利带来的利益。第二年，加洛宣布发现艾滋病病原体 HTLV-Ⅲ。与此同时，美国加州医学院的杰伊·利维（Jay Levy）团队则发现 ARV（AIDS associated retrovirus）这种逆转录病毒与艾滋病有关。后来证实，这种病毒归于 LAV 阵营，与 LAV 非常相似，可能是处在不同变异阶段的同种病毒。

而后，就 LAV 和 HTLV-Ⅲ是否是同一种病毒、专利权归属的争论久久未停息。为了调和二者的矛盾，国际病毒分类学委员会和美法两国总统先后发声。前者将艾滋病毒重新命名为人类免疫缺陷病毒（human immunodeficiency virus，HIV），认可两国科学家的发现，后者宣布专利权归两位科学家共有。

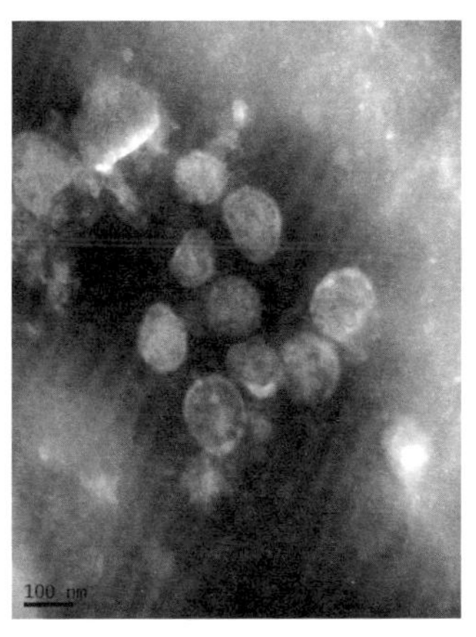

HIV 病毒电镜照片，拍摄者：宋敬东

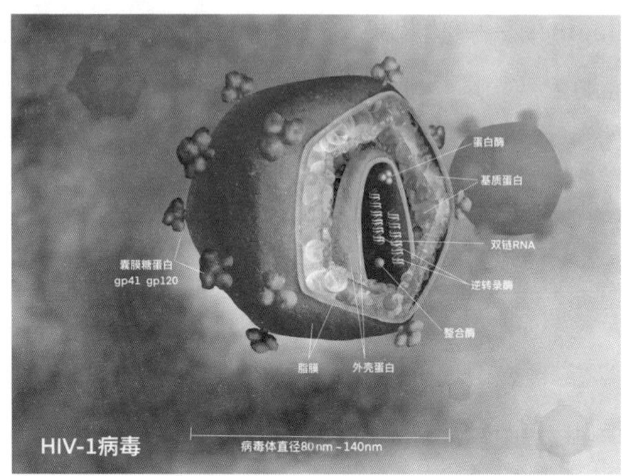

HIV 病毒图示，绘制者：符美丽

1990 年，有一位调查记者发表文章，表示加洛发现的 HTLV-Ⅲ其实就是 LAV，是加洛的样本中混进了 LAV 病毒。至此，关于 HIV 的争论有了答案，确定了病毒类型，诊断、药物和疫苗研发便有了方向。

值得一提的是，虽然加洛受癌症研究的思维影响，错失了发现真正的艾滋病毒的机会，但他成功地研制出艾滋病毒检测试剂盒，这让筛查艾滋病成为可能。

2018 年 5 月，尹哥拜访加洛并赠送华大测序仪模型

因为在早期病人肿大的淋巴结和晚期病人血液中发现了 LAV，证实了逆转录酶的存在，2008 年，法国病毒学家吕克·蒙塔尼和搭档弗朗索瓦丝·巴尔-西诺西（Françoise Barré-Sinoussi）获得了诺贝尔生理学或医学奖。

在确定 HIV 是艾滋病病原体的同时，研究者们也未停止从动物体内寻找病毒来源。巧合的是，1964 年，一些动物研究中心的亚洲猕猴出现非正常死亡现象，症状与艾滋病患者类似。在这些猴子体内，美国的研究者发现了猴免疫缺陷病毒（simian immunodeficiency virus，SIV），他们认为，亚洲猕猴是 SIV 的中间宿主。那么，这些猴子身上的病毒是从哪儿来的呢？

研究者们发现，亚洲猕猴身上的 SIV 来自非洲绿猴，30%~70% 的非洲绿猴身上携带 SIV，但并不发病，这说明病毒与非洲绿猴这种宿主之间的相处已经达成了某种平衡，也意味着这种病毒已经在非洲绿猴身上存在很久了。

问题又来了，SIV 与 HIV 之间有怎样的亲缘关系？从猴子身上寻找线索的科学家们，溯源到了人类的发源地——非洲。在取得更多样本，做了进一步研究后，研究者发现，在 SIV 和 HIV 之间，还有一种存在于人身上的病毒，与二者皆有关联，且相较而言与 SIV 更加相似。法国巴斯德研究所的蒙塔尼团队在一位非洲病人体内分离出了另一种 HIV，命名为 HIV-2。

HIV-2 基本仅存在于非洲（主要在西非），而 HIV-1 则是在全球范围造成广泛传播的病毒。通过基因检测，研究者发现，HIV-2 的来源是白顶白眉猴携带的 SIV，这种猴子有时会被非洲当地人作为宠物饲养，可能是在那时，SIV 病毒跳到了人的身上。从 SIV 到 HIV-2，至少经过了九次跃迁。

在全世界范围内造成大规模感染的 HIV–1 究竟来自哪儿呢？科学家们发现两只野生小黑猩猩身上携带的病毒与 HIV–1 相似度很高。黑猩猩身上的病毒又是从何而来的呢？研究者发现，黑猩猩有吃猴子的习惯，而非洲的红顶白眉猴和大白鼻长尾猴携带了猴免疫缺陷病毒，黑猩猩就从猴子身上感染了 SIV 病毒。不同的 SIV 病毒在黑猩猩体内发生基因重组，于是产生了能感染人的新病毒 HIV。SIV 经过四次跃迁，转化为 HIV–1。

随着研究的深入，科学家们破译了 HIV 家族的家谱。HIV–1 主要分成四组：M 组、N 组、O 组、P 组。其中，90% 的病例是由 M 组 HIV 引起的，而 M 组 HIV 可以溯源到喀麦隆黑猩猩所携带的 SIV 上。M 组病毒还能分为 10 个亚型，这个数字还可能由于不同亚型的病毒在人体内进行基因重组而上涨。O、P 两组 HIV 与喀麦隆大猩猩身上的 SIV 相似。HIV–2 则分为 A–H 组。

传播力最强的 M 组和 O 组 HIV 在 20 世纪初甚至更早时就已存在，可能是猎人与黑猩猩搏斗时感染，也可能是食客们被市场上流通的黑猩猩肉感染，再通过人口流动或黑猩猩肉的贸易带到其他地方。由于较为闭塞的环境限制，病毒并没有走出非洲。20 世纪 70 年代，在非洲工作的海地人将病毒带回国，而刚果独立后对白人的驱逐让他们将病毒带回了欧美，这些都造成了 HIV 的跨国传播。20 世纪 80 年代，这种善于传播的病毒顺着四通八达的交通网络，散播至全球各大城市。

HIV–1 是如何从黑猩猩身上跳到人身上的呢？在检测了以捕猎为生的中非俾格米和班图猎人后，研究者从他们的血液中发现了 SIV 的抗体，这意味着他们曾因猎食黑猩猩感染过猴免疫缺陷病毒。于是研究者推断，这种病毒在人体内演化成了 HIV–1，通过猎人的社交链条传播出去。

随着分子生物学的发展，20 世纪 80 年代，PCR 技术的应用让科学家们能在病毒样本很少的情况下，拼凑出病毒基因组的全貌。科学家们重新翻出死因与免疫缺陷有关的病人的血样，通过分析发现，早在 1959 年，刚果金沙萨的一名男性体内就已存在 HIV-1，并通过分子时钟方法，推算出这一病毒早在 1931 年就已存在。另一份 1960 年刚果妇女的样本检测将病毒存在的时间往前推，可能早在 1908 年，HIV-1 就已传播开来。

需要说明一下分子时钟法，这是一种评估物种演化时间的常用算法。每种病毒在特定选择压力下都有自己的突变速率，这也被视作病毒的分子时钟，通过比较不同的毒株所积累的突变，可以了解不同毒株出现的先后关系，包括是间隔了多久才出现的，如果其中一种毒株出现的时间能够确定，那也能相应推导出另一种毒株出现的时间。

导致艾滋病的逆转录病毒让研究人员大伤脑筋。它们比流感病毒更狡猾，比天花病毒更温和，比埃博拉更有耐心，将自己隐匿在人体中，压制着免疫系统，在人体中为所欲为。它们不会以激烈的方式来达到传播目的，可如果宿主合适，它们有足够的时间，比如在长达几十年的时间里，通过性传播、血液传播、母婴传播的方式，感染更多的人。

隐藏在人体中时，即使没有生存压力，艾滋病毒也会发生变化，这与它不稳定的结构有关。即使有双链，它仍是一种 RNA 病毒，在复制的过程中极不稳定，表面蛋白经常变异，这也是人体免疫系统无法及时地对所有变异的艾滋病毒产生抗体的原因。

自艾滋病毒的序列被解读以来，科学家们就开始尝试研制针对性的药物和疫苗，但都由于艾滋病毒的善变而没能找到一劳永逸的解决方法。但随着研究的不断深入，人们在预防和治疗艾滋病方面取得了一些进步。

艾滋病能治疗吗?

艾滋病有三大传播途径：性行为（精液、体液）、血液（吸毒、输血）、母婴（生育、母乳喂养）。除此之外，日常生活中并不容易传播艾滋病毒，如飞沫、蚊虫叮咬等都不会传播。因此，与艾滋病人拥抱、同桌吃饭都不会感染艾滋病。

吸毒者间可能存在共用注射器的情况，如果其中有人患有艾滋病，其他人就有感染风险。经常输血的人感染艾滋病的风险更高，如血友病患者。血液制品的收集和处理过程无法完全做到消除其中的艾滋病毒，这曾是供血体系中的隐患。

在感染艾滋病毒之后，会有一个窗口期，病毒在体内繁殖，数量不多，因此抗体也无法检测到。感染艾滋病毒的人在窗口期是具有传染性的，如果在这段时间里输血、发生性行为等，则可能发生病毒的传播。如果是医护人员，在有伤口的情况下，不慎接触到艾滋病患者的血液，则需要立即进行暴露后处理，降低感染风险。

通常，医生会根据病人体内 $CD4^{+}T$ 细胞的数量来判断艾滋病发展程度，因为进入人体后，艾滋病毒会首先攻击免疫系统家族的 $CD4^{+}T$ 细胞，检测患者 HIV 抗体或 $CD4^{+}T$ 细胞的数量即可发现异常。

需要说明的是，HIV 感染并不代表已经患有艾滋病。有的患者接触艾滋病毒后，在 2~4 周的窗口期即发病，出现急性感染症状。也有患者在感染病毒后长达数年的时间里并未表现出任何不适症状，成为危险的潜在传染源。在这段时间里，HIV就在人群中与免疫系统“捉迷藏”，CD4$^+$T细胞因病毒的寄生而大量死亡，免疫系统忙于补充，可一旦这种模式无法持续，即当无症状患者免疫力降低时，会出现疲劳、持续发烧、体重下降、淋巴结肿大等症状，继而出现并发症，进入艾滋病晚期。也有少数感染者无症状的时间极长，免疫系统能持续抑制病毒的复制，这种案例并不多。

当感染艾滋病毒后，免疫细胞遭到攻击，如果艾滋病毒打败了人体守卫者——CD4$^+$T细胞，就如同军队的前锋攻破了城堡的城门，更多病原体乘虚而入，患者出现诸多继发性感染，或是罹患恶性肿瘤。患者往往并非死于艾滋病本身，而是免疫系统无法正常工作后，其他并发疾病给身体带来的摧残。

针对艾滋病，学界有个观点“治疗即预防”，如果早期患者坚持服药，会抑制病毒的繁殖，保持免疫系统的平衡，并可将传染可能性降低96%。如果患者能坚持长期抗病毒治疗，则有可能将艾滋病变为一种慢性疾病，生活质量及寿命与正常人差异不大。

艾滋病刚暴发的时候，由于对它不够了解，面对病人时医生们往往束手无策，对症治疗的方法仅能暂时控制病情进程，但免疫系统全面崩溃的病人大多数往往只能走向死亡。在对艾滋病致病机理有了进一步了解后，市场上出现了一些治疗艾滋病的药物，比如抗病毒类和蛋白抑制类药物，这些药物并非作用于消除病毒，而是限制病毒的复制，为免疫系统争取时间。

1985年，第一种治疗艾滋病的药物齐多夫定（Azidothymidine，简称AZT）诞生，费用高昂。直到1987年，FDA才批准了这种药物用来治疗HIV感染。1992年，扎西他滨（Hivid）开始作为治疗艾滋病的药物，与AZT联合使用。1995年，首款蛋白酶抑制剂沙奎那韦经美国 FDA 批准上市，第二年，首款非核苷逆转录酶抑制剂奈韦拉平获批上市。

最初，药物治疗很有效，但慢慢地病毒开始耐药，患者又陷入无药可用的境地。

1996 年，美国艾伦·戴蒙德艾滋病研究中心首任科学研究主任和首席执行官何大一发明了一种治疗艾滋病的新方法。艾滋病毒不是变异速度很快而且容易对某种药物产生抗药性吗？那就试试将不同的药物组合起来，放在一个疗程里，就像我们用不同的酒调成一杯酒，这种高效抗逆转录病毒治疗（HAART）方法被形象地命名为“鸡尾酒疗法”，可供选择的药物越多，组合方案就越多。包括蛋白酶抑制剂及其他抗病毒药剂在内的三种以上不同的药物搭配在一起，在病人感染初期使用，提高药效的同时，降低病毒的耐药性突变。但每年治疗费用高达 1 万美元以上，将一些贫困患者挡在了门外。NBA（美国职业男子篮球联赛）史上最知名的球星之一——“魔术师”约翰逊则可能是鸡尾酒疗法的受益者。1991 年公布患有艾滋病的约翰逊至今仍健在，算起来已与艾滋病毒共存了 30 年。

随着新药的不断出现，鸡尾酒疗法药物组合的副作用变得更低，效果更长久，这对艾滋病治疗来说，是一个良性循环。鸡尾酒疗法能杀死 99.9% 的艾滋病毒，但要在感染病毒半年内接受治疗，而且疗程很长，要坚持三年。要保证疗效的话，需要坚持一天数次地间隔服药，对病人来说也是一大挑战。而且，这种方法并非所有病人都适用，也不能保证百分之百地消灭病毒。就算患者身体里已检测不到病毒，也不意味着它们不存在了，有的病毒会藏得更深，比如把自己放进淋巴细胞的基因组里，堂而皇之地在身体里游走还能不被发现。一旦免疫力下降，它们便会重新在人体内酝酿一次风暴。

华裔科学家何大一团队还研究出能为高风险者提供 3~4 个月防护期的药物 GSK744LA，虽然保护时效不长，但也能帮助一些人将病毒挡在人体之外。

由于艾滋病患者数量不断增长，每日多次服药的治疗方法导致患者依从性差，而且容易出现耐药性问题，不少药厂开始投入研究其他艾滋病药物，近几年出现了一些能长效抑制 HIV 的药物。比如，2018 年，我国自主研发出第一款艾滋病药物艾博韦泰，患者只需 1~2 周注射一次，就能长期抑制。2021 年初，FDA 首次批准一种 HIV–1 长效抑制方案上市，患者每个月接受一次名为 Cabenuva 的注射疗法，体内病毒即可被抑制。

电影《达拉斯买家俱乐部》《我不是药神》提出了一个有关仿制药的问题：专利权是否高于生命权？这个问题在鸡尾酒疗法出现后有了答案。

鸡尾酒疗法有效但价格高昂，一般人无法支付每年高达 1 万美元的治疗费用，因此它惠及的患者并不多。长此以往，这将导致健康不平等问题。为了降低治疗费用，巴西最先开始仿制这种药物，但被专利方告上了法庭。是人命重要还是专利权重要？法官的判决是生命更重要，于是，仿制药得到认可，专利药物的价格也有所下降，给了艾滋病患者更多的治疗选择。

为了让更广泛的 HIV 感染者得到治疗，进入 21 世纪后，2001 年，美国药品公司放弃了专利权，其他药品厂家能生产便宜的抗病毒药物，供非洲等地无力支付高昂医疗费用的居民服用。2004 年，第一种通用的 HIV 治疗药物在美国获批，降低了 HIV 感染者的治疗成本。

中国的艾滋病疫情防控开始于 1983 年，国外暴发疫情后，我国的研究者开始寻找艾滋病的踪迹。1985 年，我国大陆出现首例艾滋病死者。而我国官方第一次出现有关中国公民艾滋病毒阳性的报道是在 1986 年，是来自浙江省的 4 例血友病病人，他们因使用进口自美国的凝血因子而感染 HIV。1988 年，我国研制出艾滋病毒国产检测试剂盒，能以成本较低的方式进行艾滋病筛查。在这之后，1989 年，云南省又发现 146 例吸毒者感染 HIV。

因为有偿供血而导致 HIV 传播的案例出现在 1995 年，这之后国家出台了禁止有偿献血，并对无偿献血及血样检测做出了相关规定。1998 年 10 月 1 日，《献血法》正式施行，经血液传播的传染病得到极大控制。值得一提的是，华大基因创始人汪建在 1994 年归国后，即投入到了 HIV 抗体诊断试剂的开发中，并成功于 1995 年获得卫生部批准（当时国药局尚未成立，诊断试剂属药品管理），为中国控制艾滋病做出应有贡献。

新药证书　正本

编号：（95）卫药证字S一13号

吉比爱生物技术(北京)有限公司：

你单位研制的新药人类免疫缺陷病毒(HIV)1+2型抗体酶联免疫测定试剂盒根据《中华人民共和国药品管理法》，经审查，符合我部颁发的《新生物制品审批办法》的规定，特发此证。

中华人民共和国卫生部

一九九五年八月三日

汪建带领团队研制的 HIV 1+2 型抗体酶联免疫测定试剂盒证书

同年，我国启动了艾滋病监测工作，重点监测高危人群，如吸毒者、卡车司机、门诊性病案例、同性恋、献血者等。截至 2006 年，这样的监测点已有 393 个。

为了让更多艾滋病人接受治疗，我国不仅与进口药厂联系沟通降低药品售价，将进口药物如捷夫康纳入医保范畴，而且致力于研发国产药物来治疗艾滋病。这源自于何大一的善举——2002 年时，他将艾滋病疫苗制造专利转让给中国，仅收费 1 美元。我国于 2003 年 12 月推出“四免一关怀”政策，经济困难的艾滋病人不仅能免费获得药物，家人也能获得照料，如孩子免费入学，家属获得生活补助等。

艾滋病能被治愈吗?

迄今为止，医学界至少已有三例被治愈的艾滋病例，可能有侥幸的成分在里面，因为未在更多病人身上重现这一奇迹。

第一位被治愈的艾滋病患者是蒂莫西 · 雷 · 布朗（Timothy Ray Brown），他被称为“柏林病人”。他于 1995 年感染艾滋病，2006 年患上急性髓细胞白血病，2007 年接受了干细胞移植手术。当时，医生尝试在众多匹配的血液样本中寻找有 *CCR5* 基因突变的样本，这个突变的基因能阻止艾滋病毒进入免疫细胞。布朗的干细胞移植实验成功了，恢复期过后，他的身体里果然检测不到艾滋病毒的踪迹。尽管第二年他的白血病再次复发，他又接受了第二次干细胞移植手术，但从此之后他的身体状况一直很稳定。“柏林病人”的痊愈让人看到了治愈艾滋病的希望，但能骨髓匹配又恰好是 *CCR5* 基因突变的个体并非那么好找，“柏林病人”的成功可谓“孤证不立”。

直到 2019 年，又出现一例艾滋病治愈病例，患者于 2003 年感染艾滋病，2012 年确诊患上霍奇金淋巴瘤。医生想复制“柏林病人”的奇迹，庆幸的是，他们也找到了 *CCR5* 基因突变的骨髓样本。病人接受移植后，体内病毒没有再出现。这位不幸又幸运的患者被称为“伦敦病人”。

这两例成功治愈的艾滋病人，都受惠于有 *CCR5* 基因突变的骨髓样本，具体而言，是 *CCR5* delta32 基因纯合子突变（*CCR5* 基因少了 32 个碱基的突变），携带这种突变的人在一定程度上是对艾滋病免疫的。*CCR5* 是 C–C 趋化因子受体 5 型，这种受体容易被 HIV–1 病毒蛊惑，大开方便之门，让其进入免疫细胞中。但一种 delta32 突变的 *CCR5* 基因，能不理睬 HIV–1 病毒的“威逼利诱”，守住免疫细胞的入口，也因此能保护人体免受 HIV–1 的侵害。但要注意，HIV–1 进入免疫细胞的入口可不止 *CCR5* 这一种，艾滋病毒也不止 HIV–1 这一种，因此我们说，这两例痊愈的艾滋病人的成功实属偶然，成功经验很难推广复制。

令人惊喜的是，2022 年 2 月 15 日，又一例被治愈的“纽约病人”被报道。和前两名治愈者不同，这名“纽约病人”是首名女性移植治愈者，她在 2013 年被 HIV 感染后又于 2017 年被诊断出急性髓系白血病（AML），在干细胞移植 37 个月后停止了所有抗 HIV 药物，至今连续 14 个月没有在体内检测到 HIV 病毒。她所接受的干细胞移植，是一份“鸡尾酒干细胞”，分别来自她亲人的骨髓以及从血库获得的脐带血。其中的脐带血样本携带能带来 HIV 免疫力的 *CCR5* delta32 突变。

那么有没有人天生对艾滋病免疫呢？有的，为以上痊愈的艾滋病人提供骨髓的 *CCR5* 基因突变者，就不容易感染艾滋病。在欧洲，大约 10% 的人口携带 *CCR5* 基因突变，据推测该突变来自 14 世纪欧洲那一次大瘟疫中那些得了黑死病（鼠疫）却存活下来的人，也有假说认为这是对抗天花病毒而留下的痕迹。

携带这种突变的人并不多，于是有人开始思考，能不能制造出这样的人呢？这么想的人或许不少，但有一个人真这么做了——2018年，贺建奎突然公布，通过 CRISPR 基因编辑技术修改了 *CCR5* 基因的姐妹“露露”和“娜娜”诞生。世界舆论一片哗然，没有人为这项“创举”折服，有的只是震惊和谴责。这件事成为 2018 年学术界的一大丑闻，《自然》杂志曾刊文称贺建奎为“CRISPR rogue”，可见对其做法极不认同。

CRISPR 是一种广受欢迎的基因编辑技术，让科学家们能通过基因编辑的方式，人为地改写基因，这是一大科技创新。也正因为它新，科学界在使用时非常小心谨慎，有伦理共识，不得用于编辑人体生殖细胞，可贺建奎却冒天下之大不韪，引发了一片反对之声，自己也锒铛入狱。要知道，贺建奎绝不是最懂 CRISPR 技术的人，做法也没什么创新之处，而他在明知“脱靶”之后依然坚持让胚胎出生，这种冒险赌上的是人类的前途。

这么说并不是危言耸听，学界不建议将基因编辑技术应用于人体生殖细胞，就是因为这样做的后果是不可控的。CRISPR 技术虽好，却不是万无一失的，CRISPR 技术瞄准的是一小段核苷酸片段，但也可能发生“脱靶”情况，如果“认错”了这个小片段，则会对人体造成难以预料的影响。更差的情况是，肆意编辑人类生殖细胞基因的大门一旦打开，我们将无法控制其使用边界，可能给人类带来基因灾难。这种对生命伦理禁忌的明知故犯，已经不能称为科学研究，这是疯狂的冒险。科学探索是有边界的，生命伦理学就要求科学研究符合以下四项基本原则：行善原则、自主原则、不伤害原则、平等原则。为了避免这类不符合生命伦理要求的事件再次发生，2021 年 4 月，我国制定的《生物安全法》正式开始施行，以立法的方式对生物安全相关方面进行了约束，包括人类遗传资源与生物资源安全管理。

然而，对大多数人来说，艾滋病仍是无法治愈的传染病，多重耐药患者面临无药可医的境地。人们把希望再次寄托在了疫苗的研发上。

难产的艾滋病疫苗

鉴于艾滋病的传播方式已经明确，它的预防方式也相应明确。在生活中，拒绝不安全性行为、不吸毒、不共用针头、注意输血安全等做法，都能在一定程度上保护我们远离艾滋病的威胁。

有没有更为稳妥的预防方法，比如疫苗？

艾滋病暴发时，人类已经制造出了预防许多疾病的疫苗，因此，最初科学家们对研制艾滋病疫苗同样充满信心。但时至今日，仍没有长效的疫苗问世。

艾滋病毒的变异速度快得惊人。这种病毒有许多亚型，不同亚型会在人体内发生基因交换，而且即使没有其他亚型参与重组，艾滋病毒在人体内也能自我变异，这成为疫苗研发的难题。

最初，科学家研发疫苗走的是传统路径，仍是以毒攻毒的思想，试图刺激免疫系统对病毒的入侵做出反击，产生抗体，让人体有能力去清除病毒。但艾滋病毒与人类已研制出疫苗的其他病毒不同，它的目标就是搞垮免疫系统，很难通过少量病毒刺激的方式让免疫系统对抗病毒。因此，属于此类的 HIV 膜蛋白疫苗宣告失败。

接着，又有科学家想到，既然艾滋病毒能欺骗并破坏 T 细胞，那我们是否能给 T 细胞“撑腰”，用基因工程技术，改造某些病毒作为载体，重塑 T 细胞使之对艾滋病毒有杀伤能力呢？遗憾的是，基于腺病毒研发的载体疫苗不仅失败了，还可能给接种者带来感染 HIV 的风险。

接连的失败后，科学家从成功的鸡尾酒疗法中获得启发，能不能像鸡尾酒疗法那样，把几种疫苗联合起来使用，刺激人体对病毒产生抗体呢？这种尝试取得了一定效果，研制出的疫苗 RV144 显示出了 31% 的保护性。

显然，31% 的数值不足以对大人群产生有效的保护，研究者又根据少数艾滋病患者在患病数年后体内会出现广谱中和抗体的情况，借助分子生物学的相关技术，尝试研发诱导病人体内出现广谱中和抗体的疫苗，这种疫苗目前尚在研究中。

我国在艾滋病疫苗研究方面的进展可圈可点。早在 20 世纪 70 年代，中国农科院的沈荣显院士就已研发出同为慢病毒的马传染性贫血病毒疫苗（EIVA）。借鉴这一经验，我国早在 20 年前便开展了复制性载体病毒疫苗的研发历程，将我国独有的天花疫苗天坛株作为载体，研制了重组天坛株艾滋病疫苗（rTV），搭配 DNA 疫苗使用，形成 DNA/rTV 复合型艾滋病疫苗，向艾滋病挥出组合拳。这一疫苗的有效性目前正在经受Ⅱ期临床试验的检验。

我们能消除艾滋病吗？

时至今日，我们对艾滋病的了解，仍不足以促成长效药物和有效疫苗的研发，而我们对艾滋病的控制，远未让人看到消灭艾滋病的曙光。最为可怕的可能，艾滋病毒只是若干藏匿于动物中的病毒之一，等待人类提供的机会，完成跨种跃迁。这种能融入人类免疫系统的疾病，是瘟疫中最为恐怖的一种，顽固而懂得隐蔽，遇强则示弱，当免疫系统弱化时，又冒出头来，亮出温柔一刀。

艾滋病的流行，溯源至动物，但人类并非没有责任，而且也并非一国一地的责任。在自然界中存在了许久的艾滋病毒，为何在 20 世纪 80 年代突然成为世界范围的传染病？这与全球化的交通往来、人群性观念开放、防疫措施的不及时等因素都有关系。

艾滋病毒的出现，是大自然敲响的又一次警钟。无论是捕杀黑猩猩、贩卖野生动物，还是吸毒注射毒品、性传播疾病，抑或是出于防疫目的的医疗介入、共用注射器、现代化跨国贸易的增加、血液制品来源问题，都是在人类进入所谓的文明社会后，与病毒的主动接近。

要对抗艾滋病，需要所有人共同努力。

1986 年，世界卫生组织启动“艾滋病特别计划”。

1988 年，世界卫生组织将每年的 12 月 1 日设定为世界艾滋病日。

2014 年，联合国艾滋病规划署（UNAIDS）提出 2020 年实现 3 个 90% 的目标，即“90% 的感染者确诊，90% 的确诊感染者得到治疗，90% 接受治疗的感染者病毒得到抑制”，以及 2030 年消除艾滋病的终极目标。

2015 年 9 月，联合国大会通过《2030 年可持续发展议程》，其中包括 2030 年终结艾滋病的目标。

2016 年，联合国发表《关于艾滋病毒 / 艾滋病问题的政治宣言》，再次提出 2030 年终结艾滋病流行的总目标及 2020 年的若干小目标，如将每年新感染人数降低至 50 万人以下，每年死于艾滋病并发症的人数降低至 50 万人以下，消除歧视艾滋病患者及将这种疾病污名化的行为。

截至2019年，全球有3800万HIV感染者，2540万感染者得到治疗。这一年里，有170万新发感染病例，其中1/4新发病例为撒哈拉以南非洲地区的少女和年轻女性，69万人死于艾滋病相关疾病。在全球范围里，非洲地区仍是艾滋病援助的重点地区。而新冠疫情的到来，又使得大量艾滋病人得不到规范救治，可谓雪上加霜。

《逼近的瘟疫》一书的序言中提到，艾滋病给我们的教训是，"世界上任何地方的健康问题都会迅速成为对许多人或对所有人的健康威胁"。书中给出了建立"世界性的早期报警系统"的建议，来检测新旧传染性疾病的传播。

不难注意到如今各国在艾滋病防疫和治疗方面的差距，如果没有国际救援，非洲等艾滋病高发地区将陷入危机。即使在国际援助下，非洲等地的疫情现状也不容乐观。这背后是传统与文明的矛盾，卫生常识与社会行为的冲突，更深层次是贫困与疾病的困扰。援助非一朝一夕之功，疫苗和药物在短时间里可能也不会有跨越式的突破，通过宣传提高当地人的防疫意识、提升当地公共卫生水平是控制艾滋病传播的重要途径。

只有人们更有"爱"，才能携手共创没有"艾"的未来。

艾滋病毒的自白	
中文名:	人类免疫缺陷病毒
英文名:	human immunodeficiency virus, HIV
“身份证”获得日期:	1985 年
籍贯:	逆转录病毒科（retroviridae）慢病毒属（lentivirus）
身高体重:	双链 RNA，10000 个碱基对
住址:	人、黑猩猩、非洲绿猴等灵长类动物
职业:	诈骗犯
自我介绍:	我在人体中行走多年，最擅长的就是欺骗免疫系统。T 细胞上的 $CD4^+$ 受体虽然肩负重任，但非常好骗。等我进入细胞里面，就可以潜伏进免疫系统，不断产生后代，这些后代又会和我一样感染更多的细胞。虽然我在人体外的环境中非常脆弱，可一旦让我进入人体，就没那么容易请我出去了。即使你们人类发明了抑制我的药物，但它们并不能杀死我，顶多减缓我攻城略地的速度。我的目标是在人体中长期生活，并不想危及你们的生命，一些宿主的寿命与常人无异。虽然你们在不断想新办法，可要从人体中赶走我，你们还有很长的路要走啊。

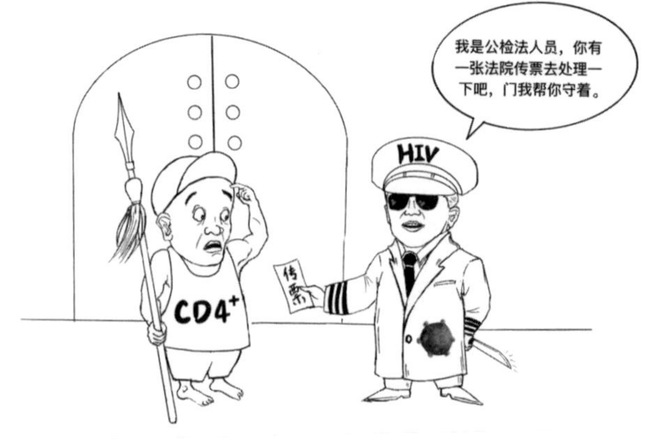

艾滋病漫画，绘制者：符美丽

非典：

我头戴王冠，

新世纪的下马威

尹哥导读

- 非典是 21 世纪的第一场全球性流行病，尹哥也是这场科技抗疫的亲历者。毕业工作不到一年就遇到这么大的事，真是毕生难忘。尹哥忘不了华大基因董事长汪建不顾个人安危带回阳性样本，也忘不了总工文洁带着我们在几乎没有防护措施的情况下处理病人样本……
- 非典来势汹汹，感染和致死人数虽然不多，但在现代医学条件下仍是一种极具威胁性的疾病。
- 从非典开始，研究者发现原本以为对人类威胁没那么大的冠状病毒，开始变得有很强的威胁性。
- 经过非典的考验，中国传染病防控体系和应急机制得到完善，这为以后禽流感、MERS 等疾病的防控打下了基础。
- 非典最早被发现于广东，所以滋生了其是“针对中国人的生物武器”的阴谋论，这种言论一直到本次新冠疫情全球蔓延之后方有止歇。

19 年前，一场席卷中国的传染病带来了前所未有的恐慌，一时人人自危。和看历史书上记载的瘟疫不同，切身经历过这场疫情的人，每每谈起来都心有余悸。这一名为 SARS 的传染病，在中国造成了 7748 人感染，829 人死亡，死亡率达 11%，其影响覆盖全球 30 多个国家和地区。

这场历时 8 个月的疫情攻坚，让人们稍稍为医学的发展而建立的信心开始动摇，也让一些疫情相关问题浮出水面。这是一场新的传染病考验，它告诉我们，与病原体的抗争永远不会结束，而且没有胜利方，我们都是局中人。

非典来袭

2002 年 12 月，一位高烧一周、咳嗽不止的广东河源籍病人住进了河源市人民医院，病情危重，紧急转院至广州军区总医院。在广州军区总医院治疗期间，河源出现了 11 例类似病例，都是与这位病人有过密切接触的人，其中 8 人是河源市人民医院的医护人员。幸运的是，经过十多天的治疗，这位病人康复出院了。这位河源病人其实只是被报告的第一例患者，后来发现，真正的第一例非典患者出现的时间更早，11 月 16 日就已在广东佛山就诊。

2003 年初，这种不明原因的疾病开始悄然流行，暂时局限于广东省内。前往医院就诊的患者表现出高热不退、呼吸困难、肺部严重感染等症状，而且具有很强的传染性，与病人密切接触的医护人员、家属通常都会被感染。病原体未知，无法对症治疗，多种抗生素药物都无效，患者病死率高于一般肺部感染性疾病患者。2003 年 1 月 21 日，广东省的呼吸科专家在中山会诊后，拟写了《省专家组关于中山市不明原因肺炎调查报告》，将此病命名为非典型肺炎，简称“非典”。这一不明原因、传染力极强的肺炎点燃了中国乃至全球长达 8 个月的抗疫历程。

肺炎一般指的是大叶性肺炎或支气管肺炎，是由肺炎链球菌等常见细菌引起的。而非典型肺炎指的是症状不那么明显、病原体不确定的肺炎。导致非典型肺炎的病原体可能是衣原体、支原体、军团菌、腺病毒等微生物，一般不致命。但这次非典的传染性很强，而且奇怪的是患者体内的白细胞不仅没有升高反而下降得厉害，使用抗生素治疗也没有效果。病例最先出现在广东，由于病因不明，汇报机制不清，疫情之初，这种传染病没太多人知道。但也因为病原体不明确，传染途径不确定，这一疾病的传播没有得到有效的防控，感染病例数量不断上升，逐渐蔓延到各大城市。

到了 2003 年 2 月，其他地区的医护人员对广东流行的非典略有耳闻，但根本不了解这一疾病的具体病况及所需的防护程度。2 月 11 日，广州市政府公布疫情，正式向全国宣告，这是一种“非典型肺炎”，但为了不引起社会恐慌，没有强调这种疾病具有很强的传染性。

2003 年 3 月 5 日，北京 301 医院出现第一例非典病例。随后，越来越多的病例出现在北京。5 月 7 日，北京非典病例超过了 2000 例。至疫情结束之时，国内已有 26 个省、市、自治区出现非典病例。

2003 年的春天已经到来，空气中却弥漫着一丝危险的气息。

全球警戒

在交通网络如此发达的现在，一场地方性传染病很轻易地便演变成了全球性的威胁。

2003年2月，在飞往香港的航班上，一位老年人看起来有些疲劳，年岁已高，还有些咳嗽，精神状态还好。他是广州一家医院的肾病科教授，这次去香港是为了参加亲戚的婚礼。到了香港的酒店，他放下行李，休息了一会儿，待有了些力气后出去逛了逛。但晚些时候回到酒店后，他感觉有些难以支撑，伴随着几声咳嗽，瘫坐在了沙发上。

休息了一晚上的老先生并没有感觉体力恢复，不适感更强烈了，开始发起高烧。一阵眩晕过后，他勉强支撑起身体，步行前往附近的医院。但在治疗多日后，老先生仍不幸身亡。这位老先生应该也没想到，他的这次旅行竟拉开了一场疫情的序幕。

几天后，全球的各个医院都收治了不少与老先生症状相似的病人，最开始倒下的那批人，不是与老先生同一航班，就是与老先生住在同一家酒店同一层楼或是行程与老先生有交集的人，仅酒店同层住客就有16人被感染。在后来的调查中，研究者发现，这家酒店的电梯、老先生房间外走廊上，都检出了这一病毒的痕迹。

这些携带病原体的人，大多是在香港短暂停留的旅客，他们乘坐航班飞到另一座城市时，如同播种般将病菌散发到世界各地。一名携带者就曾感染了同一航班的24名乘客及机组人员。很快，新加坡、加拿大、越南等国家陆续出现感染病例。

2003年2月28日，一名到过香港的美国商人，住进了越南河内的医院。无国界医生组织的传染病专家卡罗·乌尔巴尼（Carlo Urbani）发现，这不是寻常的肺炎，不是禽流感，而是一种新的病毒感染导致的疾病。美国商人最终病重不治身亡。卡罗将这一新的疾病情况汇报给了世卫组织，这位曾代表无国界医生组织获得诺贝尔和平奖提名的医生，积极参与救治，但因感染病毒在一个月后去世。临终之前他留下遗愿，将肺部组织捐出来，供科学研究使用。

2003 年 3 月，鉴于国外一些地区已经出现非典病例，世卫组织开始介入，将这一传染病定名为严重急性呼吸综合征（severe acute respiratory syndrome，SARS），并于 12 日发布 SARS 全球警报，将这种未知病因的传染病视作全球性的健康威胁。由于香港和广东的病例不断增加，世卫组织在 2003 年 4 月 2 日向全球发布警告，让大家暂时不要去中国香港和广东旅游。

SARS 通过飞沫传播，感染力强，人们与患者密切接触就有可能被传染。世界卫生组织估计，SARS 的基本传染数 R0 约为 3，即一名患者平均能感染 3 个人，实际上，有的轻症患者传染力较低，而一些超级传播者所影响的人数远不止于此。香港某小区 320 人感染 SARS，源头就是一个短暂停留的访客。

这种以攻击和阻塞肺部为特征的疾病，可以借助发达的交通，以极快的速度传遍全球，这也正是在现代科技高度发达的今天，传染病的威胁所在。如《逼近的瘟疫》一书中所总结的，“SARS 疫情预示着一个新时期——传染性致病微生物全球流行时期的到来”。

世界卫生组织统计，2002—2003 年，SARS 病毒在全球传播持续 8 个月，共计影响了包括中国在内的 32 个国家和地区，在 8422 例病例中，20% 的患者是医务人员。死于 SARS 病毒感染的共有 916 人，接近感染者数量的 11%。

病原体之谜

这场疫情究竟是由什么导致的？这个问题在疫情初期，学者们就开始关注了，广东省一线临床医生和北京相关研究所的研究者各执己见。

2003 年 1 月，广州呼吸疾病研究所和广东省疾病预防控制中心（下文简称疾控中心）就对病原体进行了排查，军团菌、支原体、病毒等都是排查的对象。但随着疫情迅速蔓延，研究者们意识到，这很可能是一种未知病毒。从已有病例的传播链条来看，医务人员的感染风险最大，而且后来感染的医护人员的病症呈现出越来越轻的状况，这也是病毒性肺炎的一个特点。

但国家疾控中心的判断与广东省一众专家的推论截然不同。2003 年 2 月，中国疾病预防控制中心病毒病预防控制所的病毒学专家在电子显微镜下观察到，死者肺部组织中存在衣原体，数量还很多。这一发现在很大程度上影响甚至决定了国内针对非典的治疗方案和预防路线。

衣原体感染可以治疗而且相对容易治愈，通过使用抗生素就可以有效控制，至少能起到减轻病症的作用。因此，当时几乎所有住院治疗的非典患者都采用大剂量抗生素治疗，但结果发现不仅无效，还对身体造成了伤害。针对这种情况，有人提出异议，如果病原体是衣原体，为什么抗生素治疗无效呢？反对者认为病原体可能是一种病毒，衣原体只是病毒打开人体免疫系统防线后乘虚而入的继发性感染。时任广州呼吸疾病研究所所长钟南山院士前往广州指挥非典防治工作，对病原体的认定公开提出了不同意见，认为这应该是一种未知病毒感染引发的疾病。

2003 年 3 月，这种疾病在香港的传播愈演愈烈。当时，禽流感是香港病毒学界研究和防范的主要传染病。香港大学公共卫生学院的裴伟士（Malik Peiris）和同事们最初判断是变种的禽流感病毒引发了此次传染病。这也代表了相当一部分研究者的观点，因为近几年禽流感在亚洲流行，当时香港正在暴发禽流感疫情，广东也有禽流感和猪流感的传播记录，研究者们大都密切关注，忧心是否又是一场禽类将病菌传染给猪，猪又传染给人，造成人流感传播的疫情，毕竟这在之前已有先例。

2003 年 3 月中旬，香港大学公共卫生学院的研究者从患者样本中初步分离出 SARS 病原体，经 SARS 患者的血清样本检验发现有抗体反应，而且晚期患者的抗体反应较早期患者的抗体反应强得多，这是确认病原体的方法之一。接下来，研究者将病原体的基因片段与国际 DNA 序列数据库 GenBank 中的数据进行比对，发现这是一种冠状病毒。同时期，香港中文大学等科研团队则宣称病原体是副黏液病毒，而广东呼吸科专家们在疫情早期就已经排除了这种可能性。

由于病原体迟迟未能确定，2003 年 3 月，在世界卫生组织的统筹下，全球有 13 个实验室参与病原体解析的工作；3 月 28 日，中国疾病预防控制中心病毒研究所和广东省疾病预防控制中心也参与其中。

国内亦有多个机构开始研究 SARS 病原体，中国军事医学科学院与华大基因展开了合作。华大基因针对中国军事医学科学院提供的 4 例样本立即开展测序，在 36 小时内完成 4 株病毒的基因组序列测定，并在 96 个小时内迅速研制出冠状病毒抗体检测酶免诊断试剂盒，成为全球首个研发出检测试剂盒的团队；两周后向全国防治非典型肺炎指挥部捐献 30 万人份的检测试剂盒，为抗击 SARS 做出了应有的贡献。

2003 年 4 月 12 日，加拿大温哥华不列颠哥伦比亚癌症研究所公布了 SARS 病毒的基因组序列。尽管中国军事医学科学院与华大基因团队已经争分夺秒地破译出 SARS 病毒基因组序列，可由于获得病毒株的时间太晚，还是晚了一步。16 日，荷兰科学家通过动物实验验证了这种冠状病毒就是导致此次疫情的元凶。至此，在疫情暴发 4 个月后，世界卫生组织将病原体确定为 SARS 冠状病毒（SARS-coronavirus，SARS-CoV）。SARS 病原体被解析后，治疗和预防措施才算走上正轨。

华大捐赠 30 万人份检测试剂盒

非典期间的尹哥，以及同事牟峰、陈唯军，如今又一起抗击新冠

一般来说，很少有冠状病毒引起如此严重肺炎的先例。1966 年，

加拿大安大略癌症研究所的琼·阿尔梅达（June Almeida）通过电子显微镜拍下了第一张冠状病毒的照片，这种病毒看起来像四周围绕着皇冠形状的芒刺，所以被命名为“冠状病毒”（Coronavirus，CoV）。在发现冠状病毒的几十年里，几种冠状病毒（HCoV–229E、HCoV–OC43、HCoV–NL63、HCoV–HKU1）都是苟且偷生型，也就是平时寄生，偶尔引发普通感冒，没成什么气候，因此并未受到研究者的重视。

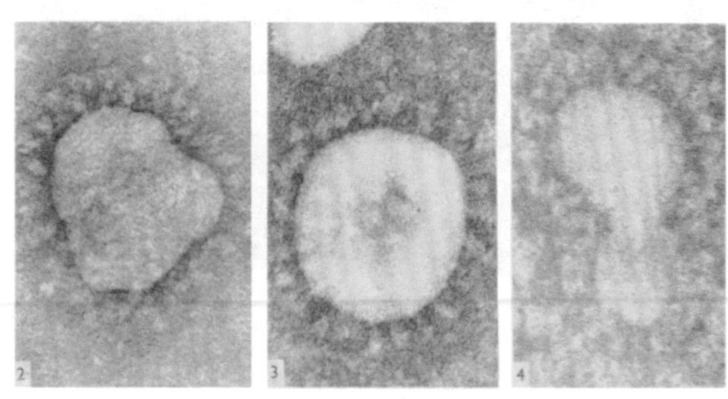

阿尔梅达用电子显微镜拍摄的第一张冠状病毒照片

来源：Almeida，J. D. Tyrrell，D. A. J. The morphology of three previously uncharacterized human respiratory viruses that grow in organ culture.[J]. *Journal of General Virology*，1967，1(2):175–178.

在破译 SARS 病原体的基因组后，研究者发现，这是一种从未见过的冠状病毒，为单股正链 RNA 结构，约有 3 万个碱基，是当时已知基因组最大的 RNA 病毒。SARS 病毒具有冠状病毒的典型特征，外膜由刺突蛋白 S（Spike protein）、膜蛋白 M（Membrane protein）和小衣壳蛋白 E（Envelope Protein）组成，血凝素糖蛋白只在少数病毒株上存在。其中，负责进入细胞的 S 蛋白和维持病毒稳定性的 M 蛋白经常变异，研发疫苗的进程被 SARS 病毒超强的变异能力所影响，进展缓慢。

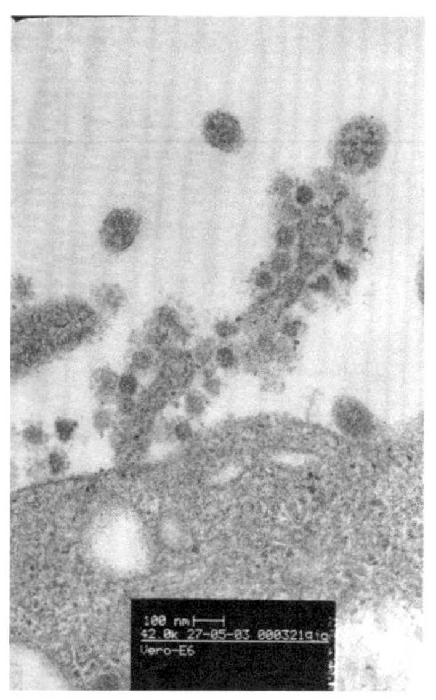

SARS-CoV 感染 vero 细胞切片，拍摄者：王健伟，洪涛

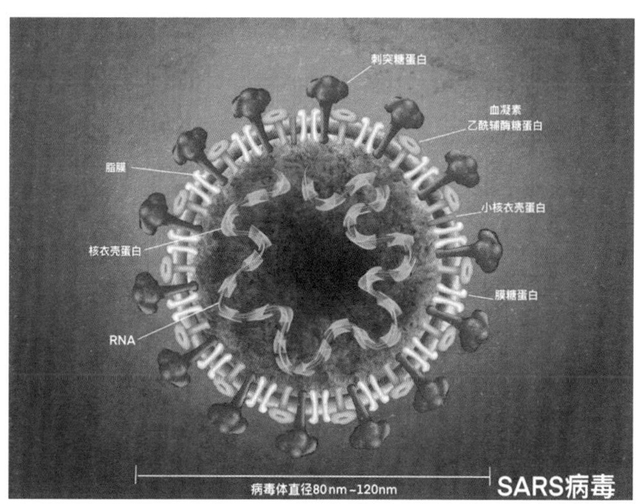

SARS 病毒示意图，绘制者：符美丽

SARS 病毒的存活能力较强，它离开人体后，在外界环境中能存活数小时至几天之久。进入人体后，潜伏期为 2~10 天。SARS 病毒

的传染多发生在疾病发作期，潜伏期和恢复期患者传染力不强。这种病毒既有无症状感染者，也有超强传播者，在发作期能影响数十至上百人。患者咳嗽时，呼吸道中的病毒就会被喷出体外，以气溶胶形式悬浮在空气中，等待被其他人吸入。所以，防护工作不仅是面对确诊病人时要做的，在病毒流行期间都应做好保护性工作，比如戴好口罩，勤通风以降低病毒浓度，减少感染可能。由于 SARS 病毒能在体外存活一段时间，因此，医护人员和亲属等需要近距离接触患者的人要格外注意防护，因为病人触摸的物品，身上的体液、排泄物等都可能具有传染性。

在疫情传播过程中，免疫力低下、患有基础性疾病的人比较容易受到传染，尤以老年人为主。因被感染而具有抗体的人则不容易被二次感染，也即对这种疾病有了免疫力。

在中国暴发的传染病，命名及病原体发现都不是由中国团队完成，这一度令国内医学界汗颜。还好在试剂盒研发和源头追踪上，中国科研团队做出了成绩。

蝙蝠还是果子狸？

病原体究竟是从哪儿来的？这是研究者们最想弄清楚的问题之一。SARS 病毒属于在人体中从未见过的一种冠状病毒，最早发病的几个患者里有厨师、海鲜商人，让人联想到病原体是不是与餐饮业有关。进一步溯源发现，在广东最初出现人感染病例的地点附近，有一些野生动物被当作野味出售，于是有人猜测，这种病毒可能来自野生动物。

香港大学公共卫生学院与深圳市疾控中心做了一次调研，对深圳东门农贸市场出售野味的商贩和摊位上的野生动物进行了检测。在这个农贸市场里，无论是从野外捕捉的还是人工饲养的野生动物，都挤在同一个笼子里，这些笼子挨着笼子，空气不流通，粪便无人收拾，在这样恶劣的环境中，不少动物生着病，等待着被宰杀。

研究者发现，从事野生动物营生的人中，部分人体内已具有 SARS 病毒抗体。研究者还在果子狸、貉和鼬獾体内发现了冠状病毒或对应抗体。其中，果子狸体内携带的冠状病毒与 SARS 病毒有 99.8% 的相似性，区别仅在于多了长度为 28 个碱基的基因片段，基本上能确定和人感染的冠状病毒是同源的。

但是，只有广东的果子狸才携带 SARS 病毒，其他地区的果子狸则没有，这就意味着果子狸只是中间宿主而非源头。人是通过果子狸而感染的 SARS 病毒，那么果子狸身上的病毒又是从哪儿来的呢？许多研究者开始把目光转向了蝙蝠，因为过往的病毒研究已经显示，具有特殊免疫系统的蝙蝠是多种病毒的自然宿主，这其中是否也包括 SARS 病毒呢？

2005 年，中国科学院武汉病毒研究所石正丽带领的国际团队发现从菊头蝠身上分离出的冠状病毒与 SARS 病毒类似，菊头蝠身上也存在冠状病毒的抗体，这说明菊头蝠是冠状病毒的宿主。虽然有一株病毒与 SARS 病毒的相似性达到 92%，但仍有不小的差异，人类所感染的冠状病毒只是菊头蝠体内冠状病毒的一个分支。该团队推测，这种蝙蝠是 SARS 样冠状病毒的自然宿主，但这些病毒与造成 2003 年 SARS 疫情的冠状病毒仍有差异。

2013 年，这一国际团队在中国云南一个洞穴里的蝙蝠中，分离出中华菊头蝠身上携带的冠状病毒与 SARS 病毒高度相似，因此提出 SARS 病毒的自然宿主是中华菊头蝠，之前被高度怀疑的果子狸是 SARS 病毒的中间宿主。

2017 年 12 月，石正丽团队在众多中华菊头蝠携带的冠状病毒中，分离出了 15 株 SARS 样冠状病毒菌株，发现 SARS 病毒中的所有基因都能在菊头蝠所携带的这些冠状病毒中找到，多次基因重组实验和比对结果显示，这 15 株病毒中的一些能通过基因重组构成 SARS 病毒的毒株，因此正式确认，中华菊头蝠就是 2003 年 SARS 病毒的自然宿主。

这意味着，与人接触甚少的蝙蝠，本身并没有直接将病毒传染给人，它们将病毒传给果子狸等中间宿主后，不同种类的病毒在果子狸体内发生了变异，在人与果子狸的长期接触中，变异后的病毒突破中间屏障，具备了传播给人的能力，成功地跃迁到了人的身上。果子狸属于国家二级野生保护动物，禁止养殖和食用，但在一些地区，被视为野味而端上餐桌，人工养殖的数量也不少。和许多野生动物一样，果子狸身上存在的病毒不少，SARS 病毒只是其中之一。

病毒溯源很难，从 SARS 疫情暴发到确定病毒来源，经过了 15 年的时间。之所以需要这么久才能发现原委，除了排查宿主进行大量采样工作，研究者们还花了大量精力研究一个关键基因——让 SARS 病毒能够进入人体细胞的基因，即与人体细胞受体蛋白 ACE2 结合的基因。冠状病毒进入人体细胞的路径与其他病毒类似，自身刺突蛋白 S 需要找到匹配的人体细胞，如同一把钥匙开一把锁，才能让病毒进入其中搞破坏。经过重组的冠状病毒配出了“正确的钥匙”，进而具备了感染人的能力，这是导致寄生在动物体内的病毒跨界传播的原因。

人类贪食“野味”，造成了病毒跨物种传播，绘制者：符美丽

SARS 的暴发，是又一例人对自然的打扰而被报复的例子。华中农业大学的陈焕春院士曾提到，78% 的人类新发传染病都能溯源自野生动物。要知道，微生物从野生动物身上跳到人类身上，不是野生动物的错，而是人类主动招惹的结果。人类主动打破了与野生动物之间原本明显的生存区域界限，甚至大量食用野生动物，给这些动物体内原本与人无关的病毒提供了变异的机会，人类因此遭到反噬。

一些喜欢尝鲜或是养生的人，将原本不在菜单上的野生动物当作食物；一些受利益驱动的人，将野味作为噱头，打造了捕捉、贩卖、加工野生动物的产业链。这些年，因食用野生动物而感染疾病的案例屡见不鲜，有人生食蛇胆导致颅内感染寄生虫，有人吃黑猩猩引发埃博拉病毒感染，有人吃果子狸感染 SARS，有人捕杀土拨鼠而感染鼠疫……为了健康，食用野味不应该成为一种时髦，而是要坚决杜绝的陋习。

不仅是食用，人类对野生动物的主动靠近，还包括饲养非家禽家畜动物，以及盛行的与野生动物亲密接触的旅游项目。比如毫无防护进入蝙蝠洞探险，在非洲大草原近距离接触动物甚至与动物亲吻，进入黑猩猩栖息地闲逛……这些看似刺激的体验活动，其实是与野生动物毫无必要的亲密接触，也是接近未知病原体的危险行为。而将一些野生动物当作宠物放在室内饲养的做法，也会对健康带来潜在的危险。

如今，国家早已颁布《野生动物保护法》，对一些珍稀动物进行保护。而像蝙蝠等未受到保护的动物，在 SARS 暴发后，也被禁止捕杀和售卖。但政策的颁布并未完全遏制这种畸形产业和饮食爱好，从动物而来的疾病注定将不断打破人类对医学能解决一切健康问题的幻想。

非典经验

21 世纪初的这场疫情，暴露了我国防疫体系的一些问题，也为后来的疫情防控积累了经验。

由于卫生水平的提高、疫苗接种的普及，传染病逐渐被忽视。在非典之前，我国公共卫生体系较为薄弱，在医生看来，传染病是边缘学科；在民众看来，传染病只与肺结核、流感等有关，离自己很远。非典的到来让人们措手不及，于 2002 年 1 月 23 日组建成立的中国疾病预防控制中心在这次疫情中备受考验。

从第一例非典病人被报告到广州市政府公布疫情，足足隔了近 3 个月的时间，这时春节已经接近尾声。随着春运的人潮，病毒乘着各种交通工具来到全国多地区，迅速扩散至全国多个省、市、自治区。在这几个月，人们毫无防备、无防护地在疫区进出，感染者与被感染者都不知情。在疫情暴发之初，这场未知的疾病让所有人都陷入了迷茫。医务人员只能凭经验进行常规化应对，没有人知道这种疾病有如此强的传染性和致死性。

当疫情在多个省市暴发时，某些官员在面对媒体时的措辞表现得过于乐观，称疫情已经被控制住，这对提高全民防范意识与医学交流等毫无益处。也因此，民间流传的谣言及抢购预防类药物的做法屡见不鲜。

2003 年 4 月 3 日，在一场面向世界的新闻发布会上，时任卫生部长表示，北京有 12 例感染，3 例死亡，疫情已经得到控制，在中国旅游、工作是安全的。但时任广州呼吸疾病研究所所长钟南山院士否认了“疫情得到控制”的说法。在他看来，只能说“遏制”，因为病原体未确认，感染人数在增加，防治手段不清楚，防疫工作是不完备的。而且，这个感染数据也受到了不少人的质疑，这些人除了一线医生，还有《时代》周刊驻北京的工作人员。4 月中旬，美国《时代》周刊曾以封面故事形式报道了这场疫情，指出了这次防疫信息发布不及时的问题。

正是有了这样振聋发聩的发问，及痛下狠手的公共卫生突发事件应急机制改革，才有了后面到位的禽流感防控、地震灾后疫情防控等工作。而这些进步，都是有代价的。

2003 年 4 月 20 日，卫生部长换帅，新任卫生部副部长公布北京已经确诊非典患者 339 例、疑似病人 402 例，疫情消息改为一日一报，真实的感染人数比之前报的多了 10 倍不止。当天，原卫生部长和北京市长被免职。当月，北京、广东、香港、台湾及部分海外地区被世界卫生组织定为非典疫区。

2003 年 4 月 20 日后，关于疫情的信息公布变得及时和透明起来。4 月 29 日，北京市共计有 2705 例非典病例，其中一半是确诊病例，一半是疑似病例，死亡患者有 66 人。

建一所新的医院来接纳更多非典病人成了当务之急，小汤山疗养院附近的空地被选作用来搭建临时非典医院。时间紧急，仅用了 7 天时间，一座 2.5 万平方米的小汤山医院拔地而起，900 名医护人员从全国陆续紧急调入，500 余间病房、1000 张床位收纳了全国 1/7 的非典病人。2003 年 5 月 1 日，小汤山医院正式开始接诊病人，直到 2003 年 6 月 20 日，最后的 18 名患者出院，这家仅运作 50 天的非典医院完成了使命，共计救治了 672 名非典患者，超过 98.8% 的人保住了生命。

2003 年 5 月，《突发公共卫生事件应急条例》出台，第二十一条规定“任何单位和个人对突发事件，不得隐瞒、缓报、谎报”，明确了对非典及后续疫情防控上报机制的要求。此外，基层医院的软硬件设施得到了改善，整个公共卫生体系得到了完善，多地建立起传染性疾病应急办公室，社区、医院、疾控中心之间的信息流通性提高。

非典过后，防大于治的观念逐渐被接受，各大医院开始设立专门的感染科，改变过去传染性病人都在门诊分诊后再建议转到专门医院的做法，减少传播可能性。我国开始建立更严密的传染病监控、上报机制，以及突发公共卫生事件的处理机制，这为后来的疫情防范提供了良好的基础。

此外，在病原体的判断上，最初我国专家做出病原体是衣原体的判断是不严谨的，在尸体上发现了衣原体，并不足以得出病原体是衣原体的结论。按照科赫法则的要求，从电子显微镜中看到了衣原体，只是迈出了确认病原体的第一步，后续还要分离病原体、在体外培养、经过动物实验确认能引发同样疾病且要在动物体内再次分离出这种病菌，才能确定这一病原体是致病因素。除了没有遵守科赫法则，这一结论也没有测序数据支持，没有经过血清学检验，这些都是判断病原体的辅助手段。

非典病原体溯源的过程，也让流行病研究者了解了追踪传染病传播渠道的新方法。比如在香港淘大花园的大型感染事件中，研究者通过下水道及浴室排风扇等蛛丝马迹推断出病原体通过粪口传播的路径，成功找到传染源头，遏制了疾病的进一步传播。

SARS 病原体被确认后，果子狸及其他 53 种动物一度被禁止在市场上售卖，但这样的禁令并没有保持多长时间，两个月后就取消了。

2003 年 6 月，中国大陆地区摘掉非典疫区的帽子。SARS 疫情一度得到抑制，在 7 月的时候基本已经没有新发病例。但在 12 月的时候，广州出现了新的病例，患者曾接触果子狸，这让果子狸的售卖问题又提上议程。广东省开始全面禁止果子狸的捕捉、饲养和交易，许多果子狸被消灭，但这真的是果子狸的错吗？

SARS 病毒的反扑看起来只是暂时性的，2004 年以后，似乎就销声匿迹了，再也没有流行过。但不少研究者仍绷着一根弦，仍在研究着 SARS 病毒及疫苗，防止它卷土重来。

社会影响

恐惧源于未知。非典高峰期，由于不知道具体的疫情状况，没有靠谱的科普信息，人们被流言左右，哄抢罗红霉素等抗生素、据说有预防作用的板蓝根、能杀菌消毒的白醋等物资，市面上这些商品一度断货，甚至被炒到很高的价格。板蓝根的价格涨到平时的 3~4 倍，白醋的价格涨到 10 倍甚至 100 倍，还供不应求。恐慌情绪一直在蔓延，从广东到内陆，各地都发生了抢购物资的风潮，不只是板蓝根、白醋，食品、日用品也被大量非理性囤积，许多超市的货架被扫荡一空。

基层医院传染性疾病收治能力有限，一些病人在无法得到有效治疗的情况下，纷纷转至大城市医院就诊，这种流动性不仅增加了病毒传播的危险性，还增加了大城市的医疗负担。患者越来越多，到了现有医院无法容纳的地步，一些不被收治的病人不惜隐瞒病情住进医院，还有一些人对自己的行程和是否接触过非典病人的问题并不坦诚，一些防护不到位的医护人员就可能被感染，而病人也会因为没得到及时和正确的诊断而延误治疗时机，误人误己。

有着 80 多年历史的北京大学人民医院，曾在非典期间被关停。这家三甲综合性医院，当时并没有感染科，也没有隔离病房能满足 SARS 病人的需要。当时天气乍暖还寒，流感高发，每天发热门诊都涌进来一批又一批求医的人，无法拒之门外，便在楼栋之间的天井搭建了一个面积不大的密闭空间，密密麻麻地挤进 27 张病床、25 张输液椅，所有发热病人都在这里输液。

不仅硬件条件不足，急诊科的医护人员也没有足够的防护设施，在病房里忙碌的医生和护士，只有简单的口罩和手术服，甚至口罩都时常没有新的，只好用蒸锅蒸煮后继续使用。在中央电视台《新闻报道》节目中，急诊科主任在回答主持人“你们靠什么防护”的问题时，他的答案是“我们靠精神防护”。这些医护人员和病人一起在密闭空间里，等待着痊愈，或是被病菌感染而倒下。

后来，北京大学人民医院改建了 3 个病房容纳 SARS 病人，但眼看着患者越来越多，医护人员一个个倒下，整个医院俨然成了一个 SARS 病菌集中营，情急之下只能将病人转院，并隔离整个医院。

在将近一个月的时间里，在这样简陋的条件下，北京大学人民医院共接待了 8363 名发热病人，发现 220 人感染 SARS，其中医护人员就有 93 人，急诊科感染的医护人员有 24 人，2 名医生因此牺牲。后来溯源发现，一名隐瞒接触史的 SARS 病人家属是人民医院确诊的第一例 SARS 患者。

医护人员在非典中表现出的无畏与奉献是令人感动的。在广东暴发疫情之时，钟南山院士主动请缨，将最严重的病人送到他工作的广州市呼吸疾病研究所来隔离治疗，2003 年 4 月时就有 14 名研究所的医护人员受到感染。给病人插呼吸机是医护人员最容易受到感染的环节，喉部的刺激让病人用力咳嗽，飞沫飞溅到近距离插管的医生、护士脸上，不少医护人员因此受到感染。

非典过程中，也出现了一些暖心事件。一位高考生所住的楼里有人因患非典去世，楼栋被封，但相关部门特意为她开辟了一个专属考场；患者出院时，向医生深深地鞠躬表示谢意；数月未见的夫妻、母子远距离深深凝望，庆祝母亲节和生日；患者需要插管治疗时，一位老医生挤开了年轻医生，主动承担这项极易被感染的任务；拾荒老人骑了 3 个小时的自行车赶往电视台，为抗击非典捐赠自己辛苦积攒的 1000 元；当北京物资紧缺时，各地纷纷集中援助物资，支援北京。

在疫情面前，有许多的不足带来伤痛，也总有温暖的人来抚平伤痕。

非典后遗症

非典疫情最终被扑灭，一些被救治成功的患者却开始了新的磨难。

全球报告的第一例病人虽然早已康复，但因为曾患过非典的缘故，遭到了歧视——媒体报道了他的姓名、照片、工作地点，有的人误解他，认为他是将非典带到当地的第一人，有的人则认为他还具有传染性，亲友避之不及，工作也丢了，身为大厨的他只能靠卖菜为生。他不明白，自己从 ICU 中死里逃生，面临的却是人生长达十年的困境。为了重拾正常生活，他改了名字，换了城市生活。在他的心里，最大的愿望便是像正常人一样安安静静地生活。和他有着一样期待的非典康复病人还有许多。

第二例上报的非典病人，患上了股骨头坏死的后遗症，生活不便，与人交往也遭遇歧视。当他拜访别人时，无论什么天气，对方往往会将窗户打开，仿佛他还有感染性，让他感觉格外别扭。

股骨头坏死症状不是个例。非典疫情过后，一些在疫情中幸存的病人出现了后遗症，比如股骨头缺血性坏死、骨质疏松、肝肾损伤、肺间质纤维化等。回溯根源，与接受大剂量的糖皮质激素治疗有关。为了从这种未知病毒手中抢夺生命，医生们运用了多种疗法，用大剂量皮质激素来治疗非典病人，这在当时是一种尝试。钟南山提出了这种激素治疗的方法，但有附加使用说明，即“三个合适”的原则——合适的病人、合适的时间、合适的剂量。每公斤体重使用 2~4 毫克，使用 2~3 周，但一些医院使用剂量甚至达到这个标准的 10~15 倍，导致了较高的股骨头坏死后遗症。

患有这种疾病的非典幸存者全身关节都变得脆弱，要通过股骨头置换术来保证行走的能力，但全身关节脆弱的问题无法解决，只能在生活上避免受伤。许多患者因病失去了经济来源，所幸一些患者得到了免费的救治，但这伴随终身的后遗症，让他们的一生都笼罩在非典的阴影里。

除此之外，在非典患者的治疗上，钟南山提倡“三早三合理”的原则——早诊断、早隔离、早治疗，合理使用皮质激素、合理使用呼吸机、合理治疗合并症。这也是广东省疫情发生得最早，但死亡率最低的原因。在合理治疗和合适用药的坚持下，广东省康复患者股骨头坏死的比例为 2.4%，远低于其他地区 30% 的幸存者股骨头坏死率。

非典不仅是对现代医学的挑衅，也对社会带来了不小的影响。疫情造成的人员流动减少，导致旅游业收入锐减、贸易受挫、股市动荡，这些都需要时间来重建和恢复。

除此之外，在非典病原体源自何处尚未明确之时，冒出了各种猜测，比如“非典病毒是西方国家针对华人研究的基因武器”的论调。这一阴谋论提到，非典病毒只感染华人，是西方国家针对华人特有基因量身定制的。很显然，这种说法是不成立的，从生物学上来说，即使是不同肤色的人，也同属于人这一物种，基因相似度高达 99.5% 或更高，目前并没有一种只针对某一地区居民的基因武器，而且非典病毒基因组破译后显示并没有人为编辑的痕迹。不过，时至今日，相信非典病毒是基因武器的人仍有不少。面对未知，被恐惧支配的人们就容易被阴谋论所左右，丧失理性思考能力，造成社会恐慌，这也是传染病的威胁性之一。

现在，SARS 事件逐渐淡出人们的视线，经过回忆的润色，2003 年的春天，在许多人的记忆里，除了满城口罩和消毒水的味道，其他和每年的春天也没有太大区别。但深藏在这种平静之下的，是随时可能出现的新型病原体和由此而来的社会问题。

在纪录片《非典十年祭》片尾，主持人说：“好像 SARS 病毒也并不那么可怕，但是我们也不要忘记，我们现在对它的所有已知，几乎都是以生命为代价换来的。”

深圳中心公园的抗击非典英雄群雕，拍摄者：马清滢

SARS 病毒的自白	
中文名：	SARS 冠状病毒
曾用名：	非典型肺炎病毒，非典病毒
英文名：	SARS-coronavirus，SARS-CoV
“身份证”获得日期：	2002 年 11 月
籍贯：	巢病毒目 (Nidovirales)，冠状病毒科 (Coronaviridae)，正冠状病毒亚科 (Orthocoronavirinae)，β 属 B 亚群冠状病毒
身高体重：	单股正链 RNA，30000 个碱基
住址：	人、蝙蝠、果子狸、蛇、猴子等脊椎动物
职业：	刺客
自我介绍：	我是冠状病毒家族第一个在人类中搞了大事情的成员，最大的爱好就是搞破坏。要不是我，我们这个家族都没什么人知道，人类只记住那些让他们害怕的成员，这不，我也让他们怕了一场，虽然只持续了几个月。我爱搞破坏，但也不是主动跑到人身上去的，是他们逼我的。真的，别不信，要不是他们那么贪吃，什么都吃，我在野生动物身上待得好好的，怎么有机会跑到他们身上？虽然他们抗住了我的这轮攻击，但等着吧，我先消停一阵子，找个机会再杀回来。

非典漫画，绘制者：符美丽

埃博拉：

丧尸真来了？不过是我在作祟

尹哥导读

- 在好莱坞，埃博拉作为丧尸感染的原型之一是个“流量明星”。但在病毒界，埃博拉实在不算一种很成功的病毒，如果病毒有智商，这大概是一种弱智病毒。它的致死率很强，往往在一个地区流行一段时间后，因为杀死了太多宿主没法继续传播而无奈退场。
- 这种病毒从非洲丛林进入部落，又从非洲部落通过现代交通工具扩散至欧美。在全球化背景下，没有国家能在传染病的威胁下独善其身。
- 埃博拉病毒大概率起源于非洲，共存于蝙蝠/灵长类动物体内。人类之所以会感染这种病毒，是因为人类持续打扰野生动物栖息地，所谓“搬起石头砸了自己的脚”。
- 埃博拉病毒感染性很强，活病毒需要在生物安全等级为四级的实验室中操作。科学家已经开发了一些有效的药物和疫苗，埃博拉病毒病逐渐变得可防可治。
- 至今，非洲仍不时暴发埃博拉疫情，这与当地的风俗习惯有关，改变当地人习惯与提供医疗帮助相比，前者更难。

病毒世界的生存策略多样，如果说流感病毒代表了高传播率、低致死率的一派，那么埃博拉则是截然相反的另一派。这种传染力极强的病毒，几乎是死亡的代名词，无论降临到谁的身上，都是一场噩梦。

最具戏剧性的是，这种强致命病毒源自人对生态环境的影响，是人类主动拥抱的一种野生病毒。

人类破坏环境，主动接近死神，绘制者：符美丽

恐怖故事

20 世纪中期，研究者们已经学会使用细胞来培养病毒，以制备疫苗。基于这一需求，非洲诞生了一门生意——出口猴子。非洲绿猴的猴肾细胞被选为制作多种疫苗的培养基，于是每隔一段时间，就有大批猴子从非洲乌干达运抵欧洲，德国就是目的地之一。

1967 年 8 月开始，德国陆续出现了一些奇怪的病例，患者最初表现出高烧、全身疼痛的症状，因为病症表现类似流感，所以他们多选择在家休息。可几天后，患者并没有好转，症状反而更严重了。他们开始呕吐、腹泻，眼球变红，脸上身上出现斑点，血检显示肝脏受损。随着病程的进展，患者看起来渐显木讷，有的性情大变。一些患者进医院后再也没能出来，他们出现了出血的症状，不仅五官出血，内脏也大量出血，连打针的针孔也在往外冒血——患者似乎丧失了凝血能力，甚至因为内脏出血及无法凝血而出现中风、肠坏死、脑梗阻等病症，最后不治而亡。

经调查发现，这些患者有个共性——大多数在马尔堡贝林工厂工作，还有几位在保罗·埃尔利希研究所和托尔拉克研究所工作，他们都接触过从非洲运抵德国的非洲绿猴。

陆陆续续，20 多个人倒下，7 人死亡，人们连这是一种什么病毒都不知道。几个月后，德国科学家金特·穆勒在注射了患者血液的实验小鼠血清中，发现了一种特别的病毒，它看起来与其他大多数病毒不一样，细细长长、弯弯曲曲，特定角度形状类似中国的如意。根据它的发现地，研究者们将它命名为马尔堡病毒（Marburg virus）。

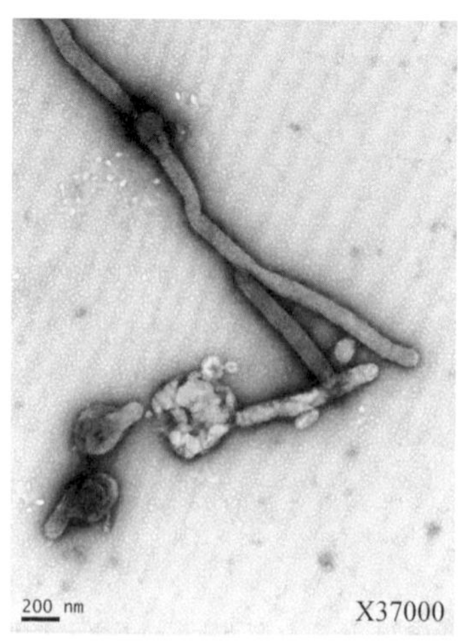

马尔堡病毒电镜照片，拍摄者：宋敬东

马尔堡病毒是人类发现的第一种丝状病毒，致死率为25%。这种病毒怎么会感染人呢？问题就出在检验检疫上。为了满足疫苗研制的需求，出现了贩卖猴子的生意，有人专门到非洲收购绿猴，配送给实验室人员。按理说，出口猴子之前，是要做检验检疫的，但据从事这项工作的兽医说，他们只是筛选出肉眼可见呈病态的猴子，并不会做进一步的检疫。而在利益面前，商人不愿放弃病猴，把它们集中放在一个小岛上，等它们自然恢复，日后再当作健康的猴子送到实验室去。在相对封闭的空间里，病猴间不知进行了多少轮病毒交换，演化出能传染人的病毒，只是时间早晚的问题。

马尔堡病毒的第一次露面，并没有吸引过多的注意力，人们仿佛并不担心这种病毒引发一场流行病，人们更担心的是，病毒是否污染了疫苗。时至今日，非洲绿猴的猴肾细胞仍是制造疫苗的选择之一。

时间在流逝，大自然似乎正在酝酿一场更大的风暴。

1976年6月，非洲苏丹恩扎拉一个棉花厂的工人突发疾病，高烧、呕吐、腹泻，全身酸痛，有的人还有吐血、便血症状。医务人员往往当作疟疾等热带常见疾病来诊治，毫无效果，连医护人员也被传染。几个月下来，苏丹的这场疫情一共出现了284个病患，151人死亡，致死率为53%。

同年8月底，同为非洲中部地区的扎伊尔（今非洲刚果民主共和国）杨布库暴发传染病。扎伊尔的这一疫情来势汹汹，比同期苏丹的疫情更为凶猛。康复的患者少之又少，发病症状更为惨烈：患者皮肤上的红斑和水疱混合，形状可怖，整个人意识丧失、毫无生机，仿佛已成为一具被操控的尸体，但又会在弥留时刻爆发出可怕的生命力——类似癫痫的症状会出现在临终患者身上，原本静若磐石的身体突然颤抖不已，体液飞溅，病原体仿佛知道宿主生命已到最后时刻，控制着还能动的人体展示着最后的疯狂，想要凭着这最后一搏，为自己寻找新的宿主。

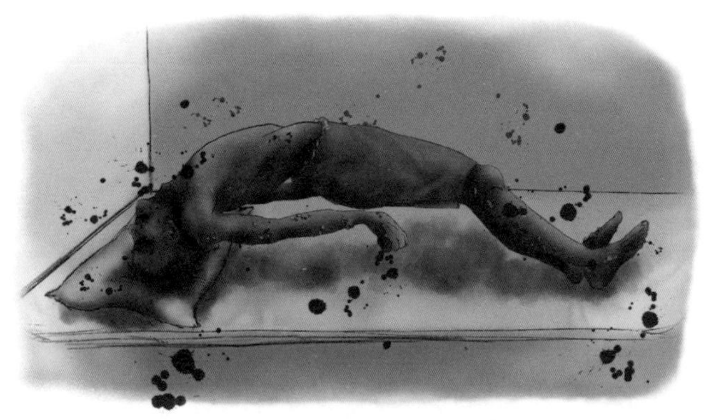

丧尸状的一刻，绘制者：符美丽

扎伊尔的这场疫情造成了 318 人患病，280 人死亡，致死率为 88%。这还不包括那些在家里、丛林中默默死去的病例，真实数据无法统计。这次疫情攻击了埃博拉沿河的 55 个村庄，人们以扎伊尔北部的埃博拉河将这一传染性疾病命名为“埃博拉出血热”（如今改称为“埃博拉病毒病”）。

1976 年的扎伊尔为何会出现如此恐怖的病毒？这个问题至今仍无确切答案。能追溯到的第一个死者是一位老师，他在发病前既接触过羚羊肉和猴子肉，也在一家教会医院接受过肌肉注射。究竟他是不是第一位扎伊尔埃博拉患者，我们不得而知。但那家每天用 5 支针头给几百人注射的医院，自从停止共用注射器后，感染者数量就开始减少。

为什么扎伊尔疫情死亡率比苏丹的高？后来研究者发现，导致两次疫情的病原体并不是同一种，他们将之命名为苏丹埃博拉病毒（Sudan ebolavirus，SUDV/SEBOV）和扎伊尔埃博拉病毒（Zaire ebolavirus，ZEBOV）。

究竟是什么生物将这一病毒传给人类呢？从感染者所在地区的环境来看，疫区靠近热带雨林，苏丹棉花厂里还发现了蝙蝠和啮齿动物的踪迹，可是却没有在这些动物体内发现类似病毒。会不会是猴子呢？研究者发现，和人类亲缘较近的灵长类动物同样容易受到埃博拉病毒的感染。既然猴子也会感染病毒死亡，那它就不可能是埃博拉病毒的自然宿主，只是暂时担任了中间宿主的角色。是什么生物将这种病毒传给猴子的呢？直到多年后，这个问题才有了答案。而在这段时间里，埃博拉病毒犹如丛林幽灵，悄无声息地出现，又默默地蛰伏在森林里，等着下一次出击。

1980年，肯尼亚西部，内罗毕医院，夏尔·莫内（化名）死亡，喷射出的血液感染了谢姆·穆索凯医生。经过救治，穆索凯医生得以幸存。据穆索凯医生回忆，在被埃博拉病毒夺去身体控制权之后，他完全不记得发生了什么，而他身边的医护人员观察到，感染后的他性情大变，大多数时候表情呆滞，偶尔会对身边的人恶言恶语。也许值得庆幸，除了穆索凯医生因近距离照看莫内被传染，医院无其他人感染这一疾病。也许更值得庆幸，莫内感染的是马尔堡病毒，穆索凯医生才能捡回一命。感染马尔堡病毒后的症状，与扎伊尔埃博拉病毒的感染症状相似，但后者的致死率比前者高得多。

后来，研究者发现，除了马尔堡、苏丹、扎伊尔这几种埃博拉病毒，埃博拉病毒家族还有新成员。

1989年，美国弗吉尼亚州一家名为雷斯顿灵长类动物检疫隔离中心的公司刚收到的一批实验用的食蟹猴陆续死亡，死因不明，它们的脾脏肿大坚硬，肠道也有出血的迹象。负责解剖的兽医以为这是猿猴出血热导致的，于是向这方面的专家求助，结果出人意料，这根本不是猿猴出血热病毒，在显微镜下看起来，这种病毒与埃博拉病毒很类似，研究者将之命名为雷斯顿埃博拉病毒（Reston ebolavirus，RESTV/REBOV）。这种病毒感染了毫无防备的实验室人员，庆幸的是没有人因为感染而死亡。更吊诡的是，一般认为埃博拉病毒很难通过空气传播，但似乎这个亚型是个例外，它能在同一个房间不同笼子中的猴子之间传播。这一段疫情也是著名美剧《血疫》的故事来源。

一直到 1996 年，雷斯顿病毒仍不时在欧洲暴发，所幸虽有人感染，但并无人员因此而亡。由于这些猴子是从菲律宾马尼拉附近的养殖场运来的，研究者们开始猜测，埃博拉到底是源自亚洲，还是源自非洲？通过进一步追溯，来自亚洲的实验动物还是能够溯源到非洲。

有记录的埃博拉病毒在黑猩猩与人之间传播的病例出现在 1994 年。这一年，科特迪瓦塔伊森林里，不少黑猩猩倒地而亡，症状与感染埃博拉病毒很相似。经检验，这些黑猩猩感染了埃博拉病毒。一名动物学家在解剖死亡的黑猩猩时受到感染，但并不致命。后续研究发现，黑猩猩有捕食疣猴的习惯，它们可能是从疣猴处感染了埃博拉病毒，这种埃博拉病毒被命名为科特迪瓦埃博拉病毒（Ivory Coast ebolavirus，ICEBOV），也被称为塔伊森林埃博拉病毒（Tai Forest ebolavirus，TAFV）。

2007 年 12 月，乌干达暴发埃博拉疫情，这是首次出现本迪布焦埃博拉病毒（Bundibugyo ebolavirus，BEBOV）感染，病例共计 149 例，37 人死亡，致死率为 24.8%。五年后，刚果（金）再度暴发本迪布焦埃博拉病毒导致的疫情，确诊 36 例，死亡 13 例，致死率为 36.1%。

受样本、工具和技术所限，关于埃博拉病毒的研究往往无法得出确切结论。在有限的认知里，这种病毒会攻击骨骼肌和骨骼以外的组织与器官，致使其全部沦陷，蛋白质被蚕食，留下空洞，皮肤被破坏，血管被摧毁，大脑被蚕食，人几乎丧失意识，像个能行动的木偶，身体被病毒占据，除了繁殖和传播病毒，再没有其他的意义。

至今，每种埃博拉病毒病的确切来源尚不明确，但据推测，埃博拉病毒之所以从丛林中跳跃到人身上，与人类和黑猩猩、大猩猩等丛林动物接触密切有关。在非洲当地，猎人以捕获动物贩卖或食用为生。病毒趁他们处理患病动物的尸体时，很可能通过损伤的皮肤进入身体，引发人体感染。在埃博拉病例中，医源性感染病例占了其中的一定比例，可能是治疗和护理病患的过程中防护不当导致感染。

迄今为止致死率最高的埃博拉病毒是扎伊尔埃博拉病毒，它也是对人类及丛林动物最大的威胁。自从 1976 年现身之后，时不时就会出现感染案例，最严重的一次暴发距今仅数年时间，而且首次走出了中非的地界，出现在西非。

2013 年 12 月，西非几内亚的一个边远小村庄里，一名 2 岁的男童在某蝙蝠洞玩耍后不久便死亡。几天后，家里人受到感染，也陆续死亡。死者症状很相似，发烧、呕吐、腹泻、便血，病程迅速，当地人根本无法区分这是一种什么疾病。

接着，从护理过这家人的护士开始，病毒从这个小村庄迅速传播出去。至 2014 年 3 月 22 日，几内亚已有 49 例病例，29 名患者死亡。

病毒迅速蔓延至邻国塞拉利昂、利比里亚和尼日利亚，至 2014 年 8 月 20 日，累计出现 2615 位患者，1427 人死亡，致死率达 55%。这一数字几乎与 2013 年以前有记录的埃博拉相关疫情感染者及死亡者人数总和相当，世界卫生组织也于 2014 年 8 月 8 日宣布将此次疫情提至最高警示等级，将之列为“国际关注的突发公共卫生事件”。这场疫情一直持续到 2016 年才渐渐平息。截至 2016 年 5 月 13 日，共计发现 28616 例感染者，11310 例死亡。

在这场与埃博拉病毒的对抗中，非洲缺乏有力的卫生系统，当地人对医务人员的误解与对传统的坚守，是让这场疫情持续一年多的原因之一。直到病情得到及时正确的判断，患者接受了国际援助组织的疫情防控建议，不再为躲避来自国际医疗队的救助而四处奔逃，疫情的传播链才逐渐中断。

对原本贫瘠的非洲来说，传染病无疑是雪上加霜，阻碍了发展。在《理性乐观派》一书中，作者马特·里德利提出，非洲是当代的悲观源头之一。这个孕育人类的沃土，成为现代文明的“包袱”——贫困、疾病成为非洲 10 亿人口的标签。非洲被认为是人类发源之地，如今却被贫困与疾病束缚了发展，难免令人唏嘘。

非洲的美和殇

1974 年，考古学家在埃塞俄比亚发现一具生活在 320 万年前的阿法种南方古猿化石，命名为露西。同样是在埃塞俄比亚，在露西发现地的附近，2019 年有研究显示，2016 年出土的一具湖畔南方古猿化石，被认定为已有 380 万年历史，这两种南方古猿曾在埃塞俄比亚一同生活了 10 万年。人类的祖先究竟是哪种古猿这个问题至今尚无定论，但非洲无疑是人类的摇篮。数百万年前古人类走出非洲的尝试，是如今繁荣社会的基础。

“非洲与其说是原始大陆，不如说是储藏基础和根本价值观的宝库；与其说是蛮荒之地，不如说是我们不熟悉的召唤。不管它用多么醒目的野蛮装点自己，那都不是它的本质。”“它不是一片充满变迁的土地，却有万千情绪。它并不无常，不仅照顾人类，也照顾着各类物种；它不仅哺育生活，还哺育着文明。非洲目睹过消亡，也目睹过新生，所以它可能意兴阑珊，可能不为所动，可能温情脉脉，也可能愤世嫉俗，一切都弥漫着因太多智慧而生的倦怠。”

1942 年出版的《夜航西飞》中，英国女飞行家柏瑞尔·马卡姆用细腻的笔触，描述了 20 世纪二三十年代，非洲这片野性与神秘的自然之地。她赞美自然的神奇、生命的力量，说“曾经，这个世界上没有机器、报纸、街道、钟表，而它依旧运转”，她认为在自然力量面前，人类显得无比渺小，也无法征服自然。

凯伦·布里克森在《走出非洲》中，记录了 20 世纪一二十年代在非洲度过的 18 年。她在恩贡山脚下经营咖啡种植园，在她眼中，非洲大陆“原野一望无际，你所看到的一切都有一种浩瀚、自由和无比高贵的色彩”。“你一旦置身山中，就会发现它十分辽阔、美丽而神秘，形态多种多样，既有狭长的谷地和低矮的树丛，也有苍翠的山坡和陡峭的悬崖。再往高处，在一座主峰下，甚至有一片竹林。”

如今，新闻所呈现给世界的非洲，除了广袤的草原、生命大迁徙的奇观，就是贫困饥饿的人民与间断性暴发的疾病。马卡姆记忆中人与自然和谐相处的非洲、那些动物的栖息地，如今被人类不断侵占。这在布里克森的记录中也早有端倪：“内罗毕的年轻生意人在星期天骑着他们的摩托车冲进山里，不管看见什么都放枪，我相信那些大动物们早已离开山林，穿过南方更远的灌木丛和石头地了。”

“在非洲生活，不打猎是活不下去的。”四岁起便生活在非洲的马卡姆说道，那是在20世纪初期，近100年过去了，猎食野生动物仍是一些非洲居民的日常。

在非洲的农贸市场上，常会看到野生动物的身影，它们不是困在笼子里，就是躺在案板上。龇牙咧嘴的猴子、蝙蝠，就那么被买卖着，无论买家或卖家，徒手挑拣，草绳一串便拎着回家，它们成为一家人补充蛋白质的大餐。即使是那些不会打猎的幼童，也常在蝙蝠出没的树洞、岩洞中探险，看是否能给自己找点零食。与野生动物的过密接触，埋下了疾病的隐患。

自1976年以来，大大小小的埃博拉病毒病疫情出现过近40次，大部分发生在非洲，少数病例出现在美国与欧洲，所幸未引起人际传播。2014年，埃博拉病例从中非传至西非，范围广、病例多，引起了国际社会的广泛关注。中国、美国、英国、法国等国家纷纷为非洲疫情国家提供医疗救援及物资救助，华大基因也配合中国医疗队，派出专业队伍，在塞拉利昂搭建了测序实验室以提供病毒基因组检测服务。同时，发达国家“御敌于国门之外”，美国、英国和法国均开始对来自疫区的入境人员进行筛查，以期阻止埃博拉病毒病进入本国。

从人类与病毒过招的历史来看，未知病毒对人类的影响将越来越大。我们即使侥幸留存了抵抗一些“过去时”病毒的能力，但“进行时”病毒也在不停地演化中，在人口密度如此大且流动性如此高的今天，如果一场高致命性和高传播力的病毒来袭，人类将面临严峻的生存危机。

华大在塞拉利昂的埃博拉测序实验室，右起：蓝志衡、陈城超、布莱克、朱章勇、王锐

全球威胁

从地球一端到另一端需要多久？答案是一天到两天，而且仍在加速。如今，你能乘飞机前往世界上几乎任何城市，现代交通网络日趋周密、发达。

但如果人能乘坐飞机前往世界上任何一个角落，那么理论上病毒亦如此。

埃博拉病毒的根源在非洲，发生过的疫情也多被及时遏制，但在现代化交通工具大幅度普及和全球化飞速发展的现代，并不存在自然隔离的独立地带，非洲问题与全球每一个国家都有关系。

面对埃博拉疫情，人们的反应不一。非疫区的人员或许认为，发生在边远非洲地区的几百例死亡病例，不需要过度反应。但了解这种病毒且有危机意识的人则会如临大敌，启动防疫机制，做好最坏的打算。

2014 年 3 月，在接到西非几内亚卫生部报告埃博拉病毒的消息时，世界卫生组织新闻发言人格雷戈尔·哈特尔认为这只是地方性灾难，尽管世卫组织非洲区域的工作人员强调埃博拉可能有传播至全球的风险，但日内瓦总部并未因此调高警报等级。几内亚卫生部也开始减少疑似病例的上报，看似患病人数减少，实则危险潜伏、如履薄冰。直到西非埃博拉感染者的外逃有可能进入欧美文明社会之后，世卫组织才开始重视非洲埃博拉疫情，将之上升为国际公共卫生紧急事件。对于疫情“自扫门前雪”，在地球村时代的背景下，再也行不通了。

远在非洲的埃博拉疫情，虽然每次出现的时间都不算长，波及的范围不算广，击倒的人数也没有其他传染病那么多，但并不意味着它在未来依然如此。要知道，本质上而言，“闹过事”的它虽然弱智到很快弄死宿主，但别忘了，它仍是极具“生存智慧”的病毒群体中的一员。一旦它的某个基因发生改变，比如可以通过呼吸道传播而潜伏期变长，那么它的传染力就会大幅度加强，这种原本致死率就极高的病毒，就可能替代天花成为杀人恶魔。谁又能肯定，如今埃博拉的小范围传播，不是病毒在跃迁至人这一宿主体内时的适应期呢？一旦它按照适合人体传播的途径改造自己，全球暴发只是时间问题。

国际援助在妇女儿童健康、教育、基础建设等方面给予支持，能在一定程度上提高非洲人民的生活质量，但要全面改善全体非洲人的生活水平，那些边远部落仍以采集打猎为谋生手段的非洲人民需要被格外关注，因为他们与疾病的距离，只隔着一片原始森林。

现实生活中，由于人类活动的影响，森林面积正在减少，非洲的原始森林也不例外。原本野生动物与人的居住区是泾渭分明的，但非洲当地人对野味的偏爱（或称之为依赖），伐木、采矿工人带着工具进入原本鲜有人烟的森林，挤占了动物的生存空间，让人类与野生动物有了更多的交集。工人们携家带口地生活在森林边缘，那些无家可归的动物与人类近在咫尺，原本避世而居的蝙蝠成为人类的邻居，原本藏匿在动物体内的病原体也趁机进入人体，传染病的火星可能就此点燃。

埃博拉，或许可以看作蝙蝠这种特殊而危险的动物不甘于被人驱赶、成为人类的盘中餐而发起的一次“报复”。

“蝠”兮祸所伏

蝙蝠会飞，但它不是鸟类，和人类一样，是哺乳动物中的一员，而且是唯一“真会飞”的哺乳动物（鼯鼠只是滑翔）。忽略那对大翅膀，它们的样子长得有点像啮齿类动物，种类超过1000种，大约占哺乳动物的1/5。按种类和数量来排序，属于翼手目的它们仅排在啮齿类哺乳动物之后。

在蝙蝠的世界里，是不以个头论英雄的。它们分为大蝙蝠亚目和小蝙蝠亚目两类，以狐蝠为例的大蝙蝠亚目多为素食者，吃花蜜和水果，而小蝙蝠亚目则以肉食和血液为主，有时还会吃其他蝙蝠，比较常见的吸血蝙蝠就属于此类。

吸血蝙蝠，来源：维基百科

蝙蝠这种动物百毒不侵、寿命绵长，这和它的生物性密不可分。蝙蝠常年“发烧”，因为飞行是一件极为耗费体力的事，飞行时蝙蝠体内新陈代谢水平往往被提升至静止时的数倍，心跳每分钟 1000 余次，体温也会升高，如同发烧的症状。这样的体温对常年飞行的蝙蝠来说是常态，只有久经考验的病毒才能在这样的温度下存活，所以不是所有病毒都能感染蝙蝠，而那些能感染蝙蝠的病毒，通常对其他哺乳动物来说是极具威胁性的。

通常来说，越高的新陈代谢水平意味着越频繁的细胞更新，而细胞更新次数是有限的，到了一定时机就会启动细胞凋亡机制，缩短生命体的寿命。蝙蝠却是个异类，它的新陈代谢很快，但相较于轻而小的体形，它的寿命简直长得过分，比如，体重只有 4~8 克的布氏鼠耳蝠的寿命长达 40 年。

为什么蝙蝠新陈代谢这么快，却没有因此而缩短寿命呢？因为它们的细胞演化出比一般哺乳动物多的更新次数，且较少出错，有较强的DNA修复能力，它们的免疫系统也会降低对外来病原体的攻击性，避免过度激活免疫系统，带来严重的炎症反应。相关研究发现，相对于其他哺乳动物来说，蝙蝠与炎症相关的基因 *NLPR3* 并不活跃，*PYHIN* 基因家族缺失，这些变异基因降低了蝙蝠在免疫系统受到刺激时所产生的炎症反应。*STING* 基因通常负责控制干扰素的分泌，研究发现，蝙蝠的 *STING* 基因蛋白出现变异，抑制干扰素的分泌，使自身的DNA损伤不会诱发蝙蝠的应激反应。这在其他哺乳动物身上并未发生。

除了宽以待己，蝙蝠还严以律“毒”。研究显示，蝙蝠为了适应飞行而演化出的免疫系统，虽然对DNA损伤不敏感，但对RNA入侵却有相当高的敏感度。它既能忍耐病毒的入侵，也能控制病毒的复制，使自身不出现临床反应。虽然蝙蝠看似为病毒开启了进入身体的方便之门，但当病原体进入生命体，开始侵入细胞时，受损细胞就会释放I型干扰素（interferon，IFN），提醒健康细胞合成抗病毒蛋白加以防范。

相较于人体免疫系统只在有病原入侵时才启动防御机制，蝙蝠的免疫系统则是24小时火力全开。病毒虽然进入了蝙蝠的身体，却无法打开细胞的大门，只能在体内蛰伏，随着蝙蝠的唾液、排泄物等传播出去。

对病毒来说，蝙蝠是一个“退可守”的城堡，更是一个“进可攻”的“军校”。没什么事的时候，安稳地繁衍和传播是病毒最爱做的事，徒劳无功地频繁搬家可非它们所愿。因此，SARS病毒、MERS病毒、埃博拉病毒、马尔堡病毒、尼帕病毒、亨德拉病毒、狂犬病毒、新冠肺炎病毒等一系列 RNA 病毒均以蝙蝠为自然宿主。但一旦有机会“出国旅游”（即传播给其他宿主），这些病毒就变得特别厉害。在蝙蝠的高体温和免疫系统的高压下，病毒生活得没那么恣意，但这也锤炼了它们的超强适应力。它们往往耐高温——宿主发烧也不怕；善于欺骗免疫系统——还有比蝙蝠的免疫系统更难搞定的吗？有研究显示，蝙蝠的免疫系统往往使病毒更快地复制，意味着这些病毒更具传播力和破坏力。

截至 2013 年，人们已经在蝙蝠体内检测到 137 种病毒，其中 61 种是人兽共患病毒。

在建立数据库分析 2800 多种哺乳动物与病毒的关系后，研究者发现，蝙蝠所携带的人畜共患病毒种类冠绝哺乳动物。

在独特免疫系统的支持下，蝙蝠成为“可以移动的病毒仓库”，有能力将病毒散播在任何地方，影响其他物种的生存。

由于病毒与人的居住环境是分开的，一般而言，蝙蝠不会直接感染人类，一些动物成为中间宿主，完成病毒从蝙蝠到人体的跃迁。作为食物链的一员，蝙蝠既会因被其他动物吞入腹中而传播疾病，也会通过咬伤、唾液传播、粪便传播等方式让其他动物携带病毒。比如，吃了蝙蝠咬过的果子的果子狸可能染上蝙蝠携带的病菌，以蝙蝠为食物的黑猩猩也有可能患上传染病。

但实际上，这并非蝙蝠所愿。蝙蝠不仅凭着会飞的能力避免与一众哺乳动物竞争捕食场所，而且并不喜爱社交生活，孤傲地居住于深山老林，如果别人不打扰，它们绝不主动靠近。

如果你走进一个幽暗的洞穴，看到洞顶及墙壁上倒挂着层层叠叠的蝙蝠，不要惊讶，这是喜好群居的蝙蝠的日常，它们可能属于不同种类，常年混居在一起。这些蝙蝠藏身的洞穴犹如一个市场，蝙蝠作为摊主，交换着体内的病毒。这时蝙蝠又化身为病毒试炼器，那些无法影响蝙蝠的病毒，经历高温高压的锻炼且有机会基因重组，如同打怪升级般越来越具威胁性。

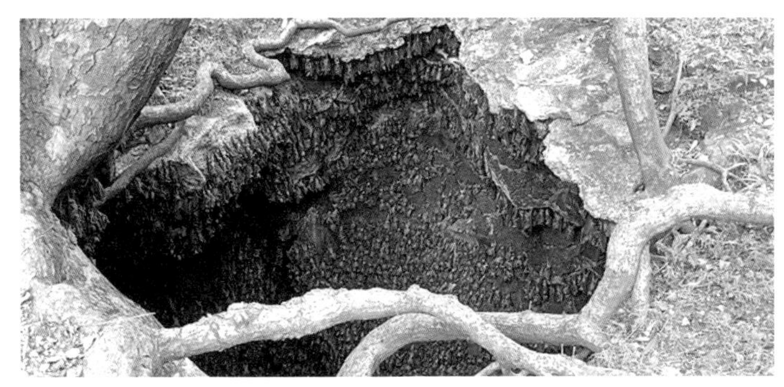

挂在墙壁洞顶的蝙蝠，来源：维基百科

既然蝙蝠这么危险，那么与禽流感中大范围灭鸡的做法类似，消灭蝙蝠是否可行呢？答案是否定的。蝙蝠是一种益兽，它消灭危害农作物的害虫以及传播病菌的蚊子，是生态系统中不可缺少的一环。如今，气候变化已经影响了蝙蝠的迁徙时间及生存环境，其数量一度锐减，影响了农作物的收成。也有研究显示，如果大肆捕杀蝙蝠，会影响留存的蝙蝠的免疫系统，它们出于生存压力会在唾液、排泄物中留下更多的病毒。

蝙蝠在中国主要具有象征意义，谐音“福”，成为祝福的代名词。古人根据蝙蝠昼伏夜出的特性，推测它的粪便能“明目”，中药“夜明砂”应运而生。如今人们出于猎奇心理，发掘野味作为食物，让蝙蝠从洞穴走上餐桌，也会让疾病有机会从动物身上传播至人类群体。正是这种打破生态平衡的做法，让病毒有机会来到人群中间。研究发现，果蝠和食虫蝠是埃博拉病毒和马尔堡病毒的储存宿主。

埃博拉病毒影响的物种，不只蝙蝠、黑猩猩、大猩猩等，还有与我们接触密切的家畜。2008 年，研究者在菲律宾养猪场的猪身上检测出雷斯顿埃博拉病毒。2011 年，中国在猪脾脏样本中检出雷斯顿埃博拉病毒基因。2012 年，中国科学家从 32 只蝙蝠身上检测到了雷斯顿埃博拉病毒。可见，埃博拉病毒病并非囿于非洲的地域性疾病。

对森林灵长类动物（尤其是猿类）的非正常死亡建立预警机制，对包括其排泄物在内的环境样本的监测，是预防埃博拉病毒的重要措施。

基因解码

作为病毒中的一员，埃博拉病毒已经在地球上存在许久了，但我们对它的了解，不过只有几十年的时间。

为了解开埃博拉病毒的谜题，研究者们费了一番苦心。

研究者对非洲一些地区的健康人的血样进行了分析，发现一些人具有埃博拉病毒抗体，而且居住在丛林附近的居民抗体携带率高于其他地区居民。

研究者发现，埃博拉病毒属于丝状病毒科，在电镜下看起来有时候像一个“如意”，只有一条负链 RNA、7 种蛋白质，基因组大小为 19000 个碱基。这 7 种蛋白质在病毒的入侵、复制、繁殖、传播等过程中各自扮演着重要的角色。有的蛋白协助病毒进入细胞，有的负责抑制宿主的免疫系统，有的帮助病毒复制和装配，各司其职、配合默契。

丝状病毒科下有三个属：埃博拉、马尔堡和奎瓦（Cuevavirus，包括 2010 年确定的 Lloviu 病毒，2011 年在西班牙长翼蝠中发现，与埃博拉丝状病毒差异较大）。埃博拉属下有 6 个亚种——扎伊尔埃博拉病毒（1976 年，70%~90% 致死率）、苏丹埃博拉病毒（1976 年，50% 致死率）、雷斯顿埃博拉病毒（1989 年发现）、塔伊森林埃博拉病毒（1994 年，仅一例，致死率不明）、本迪布焦埃博拉病毒（2007 年，40% 致死率）和邦巴里埃博拉病毒（Bombali，发现于安哥拉犬吻蝠体内），马尔堡属下有 2 个亚种——马尔堡埃博拉病毒和 Ravn 病毒（1996 年确定）。

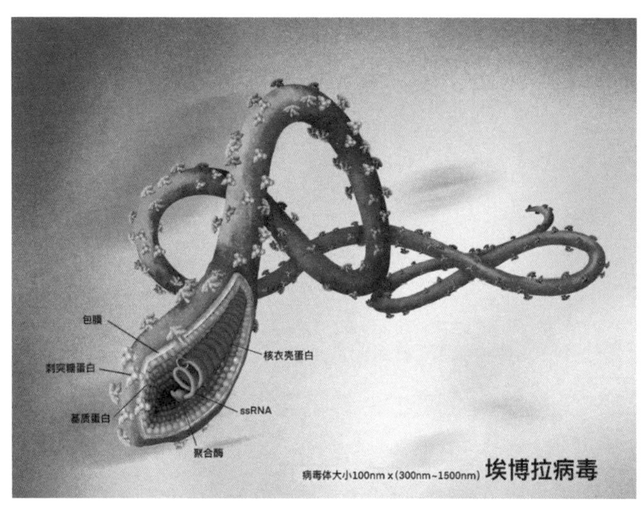

埃博拉病毒，绘制者：符美丽

埃博拉病毒的潜伏期是 2~21 天，一般感染者在感染 8~10 天后发病，发病后即具备传染性。在进入非人灵长类动物及人体后，它的首要任务是欺骗人体的免疫系统，这对在蝙蝠体内得到淬炼的它们来说驾轻就熟。树突细胞和巨噬细胞是人体面对病原体侵袭的第一道防线，埃博拉病毒会首先消灭它们，以此阻止它们向淋巴系统的 T 细胞传递信息，拉响病原体入侵的警报。在免疫系统不设防的情况下，埃博拉病毒的复制变得容易许多。它们通过内吞机制进入细胞，融合细胞膜，开始操控细胞进行复制。埃博拉病毒还会阻止自然杀伤细胞对受损细胞的清理。

埃博拉病毒对人体的入侵，引发了一场人的免疫系统与病毒的战争。那些能在这场战争中幸存的人，无不是在病毒入侵早期，免疫系统便觉醒产生特异性抗体。但值得注意的是，埃博拉病毒在人体中的复制和对细胞的破坏，会引起免疫系统形成“细胞因子风暴”，产生严重的炎症反应，不仅会对全身器官带来损伤，还会破坏血管内皮细胞导致出血。在所有器官中，埃博拉病毒对肝肾的破坏最大，影响凝血功能，患者表现出的皮肤红斑、眼睛充血、黏膜出血、静脉注射无法止血、大脑失去意识等症状，都与凝血障碍有关。埃博拉病毒仿佛将人体变成了一座病毒城堡，消化了组织之间的边界，以液化的形式宣告肉体的消亡，并以此尝试向外传播。

《血疫》中提到：“构成埃博拉病毒粒子的七种神秘蛋白质就像不知疲倦的机器、分子尺寸的鲨鱼，吞噬人类的身体，供病毒自我复制。”通常在宿主还活着时，这一切已经发生。研究者在解剖死者时发现，肉体才刚刚宣告死亡，肝、肾、肠道等组织却看起来像陈放了几天的尸体的组织，而且黏液中布满了还活跃着的埃博拉病毒，一滴血里可能就有 10 亿个病毒。

正如前文提到的，埃博拉病毒主要通过接触传播，包括接触患者的血液、其他体液、血液或体液污染过的物品等，此外，医源性传播、性传播也是该病毒的传播途径。研究显示，病毒在康复的患者眼睛、睾丸中还能存活数月之久，至于原因，则尚无定论。曾发生过这样的案例：患者从丛林中，将病毒带到了医院、家庭，与之密切接触的人感染疾病，在葬礼上又因为不当的尸体接触而引发一波感染。

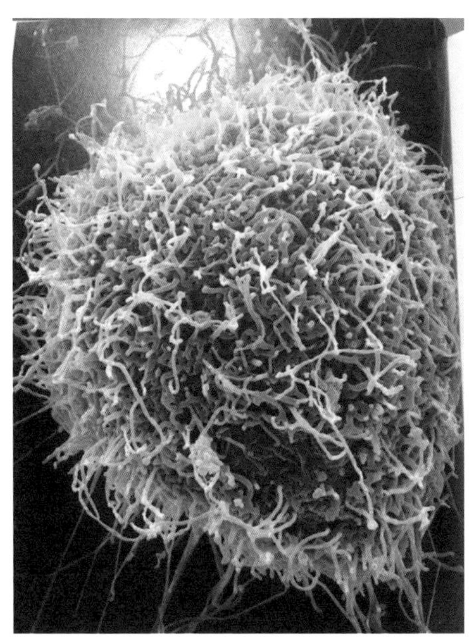

从细胞中钻出的病毒粒子，来源:《病毒博物馆》

埃博拉病毒在不同宿主身上引起的病症并不完全相同。“埃博拉出血热”这个名称是“埃博拉病毒病”的前身，由于并非每位患者都有出血症状而更名。而那些病情严重最终死亡的病例，多表现出出血的症状。研究者发现，病情与个体的基因有关。

不过值得庆幸的是，到目前为止，埃博拉这种高致死性的“弱智”行为使得病毒传播力有限。

美国病毒学家内森·沃尔夫（Nathan Wolfe）与生物学家贾雷德·戴蒙德（Jared Diamond）、热带医学专家克莱尔·帕罗西安（Claire Panosian）共同研究了一套感染源五级分类系统，按照传播性质的不同，将感染源分为五个等级——只在动物间传播的感染源为一级，能从动物传播给人的感染源称为二级，能在人之间引起有限传染的称为三级，能在人群中引起广泛传染的称为四级，只在人之间传染的称为五级。照此分类，三级以上的感染源就会导致流行病，流感病毒属于三级或四级（取决于病毒亚型的人际传播能力），因为已有案例中，埃博拉的传染范围有限，目前这一病毒被定为三级感染源。

研究显示，1995 年和 2000 年在非洲暴发的埃博拉疫情基本传染数为 2.7 左右（即 R0=2.7），意味着一个患者平均传播给身边的 2~3 个人。

基本传染数存在一个前提假设，患者身边的人都是易感群体，对病毒毫无抵抗力和防护能力。可见，要降低埃博拉的传染性，隔离与防护工作很重要。

除此之外，由于埃博拉病毒病的症状与一些非洲出血热性疾病、疟疾、流感等的初期症状类似，在早期正确鉴别埃博拉患者，从而进行早期干预，是提高患者生存率、降低疾病危害性的方法。

如今，分子生物学和测序技术在疾病早期检测中的应用已经普及，人们已经解码了丝状病毒的基因序列，ELISA 检测法可检测病毒抗原，RT–PCR 技术能直接检测病毒核酸，快速鉴别病原体感染类型，测序技术则可以直接识别型别和变异，这些都为医生的诊断和治疗提供了依据。

人作为埃博拉病毒的终端宿主，不是在感染中死亡，就是在感染后痊愈（尽管恢复期漫长），不能满足病毒长期生存繁殖的需要，也因此，埃博拉病毒在人群中总是来也匆匆、去也匆匆。但 2014 年几内亚暴发的扎伊尔埃博拉病毒病让人们见识到了埃博拉的影响力。在这次疫情中，研究者发现，埃博拉病毒的一种 GP 蛋白发生了变异，与非人灵长类动物和人体某些细胞的亲和力更强，这是一个危险的信号，意味着病毒在非人灵长类动物和人中的适应性越来越强。毕竟，变异是病毒的本能。

可防可控

和对抗其他病毒感染的路径一样，人类从 2004 年便开始研究埃博拉疫苗及相关药物。

但无论是研究埃博拉分子结构，还是围绕它制造药物或疫苗，都不是件容易的事。由于埃博拉病毒毒力凶猛，为防止病毒泄漏和实验室感染，科研人员必须经过严格的培训，所有实验必须在生物安全等级（bio-safety level）为四级的实验室（BSL-4，即 P4）里进行操作。

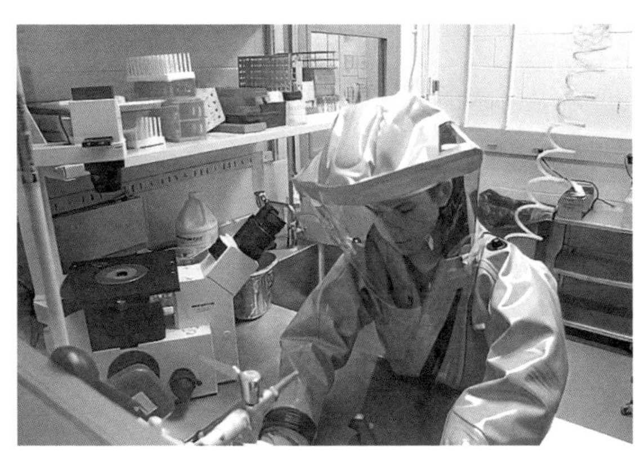

科研人员在 P4 实验室做实验，来源：维基百科

所谓四级实验室，是指最高等级生物安全的实验室。为了防范实验室操作带来的危险，早在 1983 年，世界卫生组织便推出了《实验室生物安全手册》，对实验室设备、操作流程等进行规范，以保障实验人员安全及生物安全。在《实验室生物安全手册》中，微生物依照危险程度被分为四级。一级是非致病微生物；二级是可能引起传/感染的微生物，但传播力及危害度有限；三级是能传染给人或动物并导致严重疾病的微生物，但不太可能引起群体传播；四级是不仅能在

人或动物中引发严重疾病，会引起广泛的群体传播，而且没有有效的治疗和预防手段的微生物，一些危险度极高或未知的病原体均属于四级微生物。相应地，研究这些微生物的实验室也有不同的安全等级要求，即从 BSL1/P1~BSL4/P4。如果 BSL 前面加上了 A（代表 animal），变成了 ABSL，那就指这个实验室除了能做微生物实验，也能做动物实验。动物生物安全实验室也会依据可实验的动物体积进行简略划分：如小动物（如小鼠）实验室，中型动物（如猕猴类）实验室，大动物（如马、牛等）实验室。很明显，动物越大，实验室建设难度越大，运营成本越高。

在绝大部分情况下，BSL3/P3 实验室已经能够满足研究所需，中国几乎所有省级行政区都已建设了一个或多个该级别实验室。但 BSL4/P4 实验室由于建造要求高，据不完全统计，全球仅有不超过 60 个此类实验室，而中国大陆目前只有两个：分别是中国科学院武汉国家生物安全实验室（一般简称“武汉病毒所 P4”）以及中国农业科学院哈尔滨兽医研究所国家动物疫病防控高级别生物安全实验室（一般简称“哈兽研 P4”）。此外，中国台湾也有两个此类实验室：昆阳疾病控制实验中心和台湾“国防部”预防医学研究所。在高等级生物安全实验室的配置上，美国和法国较为领先，其中法国里昂的梅里埃实验室是欧洲第一个 BSL–4 实验室，也是世界上最先进的生物安全实验室之一，其采用了“盒中盒”的设计，不仅外观新颖，也最大程度确保了安全。这一设计也被武汉病毒所采纳，成为见证“中法友谊”的标志性项目。

目前，针对埃博拉病毒病，还没有特效药物，研究所专注的目标是抑制病毒的复制，帮助人体免疫系统实现反击。一些在动物实验中表现优异的药物，应用于人体可能效果一般，这是因为人与动物的细胞受体有区别的缘故。非人灵长类动物被广泛用于疫苗和药物研究试验，一种名为 ZMapp 的药物被初步证实对人体有效，但只适用于扎伊尔埃博拉病毒感染。法匹拉韦原本是一种抗流感药物，但对同为 RNA 病毒的埃博拉病毒也有一定效果，临床应用发现它能阻止病毒的复制，在本次新冠疫情中也发挥了一定作用。

DNA 疫苗、重组亚单位疫苗、病毒样颗粒疫苗、病毒载体疫苗是埃博拉疫苗研究的主要方向，帮助激发免疫系统产生抗体，抵御埃博拉病毒感染。

2014 年，美国推出第一款埃博拉疫苗。2016 年，加拿大公共卫生局研制出埃博拉疫苗（rVSV–ZEBOV）。2019 年末经美国和欧洲相关部门批准后，默沙东生产的减毒活疫苗 Ervebo 在非洲投入使用。

2014 年的非洲埃博拉疫情带来全球性威胁，疫苗研发和生产问题迫在眉睫。我国开始投入疫苗的研发工作。2016 年 12 月，中国人民解放军军事医学科学院生物工程研究所，即陈薇院士领衔研制的埃博拉疫苗（rAd5–EBOV）在塞拉利昂的二期临床试验成功。2017 年 10 月，中国“重组埃博拉病毒病疫苗（腺病毒载体）”获批新药注册申请，与美国、俄罗斯需在 –80℃存储的疫苗相比，我国冻干剂型埃博拉病毒病疫苗更方便储存和运输。在新冠抗疫中，来自康希诺生物所生产的重组腺病毒载体“克威莎”疫苗也正是源于此技术平台。

2017 年，研究者从埃博拉幸存者的血液中分离出能抵抗扎伊尔型、苏丹型、本迪布焦型埃博拉病毒的人抗体，在啮齿动物实验中显示有效。研发出具有广泛保护性的疫苗，能更有效地避免埃博拉病毒感染。

2019 年，科学家们发现了两种对抗埃博拉的药物——分离自 1994 年埃博拉疫情幸存者血液中的抗体 mAb114 和来自人源化免疫系统小鼠的 REGN–EB3，感染早期服用的话分别能将患者生存率提高 66% 和 71%。

抗疫难题

落后的社会文化观念及医疗条件是非洲抗疫难题。受传统文化的影响，非洲当地人对巫医的信任程度往往高过现代医院。生病之后，他们不相信现代医学的救治，拒绝隔离措施，宁可跋山涉水去寻找隐居在森林里的巫医，也不愿意被接到医院接受治疗。甚至认为是前来援助的国际医疗团队带来了疾病，打砸医院的暴力行为时有发生，医护人员的安全也受到威胁。

原本被患者寄予生的希望的巫医，却就此成为传播病原的媒介。受感染而亡的巫医，因备受尊崇而吸引诸多信徒前来送葬，也因此成为传播病原的中介。

一些传染病的病原体会随着宿主的死亡而死亡，但埃博拉病毒是例外。即使宿主死亡，它仍能在尸体上存活 7 天，伺机等待下一个宿主的出现。

越是古老的社会，越有着难以更改的传统习俗。非洲一些部落的信仰，就让他们极为重视死亡。当有人死去，会有许多人为他的葬礼奔忙，不仅尸体要被清洗两次，亲友还会轮番亲吻死者面部。在有的地区，亲友会集体为死者擦洗身体、更换衣物，这些接触了死者血液、其他体液的人会在同一个水盆里洗手，这都是告别仪式上必不可少的环节。

为了让死者走得安稳、后世无忧，那些参加葬礼的人承担着巨大的风险。他们不知道，如埃博拉这样的病毒，在患者死后，并不会立刻消失，触碰尸体的行为会让他们成为病毒的新宿主。而当地人坚持土葬的风俗，也让病毒有机会接触下一个宿主，也许是人，也许是其他哺乳动物。

非洲医疗条件落后，在初期诊断的时候，时常将埃博拉患者诊断为患了其他疾病，医护人员防护意识不强，不时出现医务人员职业暴露和感染的情况。

著名的纪录片《埃博拉之役》，展示了埃博拉幸存者不被社会接受的境况。这些幸存者即使生理上痊愈，精神上也永远带着创伤，不仅要面对失去亲友的悲痛，还有被社会边缘化的无奈与迷茫。病毒和人性究竟哪一个更加无情？是人征服了病毒，还是病毒改变了人？

2015 年后，针对埃博拉病毒的诊断、疫苗、药物相继问世，我们一度以为可以稍为安心。然而 2019 年，刚果再次暴发埃博拉疫情，包括其门户城市戈马出现病例，世界卫生组织很快将其公布为“国际关注的突发公共卫生事件”，此次疫情持续时间很长，至今仍有小范围的暴发。好在这一次，在国际援助下，刚果人民已经有疫苗可以选择。

埃博拉病毒的存在似为人类敲响了警钟，警示人类重新审视与大自然的关系，提醒人类在全力发展经济的同时，对欠发达国家保持关注。毕竟，在全球化愈演愈烈的今天，哪有什么病毒隔离带？人类能到达的地方，病毒都能前往，在病毒面前，文化、宗教、信仰、社会、国别属性统统不重要，我们就只有一个生物学身份——与病毒宿主们同为哺乳动物的人类。

关注环境、爱护自然，就是对人类自身健康最负责的行为。

埃博拉病毒的自白	
中文名:	埃博拉
英文名:	Ebola virus
“身份证”获得日期:	1976 年
籍贯:	丝状病毒科
身高体重:	单股负链 RNA，基因组大小为 19000 个碱基
住址:	开始和蝙蝠混，逐步扩展到人、黑猩猩、非洲绿猴等灵长类动物体内
职业:	有点“愣”的亡命杀手
自我介绍:	我来自非洲，病毒家族里的其他人都说我是莽汉，脾气暴躁，适应性差，总是很快把寄宿的生物弄死，还得费心地去找下一个宿主。其实吧，我也不是自愿来到人体的，这不机缘巧合地碰上了，那就试试运气吧。没想到人体这么弱，我也只能赶紧让它们在接触其他人的过程中传播自己，这就是我的策略啊。虽说我是烈性子，但我亲戚里也有温和的，雷斯顿埃博拉病毒就不会对人产生那么大危害。但它也有绝技，能通过空气传播，这要是我们联姻……我看谁还笑话我。

埃博拉漫画，绘制者：符美丽

新冠：

再登铁王座，

生物世纪未来已来

尹哥导读

- 截至成书之时，全球新冠疫情仍未结束，奥密克戎的横空出世让我们还看不清结束的时间。但数种口服药物的接连问世使我们找到结束疫情的最后一块拼图，相信不久我们将看到疫情平复的曙光。
- 作为 RNA 病毒的王族，进入 21 世纪以来，冠状病毒已经绊倒人类三次，使得我们不得不重新审视人类和自然相处的态度，甚至承认微生物才是地球之王。新型冠状病毒这个名字注定会载入病毒史册，但“新型”二字值得商榷，否则下一次遇到冠状病毒我们该怎么称呼呢？所以，用世界卫生组织的 SARS-CoV-2 来称呼它更为严谨。
- “新冠肺炎”的名称也不够严谨。因为新冠病毒感染后的症状千差万别，大部分人可能只有轻微的症状甚至毫无感觉就痊愈了，就如其他呼吸道病毒一样；但老年人，尤其有基础性疾病的群体可能会生命垂危。所以，肺炎症状仅是感染后出现的综合征中较为常见的一种。最终，国家卫健委将其更名为“新型冠状病毒感染”。
- 从正向的角度看，来势汹汹且席卷了全球的新冠病毒疫情，使得生命科学和生物技术的突破和普及应用达到了前所未有的高度和效率。科研成果的涌现、基因测序的普及、核酸检测的规模、疫苗上市的速度、移动生物安全实验室的迭代……都让我们看到了生命世纪的大幕正在加速拉开。

- 中国经过了武汉新冠疫情短暂的慌乱后，以“人民至上、生命至上、科技至上”为核心的抗疫举措和成果，堪称人类和病毒抗争史无前例的“样板课”。这一公共卫生大科学工程的成功实施向世人证明：在没有针对性药物、没有疫苗的前提下，依靠超强的社会组织动员 + 超大规模的核酸检测，是可以在十几亿规模的人群中实现病毒反复清零的。
- 重大疫情总伴随着各种阴谋论。然而这次全世界的科研工作者和医生（也包括尹哥）却没有沉默，而是纷纷在第一时间勇敢站出来辟谣，向造谣者们宣战。

作为始终在一线抗疫的亲历者，尹哥就带着大家一起回顾一下全球抗疫历程吧。

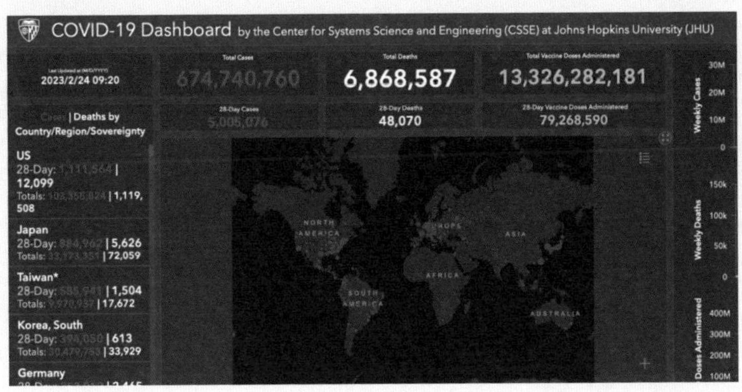

截至 2023 年 2 月 24 日全球疫情进展，来源：约翰斯·霍普金斯大学（2022 年初起部分国家数据已经停止更新）

武汉！一座英雄城市

2019 年 12 月底，人们正沉浸在迎接新年的喜悦中，谁也没有想到，一种病毒正悄悄地将魔爪伸向武汉，并且将给我们日后的生活乃至整个世界的格局带来长远而深刻的影响。

一天，一名因为受凉出现发热症状的患者前往武汉某医院就诊，但持续几天未见好转。主治医生排查各种可能，并紧急安排对患者的支气管肺泡灌洗液做高通量测序检测，检测结果为“冠状病毒未分型”。医院马上通知患者家属将患者转至湖北省传染病定点医院——武汉市金银潭医院就诊。2019 年 12 月 30 日，金银潭医院已接收二十多例不明原因肺炎病人，其中有十多例重症，他们大多发热、干咳，在影像学上多表现为双肺浸润性病灶。

“不明原因肺炎”是 2003 年 SARS 出现后，当时的卫生部为了更好地及时发现和处理 SARS、人禽流感及其他表现类似且具有一定传染性肺炎而提出的名词，这次因症状类似且尚未找出原因又被重提。

与此同时，武汉多家医院都收治了不明原因的肺炎病人，一部分敏锐的医生很快从中抓到几个共同特征：一是这些病人中的大多数与当地一个长期出售果子狸、竹鼠等野生动物的海鲜批发市场有过交集，或是其中的工作人员，或到过该市场采购；二是有相当比例情况是同一个家庭的成员先后发病。很快，这一情况引起了湖北省卫生健康委员会（卫生健康委员会下文简称卫健委）的高度重视，并且上报至国家卫健委。

2019 年 12 月底，武汉市卫健委通报 27 例病例，并提示“公众尽量避免到封闭、空气不流通的公众场合和人多集中的地方，外出可佩戴口罩”。隐约中，大家已感觉到这种疾病具有一定的传染性。

紧接着，国家卫健委派出工作组、专家组赶赴武汉市，开展现场调查、病原鉴定和病毒溯源等一系列工作。2020 年 1 月 4 日，中国疾控中心负责人向美国疾控中心介绍疫情有关情况，第二天，世界卫生组织首次就中国武汉出现的不明原因肺炎病例进行通报。此时，武汉受到全世界的关注。

病例正在快速增长，27 例、44 例、59 例……但这到底是什么病？是否真有传染性？人们已经开始各种猜测。发热、咳嗽等类似的症状让人怀疑是 SRAS 卷土重来，猜测让恐惧快速在人群中蔓延，“确定”在这个时候变得无比重要。

好像是病毒跟我们玩的一场竞技游戏，一边是快速攀升的感染病例，一边是想要看清病毒面目的科学研究，而时间就是它们的裁判。终于，确定了！

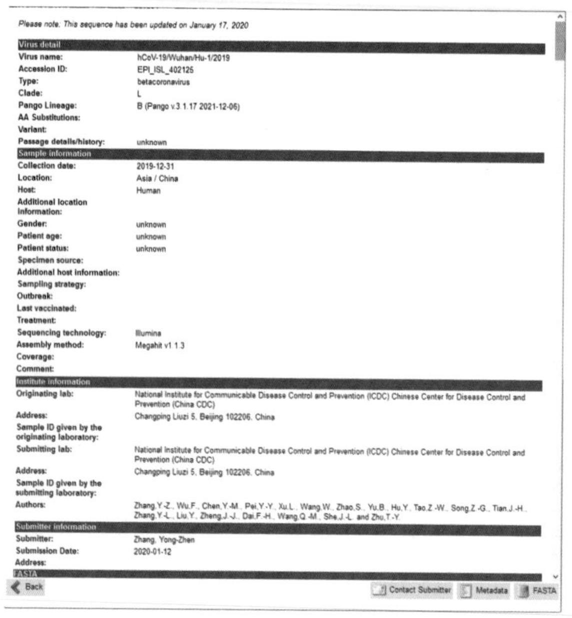

Please note: This sequence has been updated on January 17, 2020

Virus detail

Virus name:	hCoV-19/Wuhan/Hu-1/2019
Accession ID:	EPI_ISL_402125
Type:	betacoronavirus
Clade:	L
Pango Lineage:	B (Pango v.3.1.17 2021-12-06)
AA Substitutions:	
Variant:	
Passage details/history:	unknown

Sample information

Collection date:	2019-12-31
Location:	Asia / China
Host:	Human
Additional location information:	
Gender:	unknown
Patient age:	unknown
Patient status:	unknown
Specimen source:	
Additional host information:	
Sampling strategy:	
Outbreak:	
Last vaccinated:	
Treatment:	
Sequencing technology:	Illumina
Assembly method:	Megahit v1.1.3
Coverage:	
Comment:	

Institute information

Originating lab:	National Institute for Communicable Disease Control and Prevention (ICDC) Chinese Center for Disease Control and Prevention (China CDC)
Address:	Changping Liuzi 5, Beijing 102206, China
Sample ID given by the originating laboratory:	
Submitting lab:	National Institute for Communicable Disease Control and Prevention (ICDC) Chinese Center for Disease Control and Prevention (China CDC)
Address:	Changping Liuzi 5, Beijing 102206, China
Sample ID given by the submitting laboratory:	
Authors:	Zhang,Y.-Z., Wu,F., Chen,Y.-M., Pei,Y.-Y., Xu,L., Wang,W., Zhao,S., Yu,B., Hu,Y., Tao,Z.-W., Song,Z.-G., Tian,J.-H., Zhang,Y.-L., Liu,Y., Zheng,J.-J., Dai,F.-H., Wang,Q.-M., She,J.-L. and Zhu,T.-Y.

Submitter information

Submitter:	Zhang, Yong-Zhen
Submission Date:	2020-01-12
Address:	

FASTA

Back　Contact Submitter　Metadata　FASTA

国家卫健委指定机构向世界卫生组织提交新型冠状病毒的基因组序列信息

2020 年 1 月 7 日 21 时，实验室检出一种不同于 SRAS 病毒的冠状病毒，获得该病毒的全基因组序列，专家组经过验证后初步判定，这个“新型冠状病毒”是引起本次不明原因的病毒性肺炎病例的病原体。1 月 9 日，国家卫健委专家评估组将此结果对外发布。1 月 12 日，武汉市卫健委在情况通报中首次称这种“不明原因的病毒性肺炎”为“新型冠状病毒感染的肺炎”（下文简称新冠肺炎）。当天，国家卫健委指定机构向世界卫生组织提交并共享了新型冠状病毒的基因组序列信息。

今天回头看，中国科学家当时迅速确定病原体，快速准确地了解病毒全貌，并主动与国际社会共享新冠病毒基因序列，彰显了中国人民的大国精神，也为后续全世界的诊断试剂设计、药物筛选、疫苗研发、病毒溯源等疫情防控工作赢得了宝贵时间。

接二连三的突破让大家稍微喘口气，小年的气氛开始浓郁，吃团圆饭、置办年货都在按原计划进行，无不红红火火、热热闹闹，大家都希望即将迎来的喜庆春节能冲掉一切阴霾。谁也没有看到，人群中，病毒正露出狰狞的笑脸。

很快，病毒的进攻开始了。

连续两天的确诊病例累计达到 136 例，而其中，很多人与海鲜市场并没有交集，甚至一小部分还是医护人员。2020 年 1 月 20 日，国家卫健委高级别专家组组长钟南山院士在接受央视连线时明确表示，此次新型冠状病毒感染的肺炎，存在人传人的现象。

与此同时，多个省区市先后报告了首例确诊病例，甚至远在地球另一面的美国也于 2020 年 1 月 22 日通报了首例确诊病例。一场大的风暴正在席卷全球，而武汉，就是风暴之眼。

这场来势汹汹的新冠疫情，就像被乌云笼罩着的阴霾天空，让人无法喘息、想要逃离。返乡过年的超大型流动队伍无疑会加速疫情的扩散和蔓延，为了限制病毒的进一步传播，党中央做出了最艰难也最关键的决定——武汉封城！

2020 年 1 月 23 日，也是 2020 年除夕前夜，武汉开始封城，按下暂停键。这是中华人民共和国成立后，第一次因疫情而封闭一座城市，也是人类历史上第一次对一个人口千万级别的大城市采取的最严厉的防疫措施。

武汉封城，如壮士断腕。但这背后是中国政府防控疫情的决心和大国担当。今天来看，这个命令果断而英明，而那时的武汉，有着无以言表的悲壮。

武汉封城后空荡荡的马路和街道，拍摄者：程征宇

逆行！火眼横空出世

2020 年的除夕，对于大多数中国人来说，都很不寻常。特别是

武汉，这座 1100 万人口的城市仿佛在一瞬间变成了一座空城。最拥挤的地铁线路看不到几个身影，最繁华的商圈店铺没有几盏亮着的灯。偶有路人经过也是行色匆匆，口罩遮住了他们脸上的愁容，却遮不住眼里的焦灼和惶恐。

此时的武汉，生活用品、医疗物资和医护人员都极度紧缺，病人们不断涌入医院，但根本没有足够的床位收治，很多医生连做多台手术直接累倒在手术台，甚至因为防护物资短缺而被感染。在武汉最"虚弱"、最危难的时候，习近平总书记一声令下，数万名白衣战士、解放军官兵和党员干部，挺身而出、星夜驰援，展现了一次又一次的中国速度，创造出一个又一个的中国纪录。这其中发生的许许多多微小感人的故事，后来被一部名为《中国医生》的电影接近真实地记录和还原了。

习总书记强调："生命重于泰山。疫情就是命令，防控就是责任。"[①] 经中央军委批准，军队率先出征，从陆、海、空三所军医大学共抽调 450 人，组建支援湖北地区应对新型冠状病毒感染的肺炎疫情医疗队，连同第一批医疗物资于除夕夜抵达武汉。同时，为了集中收治病人，缓解医院病床紧张，武汉市政府决定参照 2003 年抗击非典期间"北京小汤山医院"模式建设"火神山""雷神山"医院。仅仅十天，两所应急专科医院拔地而起，真是"人心齐，泰山移"。

虽然医护人员和资源逐渐充足，但是新增的感染病例还是居高不下，医院的压力仍然无法彻底缓解。截至 2020 年 1 月 24 日，湖北全省累计报告病例 549 例，已治愈出院 31 例，死亡 24 例。住院患者中重症 106 例，危重症 23 例。

---

① https://www.mem.gov.cn/xw/ztzl/xxzl/202001/t20200126_343793.shtml.——编者注

感染病例还在持续增加，许多人因为不知道自己已被感染，没有及时隔离，从而将病毒进一步扩散。这个时候，我们明白了一个道理：预防才是控制传染病最经济有效的手段，只治不防，只会越治越忙。那么，怎么“防”呢？除了日常戴好口罩、勤洗手，还要及早进行大规模筛查、确诊感染病例、及时集中隔离，防治互相结合变得尤为重要。

精准的病毒核酸检测，是临床确诊的重要依据。新冠疫情发生至今，核酸检测对大家来说变得不再陌生，甚至成为大家日常的一环，一个城市几百万人的全民核酸检测，也司空见惯。可在疫情初期，中国的核酸检测能力远远没有现在这么强大。那时一天的检测量仅几百人份，相对于武汉当时病毒蔓延的速度，明显远远不够。我们是怎么从一天检测几百人变成一天检测几万甚至百万人的呢？这背后是又一个中国纪录。

这里不得不提一人。

2020 年除夕，主动逆行武汉的队伍中，还有一位 1954 年出生的硬汉——华大创始人汪建。非典那章也有介绍，他是参加过 SARS 抗疫的老兵，曾在 SARS 疫情期间，深入疫区带回第一批病毒样品，最早在国内完成 SARS 病毒基因组序列的测定、组装和分析，最先研制出检测试剂盒，并且将 30 万人份的检测试剂盒免费捐赠给全国防治非典型肺炎指挥部。

有了抗击非典的宝贵经验，汪建深知，防控新冠疫情的第一步应该是大规模精准筛查、准确识别病患。那么，快速建立大规模的检测能力就迫在眉睫。在汪建的带领下，华大第一时间组织科研及生产力量研制测序和 PCR 核酸检测试剂盒。2020 年 1 月 26 日，华大基因的新型冠状病毒检测试剂盒（测序法以及配套分析软件，荧光 PCR 法）和华大智造的 DNBSEQ-T7 测序系统，正式通过了国家药监局的应急审批程序，成为首批正式获准上市的抗击疫情的检测产品。2 月 2 日，武汉市卫健委指定华大为此次新冠肺炎病原检测的专业机构。

汪建带领团队逆行武汉，拍摄者：赵飞

在全世界直播武汉“火神山”与“雷神山”医院建设的时候，2000 平方米的生物安全二级防护实验室——“火眼”实验室也在 5 天内建成，并于 2020 年 2 月 5 日在武汉启动试运行，每日可检测通量达到万人份。这几乎是固定实验室建设时间的极限，展现了“火神山”“雷神山”之外，又一个和病毒赛跑的“生死时速”。

一听“火眼”这个名字，大家可能就想到了“火眼金睛”，汪建取“火眼”实验室这一名字的创意便源自此典故，意思是通过“火眼”实验室规模化、标准化的核酸检测，让病毒无处遁形。快速识别出阳性样本，再把阳性人员隔离好，就可以保护好未被感染的阴性人群，汪建称之为“保阴隔阳”。他希望“火眼”实验室可以成为“火神山”“雷神山”“方舱”等众多抗疫堡垒的前哨。预防在前，让所有待排查和有需求的人员尽快得到明确的检测结果。

后来，根据防疫需求，“火眼”实验室不断升级迭代，日检测通量发展到几百万人份。它规模化、工程化的检测能力，不仅在国内首屈一指，也填补了世界病毒检测的短板，对全球抗疫的贡献立竿见影。

汪建常自嘲“贪生怕死”，但谁又不怕死呢？那些医护人员、官兵战士、工程队伍，那些最美丽的逆行者，那些不知名但默默守护着武汉的人……他们明知有生命危险，还会为了祖国和人民冲到最危险的地方去，他们身上体现的正是一种真利他主义精神。

或许，人类生命的意义正在于此。

解码！大国重器发威

“火眼”实验室在国内外战“疫”中发挥了重要作用，彰显了我国的科技力量，然而大家肯定好奇，“火眼”实验室是怎么快速提高了检测能力的？是有什么秘密武器吗？

是的，相比于传统实验室，“火眼”实验室在自动化方面做了很大的提升。在传统检测流程中，样本的病毒核酸提取需采用人工操作，这也是制约检测提速的最大瓶颈，而“火眼”实验室里搭载的华大智造高通量自动化病毒核酸提取设备，不仅能够避免人工失误，降低操作人员核酸提取环节的感染风险，还能提升大规模检测速度。这些高通量自动化病毒核酸提取设备真是名副其实的大国重器。

除了自动化病毒核酸提取设备，国产测序仪在此次疫情防控中也有着突出的表现。我们知道，病毒基因组序列解析对于后续快速研制病毒检测试剂盒具有关键性指引作用。但大家肯定不知道，在武汉疫情初期要对病毒溯源和对感染病例确诊时，华大智造自主知识产权的国产基因测序仪 DNBSEQ–T7 在 24 小时内便可完成新冠病毒基因组的组装。

实际上，在 2019 年 12 月底，另一款国产测序仪就参与了病毒样本的基因组序列解码工作。在国家卫健委第一批提交至全球共享流感病毒数据库 GISAID 发布的 13 例新型冠状病毒基因组序列数据中，就有 5 例数据来自华大智造高通量测序仪——MGISEQ–2000，这为研究分析新型冠状病毒的进化来源、致病病理机制提供了第一手资料。通过对病毒基因组的序列测定，我们对病毒有了初步的认识：它是一个冠状病毒，但不是 SARS–CoV，因为它跟 SARS–CoV 的基因相似度只有不到 80%。

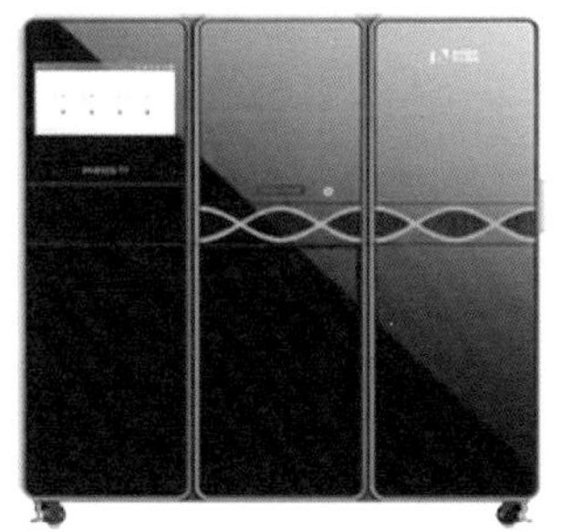
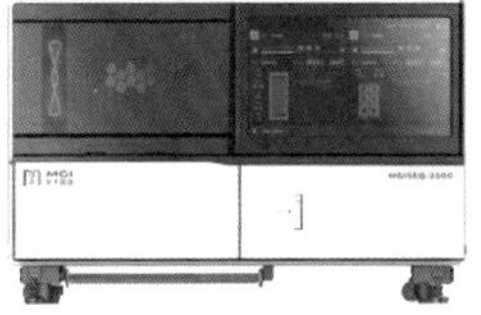

华大智造的国产基因测序仪 DNBSEQ–T7 和 MGISEQ–2000 在此次疫情中承担重要的工作

说到这里，还没有正式介绍过我们正在面对的这个狡猾敌人呢。自“不明原因肺炎”在中国武汉出现后，专家初步确定病原体为“新型冠状病毒”，世界卫生组织根据年份、病毒类型将其暂时命名为“2019–nCoV”（2019 新型冠状病毒）。但这个名字既冗长又不好发音，还不能反映病毒的危险性、传染方式等信息，使用率极低。为了表示与导致 SARS 疫情的冠状病毒在基因上相互关联，2020 年 2 月 11 日，国际病毒分类委员会宣布将此新病毒命名为“严重急性呼吸综合征冠状病毒 2”（SARS–CoV–2）。同时，世界卫生组织宣布，将此病毒引起的疾病命名为“2019 冠状病毒病”（COVID–19），其中“CO”代表“冠状”，“VI”为“病毒”，“D”为“疾病”。到此，这个病毒和疾病才分别有了自己正式的名字。我国卫健委也在 2022 年 12 月 26 日，将新型冠状病毒肺炎更名为新型冠状病毒感染。

为了方便大家阅读，书中会用“新冠病毒”“新冠病毒感染”“新冠疫情”分别代表病毒、疾病以及引起的疫情。

回顾 SARS 期间，全球 9 个国家 13 个网络实验室的科学家，从 2002 年底发现非典疫情，到 2003 年 4 月 15 日公布 SARS 病毒基因组序列信息，总共经历了 5 个多月的时间，才搞清楚非典型肺炎的病原体到底是细菌、病毒还是支原体、衣原体，才搞明白它到底是哪一种病毒，以及它的序列是什么。而此次新冠疫情，从 2019 年底发现病例到初步判定病原体，再到 2020 年 1 月 12 日公布病毒全基因组序列，只有短短两周的时间。

间隔 17 年，比起前一次病原体序列测定和公布，这次整整缩短了 90% 的时间，除了我们有了大规模疫情防控的经验，不得不承认，同疾病较量最有力的武器就是科技。高通量测序技术的快速发展以及国产测序平台的全面布局，使中国抗击疫情的“速度”和“效率”都取得了令世人瞩目的成绩。

武汉疫情平稳后，各地又零星出现聚集性病例。病例到底是起源于哪里，病毒是否发生变异，这些信息对疫情的快速控制非常关键，而测序仪正是解开这些谜团的工具。时至今日，病毒仍在不断变异，华大智造的设备已助力全球 100 余个国家和地区基因组检测系统的构建，甚至很多地级市都已经装配上国产测序仪，为病毒的溯源和毒株的鉴定带来了很大便利。

解封！江城浴火重生

2020 年 4 月 8 日，注定是一个值得所有武汉人铭记的日子。零时起，武汉正式解封，重新打开与外界的“连接”通道。钟南山院士激动地说道：“我们挺过来了！”尽管无数人心心念念，无数人翘首以盼，但这天真正来临时，武汉的街头却依旧安静，没有意料中的人头攒动，也没有想象中肆无忌惮的狂欢。疫情的洗礼，让这座英雄的城市、这群英雄的人民在疫情面前少了几分感性，多了一些理性。

76 天毅然决然的封城，76 天艰苦卓绝的战“疫”，迅速建设“火神山”、“雷神山”、方舱医院和大量隔离场所，解决病人收治难题；社区封闭管理持续升级，各小区实施最严格的封闭措施……不懈地拼搏奋斗，终于使以武汉为主战场的全国本土疫情传播基本阻断，防控工作取得阶段性重要成效。14 亿人凝聚起磅礴力量，上千万武汉人逆境坚守，英雄城市浴火重生。

从最高峰的一天新增 13436 例到后来的 0 新增，武汉一步步走出“劫难”：2020 年 3 月 11 日，武汉新增确诊病例首次降为个位数；3 月 17 日，疑似病例数首次清零；3 月 18 日以来，武汉市除有三天新增 1 例确诊病例外，其余 18 天无新增确诊病例；4 月 6 日，“封城”两个多月后，武汉新冠肺炎新增病亡病例首次为零。从“武汉加油”、“武汉挺住”到“武汉必胜”，我们看到了战胜疫情的希望。

疫情面前，每一项政策、每一个决定都是对治理者的重大考验。武汉怎么解封、何时解封、有哪些必要条件，像是一直笼罩在每个人心头的疑云。直到 2020 年 3 月 10 日武汉所有方舱医院宣布休舱，旁观者们才逐渐意识到攻守易势，沉寂的心再次兴奋地跳腾起来。

“方舱医院”这一概念本是军队为作战设计的，便于移动，能随时随地搭建。但随着疫情蔓延，武汉原有的医疗体系面临崩溃，为了快速构建满足要求的救治能力，方舱医院才出现在大众视线中。而随着零新增、零确诊、零疑似出现，疫情得到了有效控制，“方舱”们又逐渐退出舞台。过去作为前哨的“火眼”，此刻又充当起殿军的角色，继续扫描潜在的威胁，贯彻着“防大于治”的防控理念。

风暴中心的武汉，从来就不是一座孤岛，世界向它伸出了援手，它也将抗疫过程中的得与失化作经验分享给世界。当解封的消息传遍地球村，有人甚至将其称为“人类抗击新冠疫情的伟大胜利”。殊不知，这一事件并没有为疫情画上“圆满的句号”，反而成了一面照妖镜，让西方国家过往标榜的“民主”优势荡然无存，也让世界重新审视什么才是抗击疫情的有效手段。疫情不会凭空产生，也不会无故消失，它是生命之间制衡的一种方式，仍会像幽灵一样飘荡在寰宇，或化作“达摩克利斯之剑”时刻悬在人类头顶上。但武汉解封给了全球“抄作业”的机会，再次印证了人类古老智慧的有效性：只治不防、越治越忙，短时间封控、减少人员流动可有效阻隔病毒的迅速传播，是疫情防控最有效的途径。

“答案”有了，但大家真的会“抄”吗？

乱了！全球纷纷中招

武汉疫情才逐渐平稳，国外又乱成了一锅粥。

2020 年 3 月 11 日，世界卫生组织宣布，新冠病毒感染已构成

“全球性流行病”，给世界公共卫生安全带来极大挑战。我们这才发现，新冠病毒已经横扫全球，各国纷纷中招，甚至在南极洲的科考基地都发现了病毒的影子。而在武汉宣布解封的当天，全球累计确诊人数超过 135 万例，新的疫情“震中”意大利超过 13 万例，美国更是超过了 43 万例。与之相对的是，此时中国确诊人数刚刚超过 8 万例。

新冠病毒的快速传播导致人类根本来不及看清楚和做准备。而有些人，还完全没有意识到我们面对的敌人有多么凶残。在病毒面前的盲目、傲慢与自负，只会让人类承担更严重的后果。当意大利的本土病例开始被发现，新冠疫情在网上的热度不升反降，竟然还有居民在镜头前说道:“我们是意大利人，我们从不做准备。”西方国家一直崇尚“自由主义”和“个人主义”，认为自由权属天赋人权，神圣不可侵犯。所以尽管医疗专家们急得像热锅上的蚂蚁，民众却还优哉游哉，一边大喊“不要丢了传统”，继续享受啤酒、足球、聚会，一边抵抗防疫政策，反复在戴不戴口罩的问题上纠结。

“任性”总是要付出代价的。意大利“自信”的公共卫生系统在疫情面前一触即溃，从发现首个本土病例开始，不到两个月时间就确诊了近 5 万例，病死率一度达到恐怖的 8.3%。这些数字的背后，是大批患者未被发现就已死在家中，甚至一些医护人员不堪重负草草了结自己的生命。有位罗马的医生还公开表示:“如果你有一名 99 岁、患多种疾病的患者，还有一名需要插管的小孩，但只有一台呼吸机，你不需要扔硬币来决定该选谁。”疫情仿佛在天空中蒙上了一层黑纱，重压之下的意大利陡然进入“至暗时刻”，由于“选择性”救治和居高不下的老龄化比例，“一代意大利人”竟来不及道别便溘然而逝。

凡事都爱出风头、当大哥的美国，抗疫表现却也让人大跌眼镜。2020 年 4 月 28 日，美国的确诊病例就突破 100 万例，占全球的 1/3，而医院的床位却空荡荡，和意大利的爆满截然相反，恍若两个世界。就在这火烧眉毛的时刻，打嘴炮从不会输的特朗普总统却一再赞扬政府的防疫工作，宣传抗击新冠不需要戴口罩。美国民众还高举“我们要自由”的旗帜举办大游行，要求解除隔离、重启经济。

疫情本无心智，却进一步激化了各国的社会矛盾，而反智主义肆虐、政治极化抬头，又让本就严峻的疫情彻底陷入疯狂。殊不知，疫情面前，最大的敌人其实是人类自身。

漏检！快检不太靠谱

到底是什么样的病毒，竟然能在全球范围引起这么大的风波？科学家们通过电镜观察，给我们揭开了病毒的神秘面纱。新冠病毒（SARS–CoV–2）是一种 β 属的冠状病毒，颗粒呈圆形或椭圆形，直径 60~140 纳米。与其他冠状病毒一样，新冠病毒表面也有很多冠状的突起；与 SARS–CoV 一样，新冠病毒的突起里也有 S 蛋白，可以打开人体肺部细胞的大门，从而感染肺部引起肺炎。病毒内层包裹着它的“命根子”——繁衍后代的遗传物质核糖核酸（RNA），它也是目前已知基因组最大的（拥有约 30000 个碱基的单股正链 RNA）RNA 病毒之一。

随着对新冠病毒认识的不断加深，我们对疫情防控、病患确诊、病毒特性、诊疗方案等都有了一系列的完善方案。从 2020 年 1 月 16 日发布的《新型冠状病毒感染的肺炎诊疗方案（试行版）》（下文简称《方案》）起，到 2020 年 8 月 18 日，7 个月内，国家卫健委办公厅、国家中医药管理局办公室已经联合印发了八版《方案》，2022 年 3 月及 2023 年 1 月又分别完善更新了第九版和第十版。《方案》的不断迭代恰恰表现了我国科学家对待病毒的严谨态度，单从确诊病例的依据来看，就有过 3~4 次的调整。

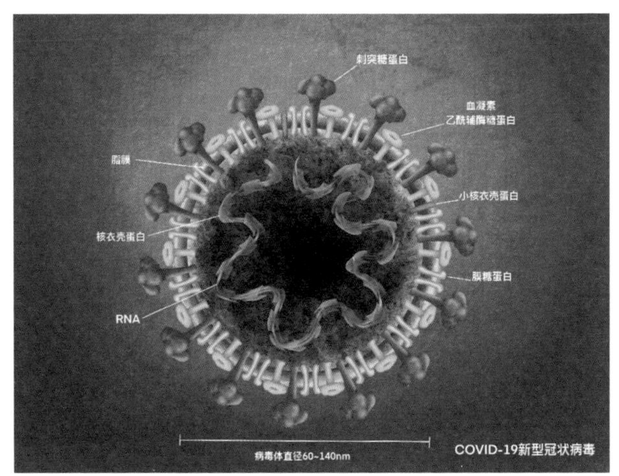

新冠病毒示意图，绘制者：符美丽

在第一版《方案》中，确诊病例的依据为：“在观察病例的基础上，采集痰液、咽拭子等呼吸道标本进行病毒全基因组测序，与已知的新型冠状病毒高度同源。”换句话说，当时判断是否患有新冠肺炎，只能依赖测序仪测序并且和已知病毒序列比对的结果，这也是国产高通量测序仪在疫情初期被急需的原因。

第二版《方案》中，确诊病例的依据除了“病毒基因测序，与已知新型冠状病毒高度同源”，又增加了“用实时荧光 RT-PCR 检测新型冠状病毒核酸阳性”，并且将实时荧光 RT-PCR 检测这种快速便捷的方式放在了基因检测之前，作为新冠肺炎确诊的“金标准”。这个标准一直沿用至第六版《方案》，虽然第七版《方案》之后，确诊病例的依据在核酸检测和基因测序的基础上加入了血清学抗体检测，第九版《方案》又在核酸检测基础上，增加抗原检测作为补充，进一步提高病例早发现能力，但核酸检测仍然是最灵敏有效，也是使用最广泛的方式。

新冠病毒的核酸检测，就是通过分子生物学方法检测采集人体样本，检测究竟存不存在新冠病毒遗传物质，进而确定人有没有被病毒感染。病毒内核中包裹着的 RNA 就是检测的基础。核酸检测是对病毒感染者“早发现”和“早诊断”的重要手段和措施，反过来讲，要想尽早地准确筛查病毒感染者，核酸检测结果必须足够精准。然而，市面上核酸检测试剂盒生产商有几百家，到底该怎么选？

核酸检测的原理是以病毒独特的基因序列为检测靶标，通过 PCR 扩增，被选择的这段靶标 DNA 序列就会呈指数级增加，每一个扩增出来的 DNA 序列，都可与预先加入的一段荧光标记探针结合，产生荧光信号，扩增出来的靶基因越多，累积的荧光信号就越强。如果把检测靶标比作“鱼”的话，我们还需要制作一个“鱼钩”，也就是引物探针，来针对性地把“鱼”钓出来，能否准确地钓出“鱼”就要看怎么设计引物了。

举一个简单的例子，PCR 其实只检测一小段基因，那么要检测哪一小段才能知道是新冠病毒呢？人的基因组大约有 30 亿个碱基对，我们假定基因组是一本《唐诗三百首》，如果在《唐诗三百首》里面发现了一首先秦的诗，就好比在人的基因序列当中突然出现了一个跟人完全无关的序列，这就可能是外界感染的，也就是我们讲的新冠病毒。

我们假定《诗经·秦风·无衣》就是冠状病毒科，包含多种同宗异名的冠状病毒，比如：

“岂曰无衣？与子同袍。”是 SARS 病毒；

“岂曰无衣？与子同泽。”是 MERS 病毒；

“岂曰无衣？与子同裳。”是新冠病毒。

在遗传层面上，它们基因的相似度是 87.5%（8 个汉字中有 1 个不同）。如果根据“无衣”设计引物，只能找到冠状病毒，至于是 SARS、MERS 还是新冠就不清楚了；如果想找到新冠病毒，引物就要按照“同裳”来设计。

精准设计引物只是试剂盒检测准确度高的一个因素，要想选择合适好用的试剂盒，首先要选有权威机构审批的，比如中国需要国药局（即 NMPA）认证，欧盟需要 CE 认证，美国需要 FDA 认证。

面对疫情，速度就是生命。一些试剂盒厂家号称能“30 分钟做一份检测”，甚至“几分钟做一份检测”，不断地刷新着大众的认知。快速检测固然可以提高诊断速度，缩短大家等待结果的时间，然而“快”就一定好吗？其实不然。

首先，缩短时间必然要以降低灵敏度为代价。要知道，病毒在侵染人体细胞后，会在人体细胞内进行复制，只有病毒的载量达到一定量后，才可以被检出。这就关系到试剂盒的灵敏度，也就是它的检出限。优秀的 RT–PCR 试剂盒灵敏度目前可以达到 100 copies/ 毫升，即每毫升中有 100 个病毒分子就能检测出来；而快速检测试剂的灵敏度要在 500 copies/ 毫升，甚至 1000 copies/ 毫升以上，也就意味着等病毒的载量达到前者的 5~10 倍才能被检出。那么在大部分受检者没有出现症状，病毒含量很低的筛查场景下应用时，这种试剂盒就可能会导致错检或漏检。这个时候，核酸检测“准确筛查”的意义就大打折扣了。所以说，准确度和检测速度在一定程度上是呈负相关的，或者说，在某种程度上要达到一个平衡。

其次，换一种逻辑来理解，在大样本情形下，“多”反而意味着“快”。在大规模筛查的时候，不是单纯追求一份样本检测有多快，而要看一批样本检测有多快。所以，通量大就是“快”的另一种体现。同样是一批样本，RT–PCR 实验室在 6 小时内可以轻松地检测 2000 例样本，算下来平均每分钟能检测超过 5 例样本。从这个意义上看，每份样本检测时间仅需要 10.8 秒。同时，还得考虑价格。这种速度快的检测试剂，因为通量低且工艺复杂，其价格通常是 RT–PCR 试剂的数倍甚至十倍以上。

另外一种快速检测的方式是抗体检测，采样便捷、操作简单、结果直观，尤其是胶体金法，一般采一滴血 15 分钟，就可以用肉眼观察检测结果。所以，在第七版、第八版《方案》中，血清学抗体检测也被加入确诊病例的依据中，作为核酸诊断的补充手段。

抗体检测是检测人血清、血浆和静脉全血样本中新冠病毒特异性 IgM/IgG 抗体。感染新冠病毒发病或受到抗原刺激后，血清特异性抗体会逐渐产生。首先出现的是免疫球蛋白 IgM 抗体，然后出现 IgG 抗体。IgM 抗体产生早，一经感染，快速产生，但维持时间短、消失快，血液检测呈阳性可作为早期感染的指标。IgG 抗体产生晚，维持时间长、消失慢，血液检测呈阳性可作为感染和既往感染的指标。

不过，对于已接种疫苗或既往感染过新冠病毒者，一般身体内也会产生抗体，这个时候如果想检测是否被感染，就无法用抗体检测进行判断。所以第九版《方案》中提出，接种新型冠状病毒疫苗者和既往感染新型冠状病毒者，原则上抗体不作为诊断依据，并且在核酸检测的基础上增加抗原检测作为补充。

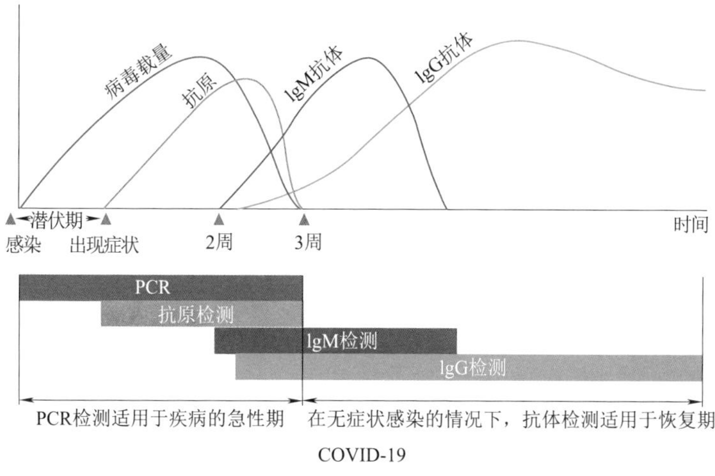

新冠病毒检测方法的窗口期示意图，绘制者：符美丽

抗原检测又是什么呢？如果说核酸是病毒里面的基因，那抗原就像是病毒外面穿的“衣服”。抗原检测是利用抗原和抗体可特异性结合的原理，识别病毒表面表达量较高的核衣壳蛋白，识别到则判断为被感染。检测时可以采集鼻咽或口咽拭子分泌物，然后在试纸上进行反应，方便快捷，一般 15~20 分钟即可出结果。在不具备核酸检测的条件下，该方法可以作为一种补充检测方法。

虽然核酸检测有速度快、成本低等优点，但因为检测的是病毒“外衣”，毕竟不是病毒“真身”，所以，检测的准确性、灵敏性和特异性都要差一些。

核酸检测样本一般为鼻拭子、咽拭子、鼻咽拭子、痰液、支气管灌洗液、肺泡灌洗液等，检测对样本保存、采样人员操作、检测设备、实验场地等方面都有较高的要求，抗体和抗原检测的便捷正好可以在这些方面进行补充。但抗体检测和抗原检测都会出现假阴性或假阳性。比如，在新冠病毒感染早期，人体内病毒的载量较低，这时抗原检测就会存在窗口期，还有些检测试剂盒灵敏度不高，这些情况都容易出现假阴性结果。另外，抗体检测还可能因为标本中存在干扰物质，如类风湿因子、异嗜性抗体、自身抗体，以及药物和肿瘤细胞等，易造成试验的交叉反应而出现假阳性结果。

总之，不管是抗原检测还是抗体检测，都不能代替核酸检测。过分追求检测速度很可能会漏检，检测抗体或抗原却号称能早筛就是“耍流氓”。在实际检测中，为了提高病毒携带者的阳性检出率，还是建议根据情况将核酸检测和其他检测联合使用，综合判读。

破灭！“瑞德西韦”无效

新冠感染病例呈指数级上升，除南极洲全球都已沦陷，检测可以快速确定被感染病例，但对已感染病患的治疗却无能为力。虽然疫情初期，各个国家就已经部署了新冠疫苗和药物的研发路线，但疫苗和药品上市需要经过严格的试验和审批，短期内新冠患者康复还得靠呼吸机和自身抗体力。

然而，面对几乎手无寸铁的我们，病毒并没有“心慈手软”。截至 2020 年 6 月底，全球累计确诊病例已经超过 1000 万例，死亡病例累计超过 50 万例。在新冠疫情暴发的半年时间内，平均每月因新冠病毒死亡的人数达到 7.8 万，而世界卫生组织 2018 年统计的数据，平均每月因艾滋病死亡的人数为 6.4 万，因疟疾死亡的人数为 3.6 万。

越是黑暗，人们的心里就越需要一束光，虽然有的光仅仅是想象的。比如，板蓝根、双黄连，以及被中国网友誉为“人民的希望”的瑞德西韦（Remdesivir），而瑞德西韦算是这里面最亮的一束光。这款“神药”可谓一夜爆红，而让它爆红并送它走上神坛的，是 2020

年 1 月 31 日发表在顶级期刊上一篇治愈美国患者的论文。

2020 年 1 月，美国发现首例新冠病毒感染患者，住院后高烧迟迟不退，病情一直没有好转。医生决定“死马当活马医”，抱着试一试的心态，在患者入院的第七日晚，给他注射了一款原本针对埃博拉病毒研制的药物。神奇的效果出现了，用药第二天，患者病情就迅速缓解，医院停止补充氧气后，患者的血氧含量还提高了。用药的第三天，患者咳嗽程度不断减弱，肺炎症状几乎消失。消息一出，全球沸腾，这款“神药”也被视为最有可能成为新冠特效药的药品，开始备受全球关注。

俗话说，孤证不立。现在我们知道，新冠病毒感染本来就是一种自限性疾病，很多患者靠自身免疫也可以自愈，这位患者症状好转的真正原因是不是瑞德西韦还不能确定。但在当时，这就是一束光，照进了在黑夜中等待黎明的人们心里。

其实，你可能不知道，就像伟哥最初是用来治疗心脏病，口服避孕药炔诺酮一开始是用于调理月经一样，瑞德西韦最早的研发目的其实是治疗丙肝。2009 年，美国吉利德公司为了治疗丙肝而研发了此药，后来经过不断改进，发现它还可以通过攻击病毒在细胞内复制所需的酶来控制呼吸道病毒。2014 年，瑞德西韦被用于治疗非洲埃博拉病毒，但是因为效果不理想而被中止研究。直到 2020 年初新冠疫情的出现，才再次被前文提到的医生大胆启用。

在这次新冠病毒感染的治疗中，我们看到了很多的“老药新用”。为什么会这样呢？主要还是因为药物的研发耗钱又耗时间，有些药物可能过了十几年还没有获批上市，而有的药物上市以后几年才发现有较为严重的安全问题。制药公司从发现一种化合物，到验证其对某种疾病有效，再到上市，往往要先经过动物试验，再经过Ⅰ~Ⅲ期临床试验等一系列烦琐的流程。所以即便临床试验数据不理想，公司通常也不会直接把药物作废，而是先放一放，找合适的机会再重新启用。

瑞德西韦同样也经历过一波三折，这次的走红让它再次被推到了舆论的风口上，临床试验、专利纠葛、“蹭热度”抬股价，这款“神药”一直是本次疫情最热的话题之一。美国首例新冠肺炎患者被治愈后，瑞德西韦迅速在美国和中国开始了临床试验。两个多月后，中美三个不同的临床试验先后发布试验结果，中国的临床试验显示瑞德西韦与安慰剂相比无显著差异，换句话说，瑞德西韦的疗效不明显。

虽然在业内同行看来，中国的临床试验设计最为严谨科学，执行的标准也最为严格，但在美国国家过敏和感染病研究所所长安东尼·福奇（Anthony Fauci）的支持下，美国的临床结果却表示其有一定疗效，并且于 2020 年 5 月 1 日被 FDA 授权“紧急使用”于治疗新冠病毒感染。然而这个“有一定疗效”实际上并未能显著降低死亡率，仅仅是加快恢复速度而已，距离救命“神药”还有很长的距离。

至此，瑞德西韦跌落“神坛”，人们心中的希望化为泡影。

目前人类已发现的病毒种类有 7000 多种（实际上远远不止这些），其中可感染人类的病毒有 300 多种，“最厉害”的几十种病毒堪称威胁人类健康的罪魁祸首，而人类也从来没有停止与之的抗争。对于新冠来说，“人民的希望”虽然暂时破灭，但科学家们还在继续寻找新冠药物乃至特效药。幸运的是，经过不懈的努力，到尹哥 2022 年年初成书时，已经有几款表现较好的口服药处于临床三期或正在申请上市，还有两款分别在英国、美国和中国获得紧急授权。

希望就在眼前。

气膜！这个科技够硬！

了解“人体78%都是水分”这个实验的读者，应该都知道臭名昭著的“七三一”部队，他们曾在二战期间以“战争研究”为幌子从事人体实验、动物实验、细菌武器研究、生化武器研究生产等一系列战争犯罪活动。二战胜利后，侵华日军七三一旧址（哈尔滨平房区）被作为重要史迹受到保护。

日军投降75年后，也就是2020年5月1日，曾经开展过惨无人道实验的七三一原址，现在却因“守卫人民身体健康”的伟大使命再次被征用。为了应对哈尔滨突发的新冠疫情，快速提升当地核酸检测能力，由6个气膜构成的“火眼”实验室被正式搭建在这里，以日检测通量1万人的规模，助力哈尔滨及时精准排查新冠病毒。

全球首个投入“实战”的哈尔滨“火眼”实验室（气膜版），拍摄者：苏航

气膜版“火眼”实验室？是的，你没有看错。它真的是充气式、可实现负压的生物安全实验室，这可是汪建最先提出设想，尹哥组织华大基因、同济大学和上海易托邦共同设计的硬核科技产品。这个设

计灵感来自“赵州桥 + 线粒体”，可谓是建筑学和生物学的完美融合。经过快速迭代升级，在哈尔滨搭建使用的已经是气膜版“火眼”实验室的 2.0 版本。这也是全球首个投入使用的气膜版“火眼”实验室，它的全面投用为黑龙江疫情防控和复工复产提供了重要的科学依据。

气膜版“火眼”实验室不仅是世界上首座可移动充气式 P2 级生物安全实验室，同时也是为了快速解决当时多个国家没有生物安全实验室而提供的一个综合解决方案。顾名思义，气膜版就是因为实验室采用了气膜结构进行模块化布局，所以比起一般的固定实验室，它有快速建造、快速布局、根据情况可灵活移动、打包后可利用客机空运等优点。

为什么会有气膜版实验室的构想呢？

新冠疫情暴发以来，世界各国守望相助，共同抗疫。面对全球百年来最大的公共卫生危机，新冠病毒早期筛查、应急检测能力直接关系到疫情暴发波形是否陡峭、是否会出现医疗资源挤兑风险。

世界各国正面临着和中国疫情之初相同的问题：检测试剂缺乏和检测能力不足。很多国家的检测能力没有建立起来，医疗资源被严重挤兑。在德国，每一个有感冒症状的人都会得到检测；而在英国，只有症状非常严重的病人才能得到检测，轻症病人被要求居家观察。一份核酸检测在美国要高达几千美元，西雅图某家养老院的一名工作人员因怀疑自己被感染想要检测，却被告知她根本没有资格。但病毒感染并不会区分贫富贵贱，只有检测能力足够大，才有可能做到应检尽检、人人可及。

再加上近年来，不同的流行病在人类社会中蔓延越来越频繁，这无疑凸显了各国应对流行病的综合筛查能力、应急检测能力常态化建设的重要性。气膜版“火眼”实验室的搭建，就是希望能够支撑全球各个国家的常态化检测能力，帮助各个国家将疫情遏制在早期发展阶段。

在哈尔滨小试牛刀取得亮眼的表现后，“火眼”实验室（气膜版）便漂洋过海，被运输到加蓬、沙特阿拉伯、哈萨克斯坦、多哥等国家，与固定式“火眼”实验室相互配合，开始在国际抗疫舞台上大显身手。截至成书之日，全球 14 个国家和地区已启动了 42 座气膜版“火眼”实验室，合计日检测通量超过 100 万例。

“大国要有大国的样子，大国要有大国的担当。”中国支援全球抗疫正是践行大国责任和担当。作为全球抗疫和公共卫生安全体系的硬核科技载体，“火眼”实验室（气膜版）在助力全球疫情防控的同时，也取得了德国 IF 设计奖、最佳设计红点奖、当代好设计金奖、深圳国际工业设计大展至尊奖等一系列荣誉，代表中国成为援助世界抗击疫情的友好使者，受到全球多个国家的赞扬。

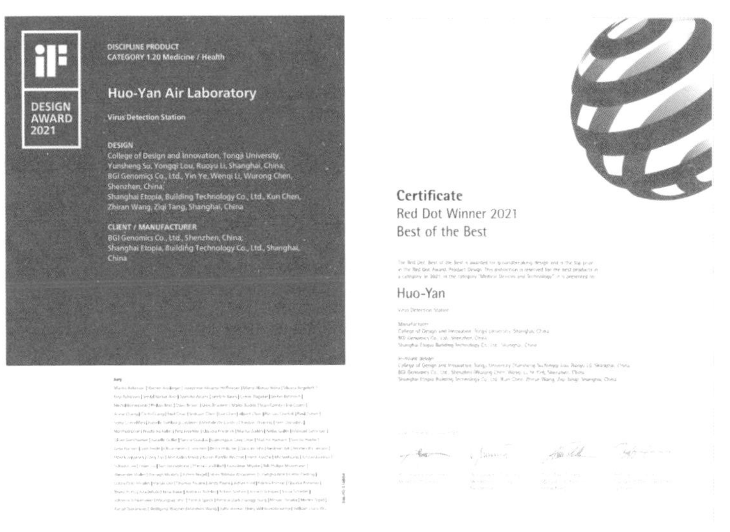

“火眼”实验室（气膜版）获得了德国 IF 设计奖和最佳设计红点奖

驰援！“火眼”点亮全球！

“山川异域，风月同天”，这是在疫情初期，随日本向中国捐赠的物资一起到来的诗句。短短八个字，却曾在疫情最艰难的时期，给我们带来了深深的感动，让我们感受到中日两国人民深厚的友情，也让我们认识到，在这场没有硝烟的战争中，人类才是最应该紧密团结在一起的战友。

“投我以木桃，报之以琼瑶”，当全球面临严峻的疫情考验时，中国也责无旁贷地为各国抗疫提供了力所能及的援助，口罩、防护服、试剂盒、检测设备……用行动把温暖传递到全球。

2020 年 5 月 1 日，塞尔维亚总统武契奇在新闻发布会上对中国的援助表示感谢。他说：“华大基因为塞尔维亚提供最先进的设备和技术，大大提升了病毒检测能力。没有中国的帮助，塞尔维亚无法达到这样的检测量。”这里“大大提升了病毒检测能力”的正是名为“火眼”的病毒检测实验室，它的核心设备和检测试剂由华大等企业捐赠，体现了中塞两国携手抗疫的决心和效率。

其实，中国援助世界的不仅仅是抗疫物资，还有自己以巨大代价和牺牲换来的宝贵防控经验和诊疗方案。从中东到非洲，从中亚到欧洲，从东南亚到拉美，一批批中国医疗专家不顾危险，战斗在全球疫情的“震中”，成为世界抗疫图景中的“逆行者”。“火眼”实验室就是中国企业向国际输出疫情防控解决方案的典型代表。在疫情期间，“火眼”实验室凭借其所具备的病原检测完整技术方案、成套设备、服务平台和标准体系，充分发挥大规模应急检测能力，为全国乃至全球打好、打赢疫情防控阻击战贡献了中国技术和经验。

第一个“火眼”实验室在武汉的快速落成和高效运行，很快就引起了国际社会的关注。阿联酋率先提出，希望能在当地快速建立“火眼”这样的具有大规模检测能力的实验室。当地时间 2020 年 3 月 29 日启用的阿布扎比“火眼”实验室，就是全球首个国际合作建设且具备数万人级别日检测通量的“火眼”实验室，也是“火眼”把国内经验和技术标准传递给当地的成功案例。

病毒蔓延的速度超乎想象，一时间，搭建高通量的核酸检测能力成为各国的急切需求。文莱、菲律宾、加蓬、沙特阿拉伯、多哥、巴西、埃塞俄比亚等都纷纷向中国寻求帮助，“火眼”实验室作为抗疫行动中的“中国名片”，在向各国运送检测试剂和设备的同时，也把一批批检测人员送到当地，希望真正地“授之以渔”，把先进的检测技术和防控经验留在当地。从来就没有从天而降的英雄，只有挺身而出的凡人。为了让这些高科技系统能够在全球各地流畅运行，尹哥身边超过 3500 名小伙伴纷纷奔赴全球各地，其中最长的有 600 多天没回过家。他们在消灭一个个病毒的时候，也为各国点亮一座座灯塔。

2022 年初，香港第五轮疫情暴发，香港“火眼”实验室被再次启用，华大的小伙伴们也又一次积极投入了抗击香港疫情的战疫中。

香港“火眼”实验室（气膜版），于 2022 年 2 月重启，拍摄者：Flora Feng

在向各国提供援助的过程中，“火眼”实验室结合实际需求不断演化，打造出了方便飞机运输的气膜版、硬膜版“火眼”，随走随停、哪里有疫情就在哪里检测的车载翼舱版“火眼”，以及专门针对流动性人口较多的机场“火眼”等多种类型和灵活机动的解决方案。可以说，“火眼”实验室不仅火眼金睛，还有诸多变化，真正让病毒无处遁形。

截至 2021 年 12 月底，全球已有 30 多个国家和地区建成 90 余座“火眼”实验室，向世界展示了中国的大国担当和科技力量。其实，“火眼”仅仅是中国与世界团结合作抗击新冠疫情的小小代表，“火眼”的背后既是中国同国际社会同舟共济、共克时艰的真诚意愿和坚定决心，也是中国携手共筑人类卫生健康共同体的大国担当。疫情没有国界，病毒不分种族。同舟共济、命运与共，才是人类战胜病毒最有力的武器。

偷袭！冷链传播证实！

2020 年 9 月 24 日，青岛两名进口冷链产品装卸工人被检测出无症状感染，并且冷链产品和环境样本中也被检测出 51 份阳性样本。紧接着，国庆后的 10 月 11 日，山东省青岛市出现 3 例新冠肺炎无症状感染者。突发的疫情打破了青岛连续几个月无本土新增病例的平静局面，病毒到底来自哪里，引发了社会各方和科学家的关注。

“外防输入、内防反弹”，维护好来之不易的防控成果。这是在 2020 年武汉疫情传播基本阻断时，中央应对新冠疫情工作领导小组制定出的整体防控策略。武汉感染病例清零后，各地严防死守，将日新增病例基本控制在 2 位数以内，并且通过及时检测、及时隔离等策略，有效防止了病毒的大规模扩散。

然而，病毒像在跟我们捉迷藏一样，总是会在我们不太注意的角落出现。虽然已严防死守，某些地区偶尔还是会有个别本土新增病例。就像 2020 年 6 月北京的“西城大爷”，发病前两周无出京史，却仍不幸被感染。对这位大爷做流行病学分析后，追踪到其感染源与北京新发地批发市场有关。当时溯源人员在切割进口三文鱼的案板上检测到了新冠病毒，还一度被某些自媒体过度解读，造成“三文鱼危机”。还好专家们很快辟谣，将新冠病毒传播载体指向冷链产品。

而这一次疫情，是否依然是冷链产品在作祟呢？中国疾控中心的科学家们马上对青岛疫情开始了溯源工作，很快在鳕鱼外包装上发现两例装卸工人感染病毒基因组的父代病毒，而且成功分离到新冠活病毒，证实新冠病毒可以在物品外包装上存活较长时间，同时夯实了新冠病毒污染的冷链产品通过境外输入引入并造成重点人群感染的证据链，即“从物传人”。

其实，冷链传播路径并不是新冠病毒首创，其他病毒早已使用过这种流窜路线。比如：诺如病毒经常通过被其污染的贝壳类海产品，在冷藏或冷冻的条件下被远距离运输；甲型肝炎病毒也曾被发现附在草莓上，再通过物流传递给近距离或远距离的食用者。

青岛病毒溯源是国际上首次从进口被新冠病毒污染的冷链产品外包装上分离到了新冠活病毒，提示我们应对国际快速物流这个新冠病毒物品的“搬运工”提高警惕，为以往的疫情防控找到了潜在的漏洞，也为后来发生的几起本土聚集性疫情快速锁定源头打下了坚实的基础。回顾中国在北京、大连、青岛等地发现的冷链传播，均是对“指示病例”深度追查，通过流行病学、血清学和基因组溯源，最终才在证据链的牵引下发现了在冷链中隐秘传播的病毒。

抗击新冠疫情期间青岛“火眼”实验室工作人员合影，拍摄者：刘瑞清

我们知道，一张画纸越白，就越容易发现污点。冷链传播病毒的方式也只有在病例基本清零或阻断疫情的国家和地区才可以被挖掘到。中国常态化疫情防控的策略，使得整个国家在新冠病毒面前，像一张洁白的画纸，每一个病例的出现都会被清楚地发现，也让追踪隐秘传播的路径更容易。

抗体！特朗普神速出院！

新冠病毒作为全人类共同的敌人，并不会因为你的身份、地位、贫贱富贵而有所偏颇。病毒面前人人平等，它不会跟你讲政治，更不会因为你是权贵、名人就心慈手软。上到国家首脑，下到平民百姓，只要是人类，就都是新冠病毒的目标。

当时，继伊朗第一副总统贾汉吉里、西班牙副首相卡门·卡尔沃、摩纳哥元首阿尔贝二世亲王、英国首相鲍里斯·约翰逊和王储查尔斯王子、巴西总统博索纳罗等多位政要之后，美国时任总统特朗普也感染新冠了。

2020 年 10 月 2 日凌晨，特朗普通过社交媒体称，自己和夫人梅拉尼娅新冠病毒检测结果呈阳性，将立即开始隔离。接着于 2 日晚离开白宫，前往美国国家军事医疗中心接受治疗。三天后，特朗普以极快的速度治愈了新冠病毒感染，并于 10 月 5 日离开该医疗中心，返回白宫开始工作。

这一幕被网友们戏称为“十月惊奇”。我们先不讨论这是不是特朗普为了大选表演的苦情戏，主要看一下特朗普治愈新冠的经过。

特朗普住院后，两天内用药超 8 种。当时，世界上并无治疗新冠病毒感染的特效药，特朗普确诊后的一系列治疗，在许多医生看来，是一个“全包围试药”的过程。特朗普到底用了什么药呢？已公开的治疗药物清单包含了“抗体鸡尾酒”疗法 REGN–COV2、锌、维生素 D、法莫替丁、褪黑素、阿司匹林、瑞德西韦、糖皮质激素地塞米松等。当然，之前被特朗普大力吹捧的“消毒水和羟氯喹”并未列在其中。清单中真正对新冠病毒有治疗作用的只有瑞德西韦和 REGN–COV2。

前文中对瑞德西韦做过分析，其声称的主要功能是治疗疑似或确诊的重症患者。特朗普在治疗期间每天不忘辛苦工作，明显不是重症患者，所以可以认为瑞德西韦在特朗普的治愈中起到的作用非常有限。那么，真正起到治疗作用的应该就是抗体鸡尾酒疗法（antibody cocktail）了。

在解释抗体鸡尾酒疗法之前，我们首先来了解一下什么是抗体疗法。病原微生物在入侵人体后，会刺激人体的免疫系统产生多种抗体。其中有一部分抗体能够迅速识别病原微生物，与其表面的抗原结合，阻止病原微生物与人体细胞的结合，并且可以帮助机体清除病原微生物和被感染的人体细胞，进而保护人体免受侵害。这个过程就是抗体疗法，其中发挥作用的抗体就叫作中和抗体。相比疫苗和药物，中和抗体具有治疗加预防的双重效果。

但由于病原微生物复制周期短、突变频率高，而且变异毒株序列的不同会导致抗体保护效力存在差异，所以对于抗体药物的开发来说，难点就是防止病原变异逃逸（耐药）。抗体鸡尾酒疗法是通过不同的比例和组合把不同的抗体混合为一个药物，进而弥补单一抗体作用的不足，实现“1+1>2”的药效。当其中一种抗体发生耐药时，其他抗体依然能够起到保护作用。

本次全球治疗新冠病毒感染的药物中，中和抗体也是一个研发的重点。不过在特朗普感染新冠的时候，还没有抗体药物获批。医生给他用的是处于临床试验阶段，美国再生元制药公司（Regeneron）的 REGN-COV2。这款药物是由两种单克隆抗体 REGN10933 和 REGN10987 构成，临床试验表明其可改善轻度至中度新冠肺炎非住院患者的症状，并减少病毒载量。

在接受一剂 8 克的抗体混合物治疗后，特朗普表示：“这简直难以置信，我立刻感觉很好。”虽然抗体的药效跟使用剂量、患者体质等因素都有关，但是特朗普能够快速被治愈，毫无疑问对公众是个好消息。在特朗普的代言下，2020 年 11 月 21 日，这款中和抗体药物获得 FDA 紧急使用授权。

但不可忽视的是，特朗普是“一国之尊”，可以享受顶级的医疗保障。他所用的瑞德西韦和 REGN-COV2，价格都不便宜。瑞德西韦在美国一个疗程的费用是 3120 美元，约合人民币 21800 元。而 8 克抗体鸡尾酒 REGN-COV2 在当时估算的价格更高达 33 万美元，约合人民币 230 万元。

可笑的是，在特朗普确诊当天，美国新增确诊病例超过 4.8 万例，特朗普可以很快被治愈，但这些患者又该如何接受良好的治疗，如何承担天价的药费？

上市！疫苗百家争鸣！

在人类预防传染病的漫漫长路上，疫苗的发明可以说具有里程碑意义。然而疫苗的研发是一个非常漫长的过程，从来不是以月计，而是以年甚至十数年计。很多疫苗甚至疫情都结束了还没有被研发出来，比如 SARS 疫苗，甚至一直都做不出来，比如 HIV 疫苗。

必须承认的是，新冠疫苗是人类有史以来研发速度最快的传染病疫苗。此前，研发速度最快的疫苗是 20 世纪 60 年代的腮腺炎疫苗，从病毒采样到疫苗获批一共耗时 4 年。而新冠疫情于 2019 年底暴发，2020 年底就有多种疫苗获得紧急使用授权或附条件上市。不到 1 年的时间，人类就研制出应对这个传染病的“盔甲”，在与传染病研究相关的生命科学和生物技术产业再一次刷新纪录。当然，这一切都源于新冠病毒的传播速度和人类战胜病毒的决心，也要得益于前几年对冠状病毒（SARS、MERS）研究的积累和疫苗生产流程的提速。

疫苗的研发也是一场与病毒的竞速赛。回顾这场赛事，中、美两国从一开始就领跑在先，随后全球医药巨头纷纷加入，群雄并起，直至 2020 年底全球基本形成中、英、俄、美、印“五国演义”的局势。国产新冠疫苗一直位列全球“第一梯队”，截至 2023 年 3 月，我国国内共有 10 款附条件批准或紧急使用批准的新冠疫苗，包括 5 款灭活疫苗、2 款病毒载体疫苗、2 款重组蛋白疫苗，以及 1 款 mRNA 疫苗。

这次新冠疫苗研发的技术路径应该是最全面的，基本可分为五条，包括灭活疫苗、减毒活疫苗、基因工程重组蛋白疫苗、病毒载体疫苗和核酸疫苗（mRNA、DNA）。五种技术各有优劣，见效快的安全性不一定好，持续作用长的成本又高。

1. 灭活疫苗

从“微生物学之父”路易斯·巴斯德发明灭活疫苗以来，疫苗的研究已经走过 100 多个年头，积累了一定技术。灭活疫苗是最传统的经典技术路线：在体外培养新冠病毒，然后将其灭活，使之没有毒性，但这些病毒的“尸体”仍能刺激人体产生抗体，使免疫细胞记住病毒的模样。

灭活疫苗是研发工艺最成熟、安全性最高的疫苗。它的优点是制备工艺成熟、安全性高，是应对急性疾病传播通常采用的手段，本次中国新冠疫苗接种大多选用了该技术路线的产品。灭活疫苗很常见，我国常用的乙肝疫苗、脊髓灰质炎灭活疫苗、乙脑灭活疫苗、百白破疫苗等都是灭活疫苗。但灭活疫苗也有缺点，如需要大量培养病毒，免疫期短、免疫途径单一等，在登革热等部分病毒感染中会造成抗体依赖增强效应（ADE），使病毒感染加重。

研发这类疫苗的代表厂商包括：中国国药集团北京所和武汉所、科兴生物、康泰生物，印度 Bharat Biotech。

2. 减毒活疫苗

减毒活疫苗是指病原体经过各种处理后，发生变异，毒性减弱，但仍保留其免疫原性的疫苗。它是非常重要的一类疫苗，我们平时常见的减毒活疫苗有乙型脑炎减毒活疫苗、甲型肝炎减毒活疫苗、麻疹减毒活疫苗等。减毒活疫苗免疫原性强、持续时间长，但研发速度缓慢、筛选难度高，截至成书时，尚未有此类新冠疫苗上市。

3. 基因工程重组蛋白疫苗

基因工程重组蛋白疫苗是指通过基因工程的方式在工程细胞内表达纯化病原体抗原蛋白，然后制备成疫苗。相当于不生产完整病毒，而是单独生产很多新冠病毒的关键部件"钥匙"，将其交给人体的免疫系统认识。

基因工程重组蛋白疫苗的优点是：安全、高效、可规模化生产。这条路线有成功先例，比较成功的基因工程亚单位疫苗是乙型肝炎表面抗原疫苗。缺点是其抗原性和产量受到所选用表达系统的影响，因此在制备疫苗时就需对表达系统进行谨慎选择。

研发这类疫苗的代表厂商包括：美国 Novavax，中国智飞生物。

4. 病毒载体疫苗

这次疫情中最具代表性的要数腺病毒载体疫苗。病毒载体疫苗以复制缺陷的病毒为载体，装入基因工程制备的抗原蛋白或抗原的基因，制成病毒载体疫苗。其优点是相对安全、高效，其缺点是需要考虑如何克服"预存免疫"的问题（即和人体原有抗体中和，故也有采用猩猩病毒载体以避开此效应的路线）。也就是说，在部分人群中有效性可能不足。

研发这类疫苗的代表厂家包括：中国军科院与康希诺，牛津大学与阿斯利康，美国强生，俄罗斯加马列亚流行病与微生物学国家研究中心。

5. 核酸疫苗

核酸疫苗包括 mRNA 疫苗和 DNA 疫苗，源于近几十年发展起来的基因治疗领域，其中 mRNA 疫苗是第一次登上历史舞台，也是中国以外，特别是发达国家主要选择的产品。核酸疫苗将抗原蛋白对应的 DNA 或 mRNA 序列直接引入被接种者的细胞，通过被接种者细胞自身的转录系统转录并翻译成抗原蛋白，从而诱导宿主产生对该抗原蛋白的免疫应答，获得相应的免疫保护。通俗地说，相当于把一份记录详细的病毒档案交给人体的免疫系统。其优点是研制时不需要合成蛋白质或病毒，流程简单，可批量生产并可根据病毒变异快速更新；缺点是保存条件苛刻，不易运输，因上市时间有限不良反应数据仍不足。

研发这类疫苗的代表厂商包括：美国 Moderna 与 NIAID，美国辉瑞与德国 BioNTech，中国石药集团、沃森生物等。

在防御新冠疫情这场全球公共卫生运动中，mRNA 疫苗是对新冠疫苗技术的首次尝试，是不同于传统药物治疗研发过程的一次技术革新。从 1960 年 mRNA 首次被成功提取，到 60 年后的今天我们通过改造 mRNA 得到具有划时代意义的新冠 mRNA 疫苗，这项技术正以我们意想不到的速度产生着巨大的意义。疫苗带给人类的不仅是对病毒的防御能力，还促进了人类在医疗领域的跨越式前进。

截至 2021 年 11 月初，全球各个国家医疗部门批准的新冠疫苗已达 25 种，其中 7 款来自中国。随着疫苗的成功上市，新冠疫情也逐渐被控制在可控范围内，然而病毒变异率高，全面接种新冠疫苗仍然是人类的当务之急。

“如果我们不共享疫苗，病毒将共享世界。”正如时任中国疾病预防控制中心主任高福所言，中国其实很早就意识到应该全人类共享疫苗。在其他国家大量囤积疫苗的时候，中国已开始行动向发展中国家提供援助，不仅提供疫苗，还帮助它们建立本地疫苗生产线。对于许多国家来说，中国疫苗是它们获得的第一批疫苗。2020 年 10 月 8 日，中国还同全球疫苗免疫联盟签署协议，正式加入世界卫生组织发起的“新冠肺炎疫苗实施计划”（COVAX），致力于在 2021 年向全球提供 20

亿剂疫苗，为世界各国建立免疫屏障。

既往疫苗的研发之路从来就是布满荆棘，可能刚刚还是艳阳高照，转眼就是乌云雷动；也可能一路所向披靡，到最后却销声匿迹。但新冠疫苗的研发可以说挑战了疫苗研发甚至药械研发的整个范式，在影响着人类对病毒深刻认识的同时，也在悄悄改写着人类疫苗研发的未来。

毒王！德尔塔株来了！

新冠病毒感染是全人类面临的共同挑战，不管病毒起源于哪里，我们都不应该对其报以怨恨、充满歧视，而是要一视同仁地报之以同情和关怀。为了防止污名化，避免“西班牙大流感”（一战流感疫情期间，对中立国西班牙的污名化）、“唐抢”（日本对梅毒的称谓）等情况再次发生，世界卫生组织对新冠病毒主要变异病毒类型的命名都是用希腊字母。从 2020 年 12 月底的阿尔法（Alpha）毒株到奥密克戎（Omicron）毒株，仅不到一年的时间，还能用来命名的希腊字母就已经所剩无几了，新冠病毒的变异速度令人惊诧。

新冠病毒为什么这么容易突变呢？我们知道，新冠病毒是一个 RNA 单股正链病毒，它的结构很简单，就是蛋白质外壳加上遗传物质 RNA。当它侵入人体细胞以后，携带的 RNA 就开始疯狂复制。在数亿次的复制过程中，病毒有可能会随机出现复制错误，导致核苷酸序列改变，这就是我们说的“突变”。新冠病毒有 3 万个碱基，碱基的突变频率在百万分之三左右，所以大概每 10 个病毒中就可能会有 1 个出现突变。可以说，突变对于新冠病毒来说是一个正常现象。

经历过新冠病毒这么多次的突变后，人们对突变株也渐渐有了

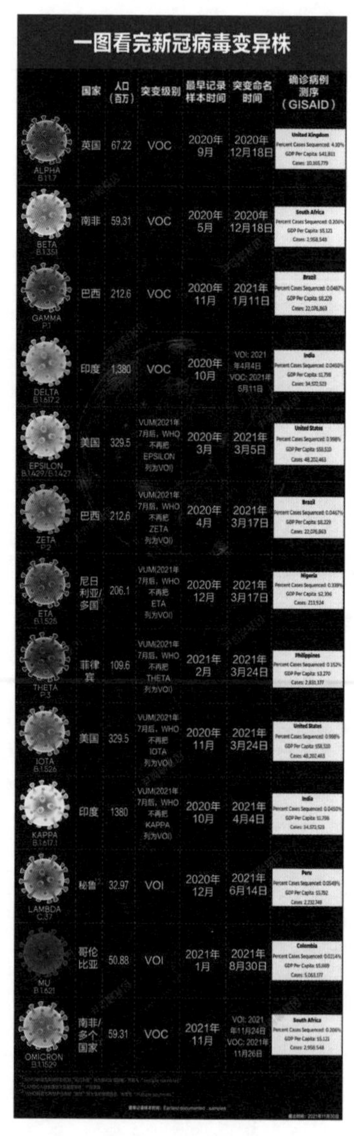

一图看完新冠病毒变异株

	国家	人口（百万）	突变级别	最早记录样本时间	突变命名时间	确诊病例测序（GISAID）
ALPHA B.1.1.7	英国	67.22	VOC	2020年9月	2020年12月18日	United Kingdom Percent Cases Sequenced: 4.30% GDP Per Capita: $41,811 Cases: 10,165,779
BETA B.1.351	南非	59.31	VOC	2020年5月	2020年12月18日	South Africa Percent Cases Sequenced: 0.206% GDP Per Capita: $5,121 Cases: 2,958,548
GAMMA P.1	巴西	212.6	VOC	2020年11月	2021年1月11日	Brazil Percent Cases Sequenced: 0.0467% GDP Per Capita: $8,229 Cases: 22,076,863
DELTA B.1.617.2	印度	1,380	VOC	2020年10月	VOI: 2021年4月4日 VOC: 2021年5月11日	India Percent Cases Sequenced: 0.0450% GDP Per Capita: $1,798 Cases: 34,572,523
EPSILON B.1.429/B.1.427	美国	329.5	VUM(2021年7月后，WHO不再把EPSILON列为VOI)	2020年3月	2021年3月5日	United States Percent Cases Sequenced: 0.998% GDP Per Capita: $58,510 Cases: 48,202,463
ZETA P.2	巴西	212.6	VUM(2021年7月后，WHO不再把ZETA列为VOI)	2020年4月	2021年3月17日	Brazil Percent Cases Sequenced: 0.0467% GDP Per Capita: $8,229 Cases: 22,076,863
ETA B.1.525	尼日利亚/多国	206.1	VUM(2021年7月后，WHO不再把ETA列为VOI)	2020年12月	2021年3月17日	Nigeria Percent Cases Sequenced: 0.339% GDP Per Capita: $2,396 Cases: 213,924
THETA P.3	菲律宾	109.6	VUM(2021年7月后，WHO不再把THETA列为VOI)	2021年2月	2021年3月24日	Philippines Percent Cases Sequenced: 0.152% GDP Per Capita: $3,270 Cases: 2,831,177
IOTA B.1.526	美国	329.5	VUM(2021年7月后，WHO不再把IOTA列为VOI)	2020年11月	2021年3月24日	United States Percent Cases Sequenced: 0.998% GDP Per Capita: $58,510 Cases: 48,202,463
KAPPA B.1.617.1	印度	1380	VUM(2021年7月后，WHO不再把KAPPA列为VOI)	2020年10月	2021年4月4日	India Percent Cases Sequenced: 0.0450% GDP Per Capita: $1,798 Cases: 34,572,523
LAMBDA C.37	秘鲁	32.97	VOI	2020年12月	2021年6月14日	Peru Percent Cases Sequenced: 0.0549% GDP Per Capita: $5,792 Cases: 2,232,748
MU B.1.621	哥伦比亚	50.88	VOI	2021年1月	2021年8月30日	Colombia Percent Cases Sequenced: 0.0214% GDP Per Capita: $5,889 Cases: 5,063,177
OMICRON B.1.1.529	南非/多个国家	59.31	VOC	2021年11月	VOI: 2021年11月24日 VOC: 2021年11月26日	South Africa Percent Cases Sequenced: 0.206% GDP Per Capita: $5,121 Cases: 2,958,548

截至 2021 年底新冠病毒所有变异毒株，绘制者：吴彪

认识，并不是每一种突变都是致命的。截至 2021 年 12 月，世界卫生组织共命名追踪了 13 种新型变异株，将其中的 5 种列为“受关注的对象”，包括最早发现于英国的阿尔法毒株、发现于南非的贝塔（Beta）毒株、发现于巴西的伽马（Gamma）毒株，以及发现于印度的德尔塔（Delta）毒株，还有在南部非洲发现的奥密克戎毒株。而其中，德尔塔变异毒株以其突出的传染性和免疫逃逸情况，被世界卫生组织称为“传播最快和最有适应性的”病毒，从 2020 年 10 月被发现到 2021 年 8 月，就已扩散至全球 148 个国家和地区，稳坐“毒王”宝座。

说起德尔塔毒株，就不得不说印度。德尔塔变异毒株最早是在印度被发现的，印度总共经历过两波大的疫情。第一波疫情来得比其他国家要晚些，虽然早在疫情暴发之初，很多人就预言印度将是世界上受疫情影响最大的国家，但在印度政府的提前应对、加强管控下，第一波疫情还是比较轻松就应对过去了。然而，很多人开始轻视病毒的威力，还把功劳归结于恒河水和牛粪疗法，虽然环境因素和卫生习惯可能使印度人有较强的免疫力，但印度人口众多，加上后来多次的大型社会聚集活动还是导致新冠病毒出现了变异，而且变得更强。此所谓，道高一尺，魔高一丈。

德尔塔变异毒株果然比其他毒株更具传播力和杀伤力，甚至很多人在注射疫苗后依然被感染，难道是新冠疫苗的保护力不可靠？

这个问题要从病毒的结构来分析，首先是传播力增加。新冠病毒表面的 S 蛋白是其进入人体细胞的“钥匙”，可以打开人体细胞表面的“锁”（即 ACE2）进入人体细胞，然后利用人体细胞内的结构和营养复制形成更多新冠病毒。德尔塔毒株由控制 S 蛋白的基因自发突变而成，这种突变让 S 蛋白与 ACE2 的融合更加容易，也让进入人体细胞的病毒复制更加快捷。换句话说，德尔塔毒株可以让新冠病毒更容易“开锁”进入人体细胞，并且更快地批量“生产”。

而 S 蛋白的这种变化，也导致现有疫苗的保护力减弱。目前世界卫生组织批准上市或可以紧急使用的疫苗，其机理都是模拟新冠病毒“开锁”进入人体细胞的过程，以主动刺激人体的免疫系统产生相应的免疫反应。接种后一定时间内人体都处于“战备”状态，会产生中和抗体，当遇到新冠病毒攻击时，免疫系统里的中和抗体和免疫细胞等会迅速投入“战斗”。但由于 S 蛋白与中和抗体结合的部位发生了变异，两者的亲和关系变差，从而让一些中和抗体未能发挥作用，导致人体依然被感染，这也叫作“免疫逃逸”。

新冠病毒如此容易变异，会不会再变出更大的“毒王”出来呢？

其实，人类始终面临着传染病的威胁，时不时就来一个“毒王”，今天叫新冠，2012 年叫 MERS，2003 年叫 SARS，30 多年前叫 HIV，100 年前叫西班牙大流感……放到整个生命史上看，这是再正常不过的事情了。

有明确证据证明，人类和冠状病毒的交锋在 2.5 万~3 万年前就已经发生了，20 世纪 60 年代开始我们忽然发现 4 种冠状病毒早就共生于人间，如今它们叫普通冠状病毒，你又怎么知道这些亚型开始来到人间时有多猖狂？正如显微镜发明之前无法看到微生物一样，不是今天病毒变异得更邪乎了，而是因为如今的测序技术普及了，我们开始有了可以时刻监测病毒变异的工具。当然城镇化程度的加深，使人类居住密度史无前例地加大；而现代交通工具的发达，也使得病毒传播速度史无前例地加快。

截至尹哥成书的时候，奥密克戎已经压住德尔塔，登上铁王座，并且又演化出一系列亚型变异毒株。但这就是终局吗？我们尚不得而知。但按照“高传染低致死”的方式来发展，才是聪明病毒的发展之路。

躺平！英国最先跪了？

2020 年 3 月 5 日，当英国政府通报首例新冠肺炎死亡病例时，民众才隐隐感到不安，时任首相鲍里斯·约翰逊却坚称不需要佩戴口罩，不少人还把新冠当玩笑，甚至出现多起吐口水的治安事件。英国当时的检测能力也很低，到 3 月 26 日，英国的确诊病例还不足 1 万人；而同期已经开展两周大范围检测的德国，确诊人数超过了 4 万。不检测也就没有确诊病例，但这不是自欺欺人吗？到了 4 月，疫情已经超出了英国人的想象，激增的死亡病例让政府发愁，四处寻找墓地，甚至挖了几个万人坑，等着埋葬因新冠病毒死亡的人。

传染病一直是欧洲历史上最为黑暗的一页，几经摧残的人们也找到了应对疫情的有效方法，各国更是花招尽出，而一向精明、信奉社会达尔文主义的英国人也有“自己的一套”，早在 2020 年 3 月就率先提出“群体免疫”的传统艺能，准备“无为而治”，“躺着”应对疫情。

英国人的小算盘打得叮当响，根据其首席科学顾问帕特里克·瓦朗斯的说法，大约 60% 的英国人感染新冠病毒，就能让社会对疫情具有“群体免疫”的能力。截至 2020 年初，英国大约有 6700 万国民，如果想躺赢，至少需要 4000 万人感染新冠病毒。而按当时世界卫生组织公布的新冠病毒致死率 3.4% 计算，要牺牲 100 多万人才有可能换取胜利。显然，这么沉重的代价放在任何一个国家都是无法承受的，很快就引起了全球的热议。

病毒很难被完全消灭，人类的胜利大多数时候只能建立在与病毒长期相处之上，尽管“群体免疫”的理论本身没有问题，但它却有很大的局限性。凡事都有个过程，尤其人命关天的事，更应该谨慎处之。“群体免疫”应当建立在对应疫苗已经成功研发、绝大部分人拥有抗体的基础上，顾头不顾腚的做法既不现实，也不道德。英国似乎也想朝着这方面去努力，不断加大疫苗的研发投入和接种率，但疫苗本身也是有研发周期的，而且随着新冠病毒的不断变异，疫苗的效果可能也会大打折扣。

2021 年 7 月 19 日，霍乱章节中提到的斯诺酒吧。在这一天，英国宣布不再封城，但奥密克戎带来的挑战恐怕又要让其食言，拍摄者：刘渊

梦想总是很美好，现实往往很残酷。“群体免疫”理念的一站到底、政客们的肆意妄行，终究要国民跟着一起买单，并毫无悬念地带来了沉重的灾难。截至 2022 年 1 月，英国累计确诊病例超过 1300 万，占人口总数的 1/5，已有超过 14 万鲜活的生命永远告别了这个世界。疫情转好，乃民心所向，但战胜疫情不光是“人定胜天”那么简单，还需要冷静和常识。英国的做法也给更多国家敲响了警钟：疫情面前不能太“佛系”！

奇葩！各国抗疫乱象

潮水退去时，才知道谁在裸泳。不仅是英国，那些曾经站在“道德制高点”上批判中国抗疫和“看热闹”的国家，在本国疫情面前的表现却乏善可陈。在美国，两党为了大选不断组织集会，人们追求不受约束的“自由”，认为只有病人才需要戴口罩；在韩国，邪教集会完全无视防疫规定，诞生多名造成千人隔离的“超级传播者”；在印度，政客推行“不检测就不会确诊”的路线，民众更是发明了拜神牛、吃牛粪、喝牛尿的治疗方法；在越南，当权者为刺激经济增长放宽防疫政策，引发数百万人逃离工厂……疫情无限放大社会的弊端，它光顾的地方，各路妖魔鬼怪都暴露无遗。

发达国家拥有世界上最先进的科学技术、最高的公共卫生投入，不少专家学者也指出防疫的最佳策略，但在疫情面前还是纷纷“翻车”。为什么他们明知不可为而为之？归根结底还是“屁股指挥了脑袋”。当居家隔离的政策真正执行时，经济倒退、失业率飙升等问题接踵而来，牵动着无数人的神经，也给执政者的定力带来极大挑战。最先绷不住的是美国，不到十天时间，美股就出现了三次史诗级熔断，纵是以巴菲特老爷子的阅历也不得不感慨“太年轻”。而疫情又恰好赶上美国大选，为了拉选票和稳定民众情绪，特朗普政府哪里还顾得上底层人民的水深火热，不得不提前“解封”，强行重启经济，甚至提出消毒液能治疗新冠病毒感染的荒谬言论。疫情这样天大的事，居然要为选票和支持率让步，简直是滑天下之大稽。

反观中国，面对疫情形势的不确定性，始终坚持人民至上、生命至上，坚持实事求是、尊重科学，不断因时因势优化完善防控措施，以防控战略的稳定性、防控措施的灵活性与病毒对决，为抗疫平稳转段赢得宝贵时间和最大空间。随着奥密克戎病毒致病性的减弱、疫苗接种的普及、防控经验的积累，因时因势优化疫情防控措施，尽力用最小成本在更短时间内控制疫情，尽力减少疫情对经济社会发展和民生的影响，确保疫情防控转段平稳有序。

尹哥不由感叹，我们不是生在了一个和平的年代，我们只是生在了一个和平的国家。

新冠病毒没有边境、国籍和政治立场的概念。它是自然的产物，终归要在自然的法则上运行。人类对疫情的漠视和污名化，才是其肆意蔓延的根本原因。世界各国都是疫情的受害者，人类社会是一个共同体，疫情面前没有谁能独善其身，只有全世界都控制住了，疫情才会平息下来。愈是动荡，愈是紧迫，愈要讲究“守脑如玉”，愈要破除盲从心理，保持科学的思辨精神和独立思考的能力。世界各国也应当用科学的眼光看待疫情防控，采取有效的手段遏制病毒传播，真正团结起来共同战“疫”才是破局之举。

标准！兵家必争之地

有个段子：四流企业做产品，三流企业做服务，二流企业做技术，而一流企业做标准。闹得沸沸扬扬的华为事件，本质上是5G通信标准之争。正所谓“得标准者得天下”。

随着新冠疫情在全球蔓延，各国均在积极制定和完善标准体系，一方面是为了满足自身防疫的需要，另一方面也是为了规范和抢占防疫市场。除了在防疫技术产品上竞争激烈，在防疫政策上各出奇招，标准亦是各国必争之地。

在过去很长一段时间里，FDA和CDC发布的诊疗标准一直是全球的金标准和风向标，引用美国标准成为多个国家审批诊疗产品、实施诊疗活动的习惯。然而，在新冠疫情防控方面，这个局面首次被打破了，由于其在新冠疫情防控上表现疲软，它在新冠的诊疗标准方面失去了引领地位。

在这轮全球防疫行动中，中国不仅将先进的技术产品向全球范围内进行了大量输出，也在“经验分享”和“标准输出”方面发挥出色。2020年11月28日，一项由华大基因和中国标准化研究院联合提出的国际标准提案ISO/AWI TS 5798《核酸扩增法检测严重急性呼吸系统综合征冠状病毒2（SARS–CoV–2）质量规范》[Quality Practice for detection of Severe Acute Respiratory Syndrome Coronavirus 2(SARS–CoV–2) by nucleic acid amplification methods] 获国际标准化组织医学实验室检验和体外诊断系统技术委员会（ISO/TC 212）投票通过，正式立项。

该标准提案依托华大基因规模化、标准化、信息化、自动化的“平战结合”新型技术平台与大规模“火眼”实验室快速建设和运营的丰富经验，旨在与全球专家一起分享我国新型冠状病毒核酸检测的先进技术和成功经验，总结提炼新型冠状病毒核酸检测质量要求，为全球医学实验室、体外诊断检测试剂开发人员和制造商及新冠病毒研究的机构和组织提供重要技术依据和技术支撑。目前，该标准正在由来自中国、日本、巴西、加拿大、美国、法国、澳大利亚、英国、德国、韩国、特立尼达和多巴哥及欧洲医学技术协会的30余位专家组成的联合工作组加紧研制中，发布后将成为全球首个由国际标准化组织发布的新冠病毒核酸检测的技术规范。

冷热兵器时代的战争总得拼个你死我活，标准之战大可不必，宜点到为止。与其说是“战争”，更希望是“美美与共”的“竞赛”，希望通过“竞赛”，各国、各单位之间能凝结共识、协调一致，在抢占先机、加大研发力度、制定法规和壁垒的同时，也要学会相互欣赏、相互学习、相互帮助。“达则兼济天下”，目前新冠病毒仍在不断变异升级、肆虐全球，我们同处于一个“地球村”，各国、各单位之间应在标准工作上加强合作，通过制定先进实用的标准，保障疫情防控的科学性，提高防疫产品的质量，推动抗疫设施的高效建设，助力优异防疫经验推广复制，以此共同抗击疫情，打赢这场全球新冠疫情阻击战。

加强！第三针已登场

新冠病毒持续变异，特别是德尔塔和奥密克戎变异毒株的出现对已有疫苗的保护率形成了较大的挑战。随着接种后时间的延长，以及病毒的不断变异，国内外出现很多完全接种两三针后依然被感染的病例，这直接影响了大众对疫苗的信任度。既然接种了疫苗，为何还会被感染？是不是白接种了？

mRNA 疫苗和灭活疫苗都出现了上述情况。以色列作为接种行动力最强的国家，其卫生部 2021 年 6 月初至 7 月初的数据表明，虽然辉瑞疫苗对中度和重度感染仍然有很好的保护作用，但还是有很多接种过辉瑞疫苗的民众被病毒感染、症状轻微。面对不断变异的病毒，辉瑞疫苗抗感染有效率已从 94.3% 下降到了 64%。灭活疫苗也是如此，抗体浓度在完成接种后 6~9 个月开始降低，进而导致疫苗的保护效力降低。

经过分析发现，疫苗保护效力降低主要有两个原因：一是完成接种时间较长，人体内中和抗体浓度降低，对病毒的抵抗力也开始减弱；二是病毒传染速度快，感染人群大，导致变异速度也较快。比如本来是为预防原始株研发的疫苗，但疫苗上市后遇上的病毒已经是德尔塔或奥密克戎了，疫苗刺激产生的抗体可能无法识别变异后的病毒，从而使疫苗的保护力度大打折扣，这种现象也叫作病毒的免疫逃逸；此外，也有个体差异等原因，有的人接种疫苗后体内无法产生足够的抗体。这也就是为什么打完新冠疫苗后，一些人还是被感染了，特别是对于 2021 年 11 月底开始流行的奥密克戎毒株以及它的变异分支。

不过，大家大可不必因此就对疫苗失去信心。虽然疫苗防感染的效率有所降低，但是对防重症和死亡仍然有积极的作用，无论灭活还是 mRNA 疫苗，无论国产还是非国产，这点英国和我国香港地区的官方数据可以支持。

2022 年 1 月，英国卫生安全局公布了一组研究，当时奥密克戎在英国所有感染毒株中的占比达到 94%。这项研究对不同年龄段、接种不同疫苗剂次或未接种疫苗人群的病死率进行对比，发现接种加强针对降低感染致死非常有必要。以 40~49 岁年龄组为例，未接种疫苗人群的病死率是接种加强针人群的 200 倍，是接种两针疫苗人群的 67 倍。

在 2022 年 3 月的“香港特区第五波疫情后的前瞻性规划”会上，香港大学医学院梁卓伟教授团队公布的一项研究也显示了类似的结果，无论是国产的科兴灭活疫苗（CoronaVac）还是国外的复必泰 mRNA 疫苗（BNT162b2），对所有年龄段人群来说，都能有效预防奥密克戎 BA.2 亚系引起的重症和死亡，接种三针后效果最佳，保护效力超过 97.9%。

为了应对新冠病毒的不断变化，提高现有疫苗的接种效果，科学家们开始鼓励和提倡接种加强针，同时也给出了接种加强针的多种方案。

第一种方案是同源加强免疫接种。如果因为基础免疫（预防接种过程中的第一次或第一程免疫接种）接种时间长导致抗体浓度降低，建议民众可以再接种一针同样疫苗的加强针，也就是三针同一厂家的疫苗，这种方案的好处是安全性有保障，民众的接受度高，同时推行起来也相对容易。

接种同一类型疫苗的加强针确实可以延长疫苗的保护期，提升保护力度，特别是对重症的保护作用更明显一些。研究显示，完成新冠疫苗全程免疫接种 6 个月后再补充一剂加强针，受种者体内的中和抗体会迅速增长。加强免疫 2 周后，中和抗体水平较接种前可提升 10~30 倍。接种灭活疫苗第三针 1 个月后，抗体水平和第二针满 1 个月后相比，大概提升 5 倍，并且对德尔塔等变异株出现良好交叉中和作用。

第二种方案是异源加强免疫接种，又叫序贯加强免疫接种，也就是采用与基础免疫不同技术路线的疫苗进行加强免疫接种。以新冠疫苗为例，如果先前已完成两剂灭活疫苗，后续需要打加强针时可改用其他任何非灭活工艺的新冠疫苗。采取序贯加强免疫接种主要有两个目的：一是让不同疫苗之间的优势互补；二是可以规避某些个体差异对某一类疫苗的副作用。

其实对于基础免疫来说，也可以采用异源免疫接种，俗称“混打”。越来越多的研究结果表明，不同路线的疫苗混打能更好地激发人体免疫反应，产生较高的中和抗体水平，且安全性良好可控。有数据显示，接种单剂强生疫苗的人追打一针强生疫苗，抗体浓度上升约 4 倍；若追打一针 Moderna 疫苗，15 天内抗体浓度上升 76 倍。FDA 也认为在符合条件的人群中“混打”接种的已知和潜在效益大于已知和潜在风险，并于 2021 年 10 月 20 日宣布授权使用目前已经获得紧急使用授权或批准的新冠疫苗进行“混打”增强接种，即辉瑞 /BioNTech、强生、Moderna 的新冠疫苗可以“混合搭配”使用。

这些不同方式的接种确实在很大程度上提高了疫苗的保护力，但这些方式都无法针对性地对某种新变异毒株进行防御。疫苗厂商们也发现了这一点，针对新冠病毒的变异毒株，辉瑞、Moderna 以及国内的国药和科兴都快速地做出反应，开发出针对德尔塔、奥密克戎和其他毒株的加强针。所以，加强针的第三种方案就是在原有两针基础免疫的基础上，接种一针针对新变异毒株的加强针。

其实，人们很早就意识到，病毒在不断变异，只有加强全人群的接种率，才能给人类构筑最大的免疫屏障。很多国家在加强适龄人员的接种后，又开始将疫苗的接种覆盖范围进一步扩大，比如推进 60 岁以上老人的接种工作，研发针对青少年、儿童等易感人群的疫苗等。

在尹哥成书之际，因为奥密克戎的全球流行和不断变异，以及其具备了新的免疫逃逸的特性，多个国家已经在鼓励注射第四剂加强针，一些公司还研发出了针对某两种强传染力毒株的二价疫苗。从高风险、重点人群到普通人群，再到加强针，到全人群，这将是史上最大规模的集中疫苗接种。而这一系列重要举措，都是为了让疫苗最大程度惠及群众，尽最大努力保护人民生命安全和身体健康！

曙光！口服药物惊艳

新冠疫情暴发后，新冠病毒不断变异，感染和死亡人数持续上升，给全球人民的生活、经济都造成了严重的影响，人们无时无刻不在期盼着尽快结束这场疫情。尽管大规模接种新冠疫苗给人类筑造了一道免疫屏障，但病毒如此“狡猾”，它会通过不断变异来逃逸疫苗的屏障。所以随着时间的推延和疫情的发展，人们对新冠病毒有效药物的需求变得极为迫切。

2021 年 10 月底开始，新冠病毒口服药终于迎来了一道道曙光，国内外多款新冠治疗药物公布最新进展。对于动辄需要花费数十年的新药研发，这几款口服药的研发速度堪称奇迹。

首先是 2021 年 10 月 27 日，发表于《柳叶刀》子刊 *The Lancet Global Health* 的一项研究引发了全球关注，服用一种名为氟伏沙明（fluvoxamine）的药物一个疗程（10 天）后，可以将新冠病毒感染初期的高风险患者的严重并发症和住院率减少 66%，死亡率降低 91%。氟伏沙明属于“老药新用”，之前主要用于治疗抑郁症和强迫症，治疗新冠肺炎的机制尚不明确。遗憾的是，这款一个疗程仅为 4 美元的药物，最终因为提交的研究没有充分显示它可以提供“有临床意义的结果”——减少住院和死亡数据，被 FDA 拒绝批准。

2021 年 11 月 4 日，全球首款治疗新冠病毒感染的口服药物莫诺拉韦（Molnupiravir）在英国批准上市，这是默沙东研发的一款药物，也是全球首款新冠口服药。截至 2022 年底，莫诺拉韦已在全球范围包括中国在内的 40 多个国家或地区获得上市许可或紧急使用授权。这款口服药临床研究显示可将轻度至中度症状新冠肺炎患者的住院或死亡风险降低约 50%。它同样也属于“老药新用”，最初目的是治疗由蚊子传播的委内瑞拉马脑炎病毒感染，后来发现它对 SARS 和 MERS 等多种冠状病毒竟然都有较强的抑制效果。

它是怎么起作用的呢？其实，莫诺拉韦就是个“捣乱分子”，属于 RNA 聚合酶抑制剂，可与新冠病毒的 RNA 聚合酶结合，在新合成的 RNA 分子中引入错误的核苷酸，从而抑制病毒复制，最终达到清除病毒的目的。在我国，莫诺拉韦主要用于治疗成人伴有进展为重症高风险因素的轻至中度新型冠状病毒感染患者。

在莫诺拉韦之前，我国还批准了两款口服药：一款是辉瑞的 Paxlovid（奈玛特韦片 / 利托那韦片组合包装）；另一款是我国自主研发的口服小分子新冠病毒感染治疗药物阿兹夫定片，其于 2022 年 7 月 25 日获批。

2021 年 11 月 5 日，辉瑞紧接着默沙东宣布其新冠口服药物 Paxlovid Ⅲ期轻症实验成功，可以将新冠肺炎非住院患者的住院或死亡率减少高达 89%，这一数据相比莫诺拉韦有显著提高。12 月 22 日，该药获得美国 FDA 紧急使用授权。2022 年 2 月 11 日，中国国家药监局也应急附条件批准辉瑞新冠口服药进口注册。截至 2022

年 6 月，Paxlovid 在全球 65 个国家获得批准或紧急使用，也是获批国家最多的一款新冠口服药。Paxlovid 不是最早上市的药物，但其一出道就自带主角光环，被很多媒体称赞为“神药”。

不过，我并不赞同大家把 Paxlovid 捧为治疗新冠病毒感染的“特效药”甚至是“神药”，该药主要用于 65 岁以上的高危群体，称其为有效药可能更合适。Paxlovid 是由利托那韦和奈玛特韦组成的复合药。主要起作用的是奈玛特韦，可以阻断新冠病毒 3CL 蛋白酶的活性，而利托那韦承担了“延长攻击时间”的角色，两者配合起到干预病毒复制，控制病毒载量的作用。可以想象一个是控制病毒复制的“法师”（奈玛特韦），一个是延长战士战斗时间的“牧师”（利托那韦）。最终谁是杀死病毒的战士呢？还是我们自己的免疫系统。

阿兹夫定最初其实是一款抗艾滋病毒的创新药物，同样是老药新用。它的作用机理与莫诺拉韦相似，通过抑制病毒复制起作用。其生产厂家河南真实生物的 IPO（首次公开募股）申请资料显示：在俄罗斯对 314 名中症新冠患者开展的研究中，第 7 天时，用药组 40.43% 的患者症状有改善，而安慰剂组只有 10.87%，显示了阿兹夫定的疗效。但由于缺乏来自学术期刊的研究，且试验样本太少，阿兹夫定的疗效一度受到学术界和医药圈的质疑。不过，相比辉瑞和默沙东口服药的高价，阿兹夫定片以平民可以接受的价格（270 元 / 瓶）占据了一定的中国市场。

截至 2023 年 2 月底，国内已上市的新冠口服药又新增了先声药业的先诺欣（SIMO417）以及君实生物的民得维（VV116）。此外，仍有超过 10 家国内药企的药物正在临床试验或等待审批中。而且礼来的 Baricitinib、日本盐野义制药的 Xocova 等也都取得了不错的进展。可以说，疫情的发展推动了药物的研发及审批速度。

连续成功上市的药物给全球抗疫注入了强心剂。很多人都认为口服药的上市可以尽快终结疫情，但我们也要清醒地认识到，迄今为止，没有任何一种传染病是依靠药物结束的，疫苗和口服药或许可以帮助我们尽快控制疫情，但并不能帮我们消除病毒。结束疫情往往都是在没有有效药物，而通过施行一整套有效的综合措施的结果。所以面对疫情，还是要坚持实行公共卫生措施（隔离、减少聚集、佩戴口罩）+ 检测（测序、核酸、抗原抗体）+ 疫苗（灭活、腺病毒、重组、mRNA 等）+ 药物（中药、化学药、抗体药）治疗，这是一套组合拳。

跨种！动物也能感染

新冠病毒开始在全球范围内传播后，便陆续有动物感染的报道，例如中国香港的宠物猫、英格兰的宠物狗、纽约市动物园的老虎、荷兰养殖场的水貂、印度尼西亚的苏门答腊虎、蒙古的河狸，以及比利时动物园的河马等等。目前已知易感新冠病毒的动物有几十种，这些与人类较为亲密的动物几乎都是从人类身上感染了新冠病毒。

虽然目前尚未发现猫、狗等宠物将病毒传染给人的案例，家养或养殖动物把病毒传染给人的案例较少，但也不可以掉以轻心，荷兰和丹麦的“貂传人”就是活生生的例子。让人难过的是，为了防止动物传播新冠病毒，荷兰和西班牙已捕杀至少 100 万只水貂，丹麦下令捕杀 1700 万只水貂。所以，从某种程度上讲，疫情正在“加速水貂养殖产业的终结”。

全球医学专家和卫生官员也正在研究动物感染新冠病毒可能对人造成的威胁。研究人员认为，在家养或养殖的动物中发现新冠病毒，可以通过检疫、打疫苗或捕杀等方式进行监控和管理。令他们真正担心的是，如果新冠病毒开始在野生动物中传播，那么控制起来就更难了。这种担心不是没有道理的，新冠病毒一旦从人传给野生动物，就可能会藏匿在不同的物种身上，说不定还会发生突变，等到疫情缓和后卷土重来。

不过，令人担忧的事还是发生了。美国农业部 2020 年 12 月宣布，犹他州一只野生貂感染新冠病毒；2021 年初，又在多地发现被感染的野生白尾鹿。12 月 1 日，加拿大政府也披露在三只野生白尾鹿身上检测出新冠病毒。科学家推测，这些白尾鹿可能通过与人类、其他动物或者受污染的水源被感染。这也说明，可能还有其他野生动物被感染，只不过没有被人类发现。

目前，全球都在进行野生动物的监测，科学家已经可以利用计算模型，通过研究细胞和整个动物预测出最容易和最不可能感染新冠病毒的物种。根据模型预测，大多数鸟类、鱼类和爬行动物的感染风险微乎其微，但大部分哺乳动物会被潜在传染，这可能对病毒溯源提供一定的帮助。

值得反思的是，病毒可能本来不想打扰人类，只是悄悄潜伏在某种动物身上，但人类不断入侵动物的自然栖息地，才导致病毒越来越容易暴发，这正是搬起石头砸自己的脚。人类更应该保持谦卑和敬畏，学会与自然界其他动物、微生物共同生存甚至共同繁盛，才可能找到真正与自然界的和谐相处之道，而不至于有一天，我们让自己无家可归。善待地球和众生，就是善待我们自己。

老八！新冠家族回顾

冠状病毒是已知基因组最大的 RNA 病毒之一，约有 30000 个碱基，可谓“毒丁兴旺、狠角辈出”，如新冠疫情就让冠状病毒名声大噪、家喻户晓。但你也许不知道，最早被发现的能感染人的冠状病毒并不是 2002 年的 SARS-CoV。冠状病毒其实很早就存在于自然界，最早于 1937 年在鸡身上被分离出来，此后近 30 年才发现可传染人的冠状病毒 HCoV-229E。

2021 年 11 月 6 日开幕的第三届世界科技与发展论坛上，高福表示，科学家在马来西亚和海地又发现了一种可以感染人的冠状病毒，这也是第八种可以感染人的冠状病毒。

这八个冠状病毒兄弟都是谁呢？我们来认识一下。最早于 1965 年发现的 HCoV-229E、1967 年发现的 HCoV-OC43、2004 年发现的 HCoV-NL63，以及 2005 年发现的 HCoV-HKU1，大家是不是对它们很陌生？如前文所述，其实是因为这几兄弟平时比较宅，性格也比较温和，不爱惹是生非，攻击性不强，致病性较弱，感染到人身上最多就是引起感冒，没能掀起什么风暴。

而另外几个“知名度”比较高的兄弟，比如 SARS-CoV、MERS-CoV、SARS-CoV-2，每一个都臭名远扬，随便一个出场都会在人间掀起一次血雨腥风，让人闻风丧胆。

SARS-CoV

首先，我们来看下 SARS-CoV，虽然本书已经单独给它开辟了一章，但这里还是再简要描述一下。这个病毒出现于 2002 年 11 月，天生性情暴躁，又非常凶狠，一旦被其感染，十人将死其一（致死率近 11%）。而且，它一出场就引发了 21 世纪的第一场全球性流行病，并且把中国和周边国家选作其主战场，在中国造成了 7748 人感染，829 人死亡，影响覆盖全球 30 多个国家和地区。

感染 SARS-CoV 的人会产生严重急性呼吸综合征，不过因为它更多侵袭下呼吸道，上呼吸道中病毒较少，相对不容易发生家庭内传播。总的来说，SARS-CoV 致死率较高，传染性一般，在出场 8 个月左右便黯然离场，但还是给人类的身心留下了深深的阴影。

MERS-CoV

接下来是 MERS-CoV，它最早于 2012 年 9 月在沙特被发现，是第六种已知的人类冠状病毒。MERS 病毒感染病例多发生在沙特阿拉伯，可能因接触或吸入患病骆驼的飞沫或分泌物而感染，并引发中东呼吸综合征。

MERS-CoV 可以说更加心狠手辣，比起 SARS-CoV，它的致死率高出 3~4 倍（患者死亡率在 38% 左右）。但同 SARS-CoV 类似，它尚不具备可以有效结合人的呼吸道上皮细胞的能力，所以人传人能力有限。

不过，我们千万不能对这个恶棍掉以轻心，它比较善于打迂回战，近两年还仍在持续骚动。据世界卫生组织统计，2012 年 4 月—2023 年 3 月，全球共报告 2604 个病例，其中 936 人死亡。

SARS-CoV-2

比起 SARS-CoV 和 MERS-CoV，新冠病毒更为狡猾。为了能够增强影响力，它采取的策略是高传染性和低致死率。而且它直接攻击上呼吸道，在发病早期上呼吸道拭子中就有极高的病毒载量。换言之，出现症状即具有强传染力。

而且新冠病毒非常善于变异和伪装，已变幻的造型数都快赶上希腊字母数了，就连无症状感染者都有潜在传播风险，着实让人防不胜防。经过三年的肆虐，全球累计死亡人数超过 680 万。

不过人类这次对新冠病毒或者说对冠状病毒真的是展开了充分的研究，在公卫措施、检测、疫苗、中和抗体、药物等方面都有了长足的进步，能想到的预防和治疗策略基本都在新冠病毒上练了下手，希望再次遇到冠状病毒时，人类不会被绊倒。

CCoV

这次新发现的犬冠状病毒（CCoV）其实早在2003年就在犬身上被分离出来，当时发现它仅仅在犬类间传播，关注度自然就低了很多。令人始料不及的是，近期科学家发现CCoV会感染人类，因此推断该病毒可能被犬类动物感染后，再通过动物直接感染人，虽然目前没有证据证明该冠状病毒可以人传人，不过值得警惕。

重新审视，病毒是怎么从自然界跑到人身上的呢？其实，原因是人类先动了自然。看过《非典十年祭》的人便明白，不是人类战胜了SARS病毒，而是它放过了人类，人类在大自然面前如同沧海一粟。病毒正在用自己的方式让人们记住了"它们并不是好惹的"，它们似乎在警示着人类：与大自然和谐相处、爱护这颗蓝色的星球才是人类唯一的出路。

降级！防控政策调整

2022年12月初，国内多地疫情防控措施做出调整，在取消中风险地区和次密接的判定后，又进一步优化：不再开展常态化核酸检测；乘坐公共交通、进入开放性公共场所以及购买指定类别药品等不再查验核酸检测阴性证明。2023年1月8日，国家卫健委正式将新型冠状病毒感染从"乙类甲管"调整为"乙类乙管"，这是自2020年1月20日我国开始实施严格的传染病甲类防控措施后，新冠疫情防控政策的又一次重大调整。

很多人疑惑，为什么要在这个时候放松防控政策？此时调整，会不会是对将近三年严格防控的否定？我们是不是应该像很多西方国家一样，从一开始就躺平？

其实，在与新冠病毒的较量中，我国已经取得了显著成就和丰富经验，支持国家防控政策调整的根本还是疫情传播规律的变化。全民接种疫苗后，当前主要流行的毒株奥密克戎对于人体的侵害程度和概率都大大降低了，从国家防控机构的数据看，无论是从肺炎发生率还是从疾病损害程度来看，已经存在疫情降级控制的条件，而国家以及各地的调整无疑体现了我国疫情防控政策的因时制宜和因地制宜。在这个时候因时因势决策、科学精准防控，是我国疫情防控的一条重要经验，也是国家保障人民健康安全和经济社会发展的必然选择。

回首疫情防控这 3 年，由于党中央坚持人民至上、生命至上，全国人民同心抗疫，我们才能有效应对全球先后五波疫情流行冲击，成功避免了原始株、德尔塔变异株等的大范围传播，极大地减少了重症和死亡，也为疫苗、药物的研发应用以及医疗等资源的准备赢得了宝贵的时间。在疫情给全球发展带来巨大挑战时，中国经济年均增长约 4.5%，在世界主要经济体中保持领先。如果不依照国情制定中国自己的疫情防控政策，只是简单地“抄作业”，那才是对国家和人民的不负责。

在疫情防控政策调整之前，虽然国家已经做好了充足的医疗资源和生活服务方面的保障，切实关注群众基本生活和看病就医等民生需求，但在几亿人几乎同一时间段与新冠面对面较量的过程中，还是反映出了一些问题。比如，大众对疫情充满恐慌，大量囤积药品；缺少预防疾病的意识，体温计、血氧仪以及一些常用的药品很少有家庭配备；缺乏对病毒和药学的科学认知，用错药品或相信荒唐疗法而耽误病情；等等。

但好在在国家的支持和鼓励下，广大医疗科技工作者和医务工作者所做的大量科普工作，成为战胜疫情的重要武器。他们及时以浅显易懂的语言，向大众提供权威科普知识，解读疫情防控措施，帮大众认清疫情发展态势、掌握疫情防控知识、消除恐慌情绪、提高防护意识和能力，最大限度地减少疫情对人民生命健康的影响。

2023 年春节期间，疫情防控工作平稳有序，我国优化调整疫情防控政策的积极成效逐渐显现。1 月 30 日，国家卫健委宣布，全国整体疫情已进入低流行水平，各地疫情保持稳步下降态势；美国总统拜登也通知美国国会，将于 5 月 11 日结束应对新冠疫情的双重紧急状态。但遗憾的是，就在同一天，在新冠被冠以 PHEIC 状态（“国际关注的突发公共卫生事件”）的 3 周年之际，世界卫生组织发表声明，认为新冠疫情仍然是构成“国际关注的突发公共卫生事件”。虽然我们现在距离能够宣布新冠大流行紧急阶段结束的那一刻更近了，但还没走到那一步。

辟谣！抗疫第二战场

疫情传播的速度可谓超出我们的想象，然而比疫情传播更快的，恐怕就是谣言了。俗话说，造谣一张嘴，辟谣跑断腿。谣言已经满街跑，真理还没穿上鞋。造谣只要臆想加博眼球即可，而辟谣需要有严谨的数据和逻辑去支撑，所以，辟谣的速度远远赶不上谣言的制造速度。可是如果不辟谣，这些蛊惑人心、恶意扭曲，甚至夹杂阴谋的论调，一夜之间就会传播至百万群体，比疫情还可怕。

人天生会对未知的事物恐惧。对于新事物，大部分人会在不了解时便下意识否定，虽然质疑是科学精神之一，但思辨是更重要的科学精神。要想清除蒙昧与谬误，就得把辟谣当成“抗疫第二战场”，坚持与不实言论做斗争，引导大众的正确认知。

回过头来再梳理尹哥曾经辟过的主要谣言，一些当时我们曾深信不疑的言论，现在看是多么的荒唐可笑。

谣言一：中成药双黄连口服液可抑制新型冠状病毒（2020 年 1 月 31 日）

这条谣言被包装上某某药物所的外衣后，人们便误认为是找到了救命神药。随后，老百姓大半夜在药店门口排起了长队，各大药店的双黄连口服液被一抢而空，连兽用的也没放过。更可笑的是，双黄莲蓉月饼都一度被人买断货。

先不说双黄连口服液能否真的抑制病毒，也不说服用后是否真的不幸会产生副作用，单说冬季大半夜排长队买药，不但浪费当时几乎买不到的口罩，而且这种近距离接触，本来没有感染也很容易给整出个感染。更何况，这里说的抑制病毒，仅仅是在体外病毒培养中加入了双黄连成分，然后发现病毒载量确实降低了。但是你能把人的呼吸道细胞表面都混上这么高浓度的双黄连口服液吗？体外实验和体内真实情况，差了十万八千里。

相类似的，还有板蓝根 + 熏醋、漱口水、绿/红茶、高度白酒、抽烟、嚼大蒜、童子尿、桑拿、汗蒸可以预防新冠病毒，以及疫情后期这一大堆无脑防病毒和治病毒奇招等等，希望大家不要轻信。

谣言二：核酸检测不靠谱，必须上 CT 全面检查（2020 年 2 月 7 日）

核酸检测是一种快速检测病原体的方法，结果直接明了，而 CT 结果则需要凭医生的专业经验来判断，CT 片子当然无法准确判断病原且通量还极其有限，你可以脑补一下几万人排队做 CT 的壮丽场景和风险。

此外，不管是哪个版本的《方案》(《新型冠状病毒肺炎诊疗方案》)，核酸检测都是新冠病毒感染病例确诊的金标准。

谣言三：病毒起源于美国（2020 年 3 月 1 日）

中国台湾某两位主持人用通俗易懂的段子，证明了新冠病毒的五个祖先齐聚美国，所以美国才是新冠病毒的发源地。一下子给被甩锅的中国网友找到了反击的证据，谣言纷纷被支持转发、传遍网络。

其实这两位主持人的言论是依据一个未经同行审议，发在预印本上的论文。这篇论文根本经不起推敲，在样本的选择上有很大的偏倚，没有给出分析算法的置信度，数据量小不能说明问题，而且论文作者本人可能也没有想要得出上述结论。

类似的谣言还有“病毒是人造的”“病毒起源于中国”等等。首先，如钟南山院士所说，疫情首先出现于中国，并不一定发源于中国。其次，病毒的起源目前还在调查中，我们不希望别人甩锅给我们，同样，我们也应该尊重数据和事实，不要轻易下结论，情绪化或政治化地甩锅给别人。

谣言四：新冠病毒致病机理像乙肝，还可以像 HIV 一样插入人类基因组，成为慢性病（2020 年 3 月 6 日）

先说致病机理，乙型肝炎病毒致病是通过将基因组 DNA 整合到宿主基因组中，利用肝细胞摄取的养料赖以生存并在肝细胞内复制，病毒复制的抗原抗体反应会造成肝细胞的损伤。而新冠病毒感染对绝大部分感染者来讲，其实是一种自限性疾病，少部分群体因为过激的免疫反应而导致器官损伤。两者从根本上不一样。

再说插入，HIV 病毒约有 10000 个碱基，而新冠病毒约有 30000

个碱基，就是想偷偷插入宿主，也很难找到合适的位置来整合。而且，在RNA类病毒中，通常只有逆转录病毒类的病毒基因才会强制性插入宿主，例如HIV，而冠状病毒基因整合进宿主还从未发生过，所以大可不必担心。其实，这个印度研究者在预印本网站刊登的文章观点，最后因为不够严谨被撤稿。

类似的谣言还有“新冠病毒是SARS和艾滋病的结合体”等，这一类谣言主要是危言耸听，利用人们对病毒的恐惧进行扩散，看似有依有据，实际上纯属胡诌。

常见人体病毒的整合方式

属性	科	病毒名称	病毒基因是否插入宿主
线性双链 DNA	疱疹病毒科	EB 病毒	偶尔发生
		疱疹病毒 -6	偶尔发生
环状双链 DNA	乳头瘤病毒科	人乳头瘤病毒	偶尔发生
	嗜肝科	乙型肝炎病毒	偶尔发生
(+)单链 RNA	冠状病毒科	SARS 病毒	尚未发现
	黄病毒科	丙型肝炎病毒	偶尔发生
		黄热病毒	尚未发现
	小 RNA 病毒科	手足口病毒	尚未发现
		甲型肝炎病毒	尚未发现
	杯状病毒科	诺如病毒	尚未发现
	逆转录病毒	HIV 病毒	强制性插入
	披膜病毒科	风疹病毒	尚未发现
(-)单链 RNA	沙状病毒科	淋巴细胞脉络丛脑膜炎病毒	偶尔发生
	丝状病毒科	埃博拉病毒	偶尔发生
	正黏病毒科	A、B、C 流感病毒	尚未发现
	副黏病毒科	麻疹病毒	偶尔发生
		亨德拉病毒	尚未发现
	弹状病毒科	狂犬病毒	偶尔发生

谣言五：美国 12 天更新了 6 代新冠试剂，检测时间从 2 天提升至 5 分钟（2020 年 4 月 1 日）

新冠病毒感染的检测试剂没有“代”的概念，只是可以根据检测成分和应用场景进行分类。从检测成分分类，可以分成免疫检测（抗原抗体等）和核酸检测；从应用场景分类，又分为 POCT（即时检测）和实验室集中检测。无论哪种检测技术，都是 3 年甚至 10 年前就已经广泛用于其他病原体的技术，并非美国首创。

另外，没有一种检测方式需要花 2 天时间，最慢的 PCR 核酸检测也只要 6 小时。5 分钟检测新冠的“神器”其实是某知名公司的 ID NOW，时任美国总统特朗普还曾帮忙带货，快是真快，但是不准啊。研究人员检测时发现，超过 50% 的阳性患者用该设备检测时被漏检！也就是说，“快”是以牺牲“准”为前提的，“神器”最终以翻车收场。

类似的谣言还有“美国发明给 N95 口罩消毒的设备”“美国开出 10 艘医院船，建 180 个野战医院，实力强大”等，这类谣言有点“无脑吹”，只要是美国的都认为是黑科技，但实际情况却让人大跌眼镜。不管遇到什么样的宣传，我们都要保持冷静客观地分析，而不是一味地无脑吹捧。

谣言六：某生物公司研发出“解药”，能 100% 杀死新冠病毒（2020 年 5 月 15 日）

这是某款中和抗体的宣传。“100%”在任何医疗行为中都是不可能的数字，更何况这款抗体目前尚无任何证据表明对人类临床试验有效。无须解释太多，现在再看这条言论，一眼就知道是假的。如果它的效率很高，也不至于全球数百万人因新冠病毒死亡了。但当时，人们对新冠病毒的恐惧加上想要尽快走出疫情阴霾的期待，给了很多药物披上“神药”外衣的机会。比如羟氯喹、瑞德西韦等等，这些往往都带有资本的炒作，经不住数据的检验。

谣言七：美国辉瑞 mRNA 疫苗翻车，安全性远不及中国新冠疫苗（2020 年 12 月 26 日）

当时，美国 FDA 批准两家 mRNA 疫苗紧急使用。这些谣言的主要论点是，mRNA 疫苗被大规模商用尚为首次，不经破坏地进人体，安全性有问题；欧美疫情吃紧，有了可用的疫苗就像抓住救命稻草，强推是对民众安全的不负责任。

首先，任何一款疫苗被批准上市前都会经过大量的临床试验验证安全性和有效性。但不论是最传统的灭活疫苗，还是比较新的重组疫苗，在大规模接种时都还无法做到 100% 安全。其次，mRNA 疫苗确实从未在历史上被大规模商用，刚开始接种势必会遇到很多“没想到”的问题。事实证明，mRNA 疫苗上市后大规模接种，在安全性得到验证的同时，对控制疫情起到了非常大的作用。再者，疫苗好坏不分国界，跟研制技术关系更大。前文介绍过，每一项技术研发的疫苗都有其优缺点，并且中国也有布局 mRNA 疫苗。

疫情期间，用最快的速度研制疫苗和药物，并且为了提高药物可及性，允许仿制药制造商为 95 个低收入和中等收入国家生产抗新冠病毒药物，可以说辉瑞是一个非常有情怀的企业，为全球抗击疫情做出了卓越的贡献，但是对于辉瑞的质疑和谣言仍频繁出现，甚至还有人对其管理者恶意攻击：辉瑞 CEO 被捕，辉瑞 CEO 夫人因“疫苗并发症”去世。只要有一点点常识的人都会懂，上市公司 CEO 如果被捕，其股票肯定会停盘；再者，诅咒别人这些话就更别说了，留点口德吧！可怜的辉瑞……

所以，爱国需要理性，对于新技术要包容，尊重客观事实，学会甄别真伪，请不要一味吹捧或一味唱衰。

疫情还未结束，关于疫情和病毒的造谣也还会继续。但只要我们保持清醒的头脑，拥有科学的认知，用理性的思维去看待问题，那么谣言终将不堪一击。

新冠漫画，绘制者：符美丽

新冠病毒的自白	
中文名：	新型冠状病毒
英文名：	SARS-coronavirus2，SARS-CoV-2
“身份证”获得日期：	2020 年 1 月
籍贯：	巢病毒目 (Nidovirales)，冠状病毒科 (Coronaviridae)，正冠状病毒亚科 (Orthocoronavirinae)，β 属 B 亚群冠状病毒
身高体重：	单股正链 RNA，3 万个碱基
住址：	人、蝙蝠、果子狸、蛇、猴子等脊椎动物
职业：	毒王
自我介绍：	嗨！我是来报仇的，既然 SARS、MERS 都学艺不精，还是由我新冠病毒来为冠状病毒家族立个威，让你们人类看看谁才是地球之王！要知道，哥们儿在 RNA 病毒当中，基因组是最大的，比流感病毒那个小兄弟大一倍还多，所以搞出个比西班牙大流感还厉害的疫情完全有可能。同时，我还积极吸取之前几位兄弟失败的经验，并向成功的一众病毒取经，如今已经修炼得智商高、武力强，让你们跟不上我突变的速度。虽然你们的科技进步很快了，但这几年来，也就中国对付我有点办法，而其他地区我早已屡屡突破，估计还能闹腾一段时间。话说回来，我们也并不想为祸人间，谁让你们人类屡教不改，从果子狸、穿山甲吃到蝙蝠，还在继续打扰我们相安无事的宿主，弄得它们都快无家可归了，我们自然也要找新地盘。号称万物灵长的人类啊，咱们和其他生物一起，公平地分享地球就这么难吗？

附录一：人类历史大瘟疫时间轴

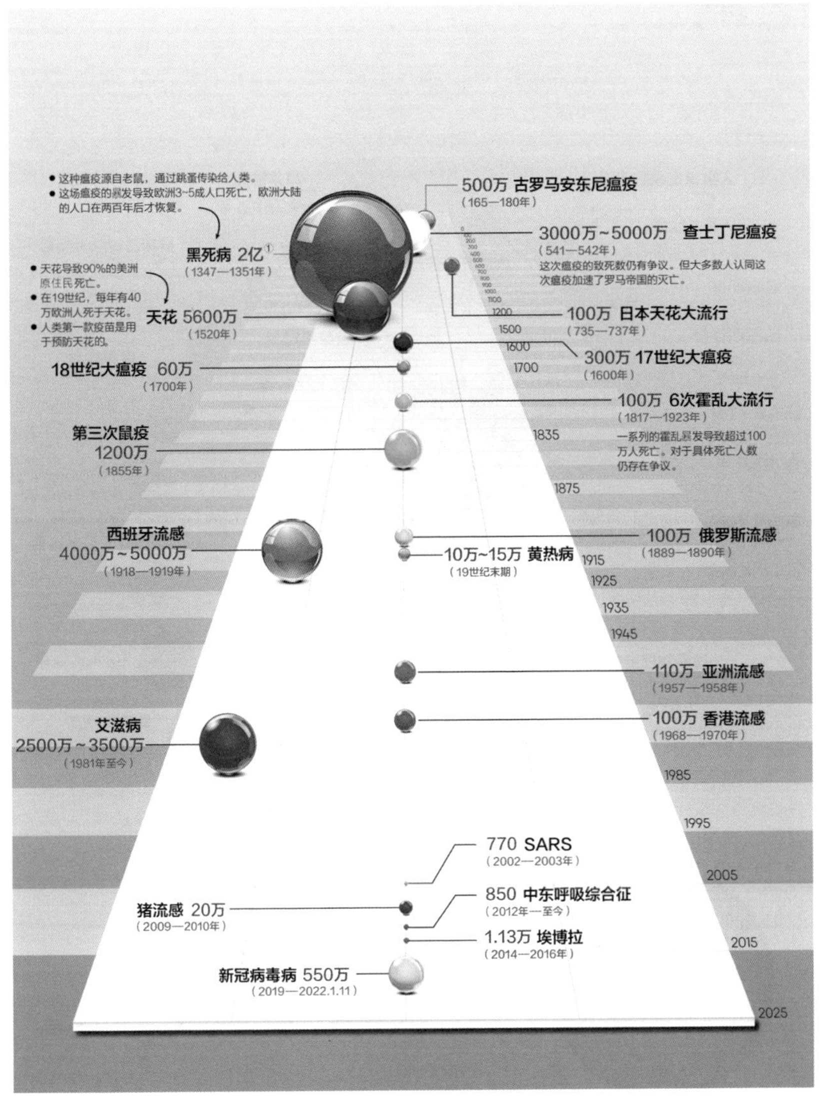

绘制者：吴彪

① 该数字为每次瘟疫的致死人数。——编者注

附录二：病原体基因组一览

病毒 VIRUS

一种依靠宿主的细胞来繁殖的类生物体。在感染宿主细胞之后，病毒就会迫使宿主细胞以很快的速度制造、装配出数千份与它（病毒）相同的拷贝。不像大多数生物体，病毒没有会分裂的细胞，新的病毒是在宿主细胞内生产、组装的。不过，与构造更简单的传染性病原体朊病毒不同，病毒含有能使得它们发生变异和进化的核酸。目前，人们已经发现了超过5000种的病毒[1]。

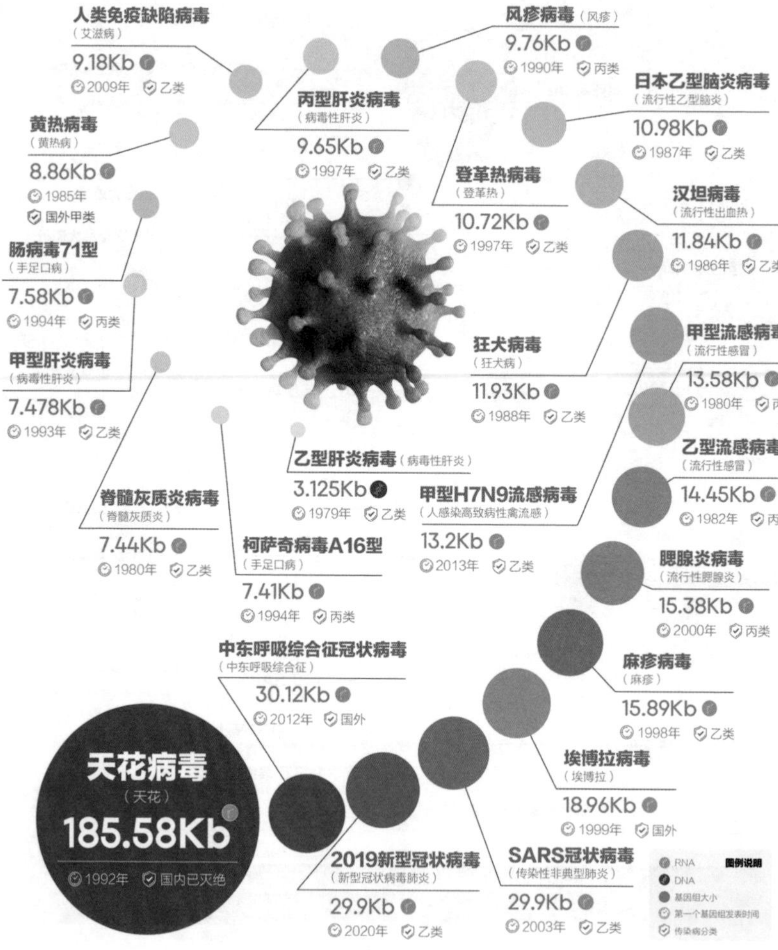

人类免疫缺陷病毒（艾滋病）
9.18Kb 2009年 乙类

风疹病毒（风疹）
9.76Kb 1990年 丙类

丙型肝炎病毒（病毒性肝炎）
9.65Kb 1997年 乙类

日本乙型脑炎病毒（流行性乙型脑炎）
10.98Kb 1987年 乙类

黄热病毒（黄热病）
8.86Kb 1985年 国外甲类

登革热病毒（登革热）
10.72Kb 1997年 乙类

汉坦病毒（流行性出血热）
11.84Kb 1986年 乙类

肠病毒71型（手足口病）
7.58Kb 1994年 丙类

甲型肝炎病毒（病毒性肝炎）
7.478Kb 1993年 乙类

狂犬病毒（狂犬病）
11.93Kb 1988年 乙类

甲型流感病毒（流行性感冒）
13.58Kb 1980年 丙类

乙型肝炎病毒（病毒性肝炎）
3.125Kb 1979年 乙类

乙型流感病毒（流行性感冒）
14.45Kb 1982年 丙类

脊髓灰质炎病毒（脊髓灰质炎）
7.44Kb 1980年 乙类

甲型H7N9流感病毒（人感染高致病性禽流感）
13.2Kb 2013年 乙类

柯萨奇病毒A16型（手足口病）
7.41Kb 1994年 丙类

腮腺炎病毒（流行性腮腺炎）
15.38Kb 2000年 丙类

中东呼吸综合征冠状病毒（中东呼吸综合征）
30.12Kb 2012年 国外

麻疹病毒（麻疹）
15.89Kb 1998年 乙类

天花病毒（天花）
185.58Kb 1992年 国内已灭绝

埃博拉病毒（埃博拉）
18.96Kb 1999年 国外

2019新型冠状病毒（新型冠状病毒肺炎）
29.9Kb 2020年 乙类

SARS冠状病毒（传染性非典型肺炎）
29.9Kb 2003年 乙类

图例说明
RNA
DNA
基因组大小
第一个基因组发表时间
传染病分类

参考文献：
[1] Leppard, Keith; Nigel Dimmock; Easton, Andrew. Introduction to Modern Virology. Blackwell Publishing Limited. 2007: 4. ISBN 1-4051-3645-6.

细菌 BACTERIAL

生物的主要类群之一，属于真细菌域、原核生物界。也是所有生物中数量最多的一类，据估计，其总数约有5×10^{30}个[1]。细菌是非常古老的生物，大约出现于37亿年前。真核生物细胞中的两种细胞器：线粒体和叶绿体，通常被认为是来源于内共生细菌。微生物无处不在，只要是有生命的地方，都会有微生物的存在。它们存在于人类呼吸的空气中，喝的水中，吃的食物中。细菌可以被气流从一个地方带到另一个地方。人体是大量细菌的栖息地，可以在皮肤表面、肠道、口腔、鼻子和其他身体部位找到。

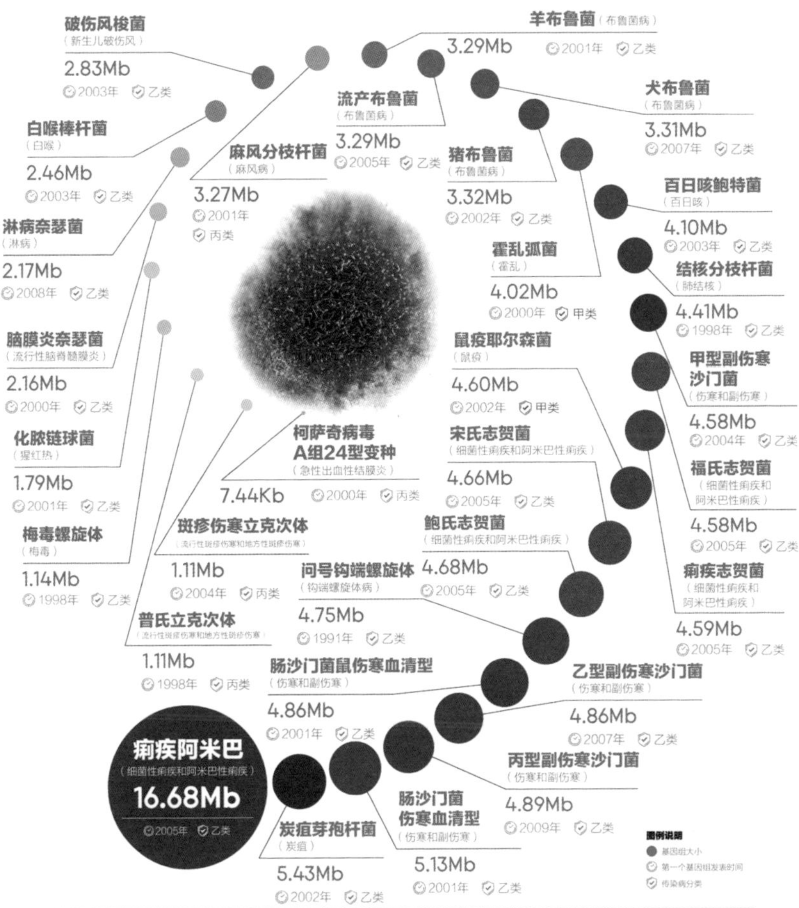

参考文献：

[1] Whitman W, Coleman D, Wiebe W. Prokaryotes: the unseen majority. Proc Natl Acad Sci U S A. 1998, 95 (12): 6578–83 [2007-07-01]. PMID 9618454.（原始内容存档于2008-03-05）.

寄生虫 PARASITIC WORM

寄生虫指的是以寄生为生的各种无脊椎动物。寄生虫属宏观寄生物，其成虫形态一般可以用肉眼看到。寄生虫中有不少是肠道寄生虫，经土壤传播。其余像血吸虫这种则是在血管内生活。蚂蟥、单殖吸虫则是在体外寄生，因此不属于内寄生虫。

内寄生虫在宿主体内生活、进食。内寄生虫从宿主那里获得养分和庇护，同时也阻止宿主吸收营养，有时候会给宿主造成虚弱和疾病的症状。内寄生虫一般不能完全在宿主体内繁殖，其生命周期的一些阶段需要在体外度过。[1]

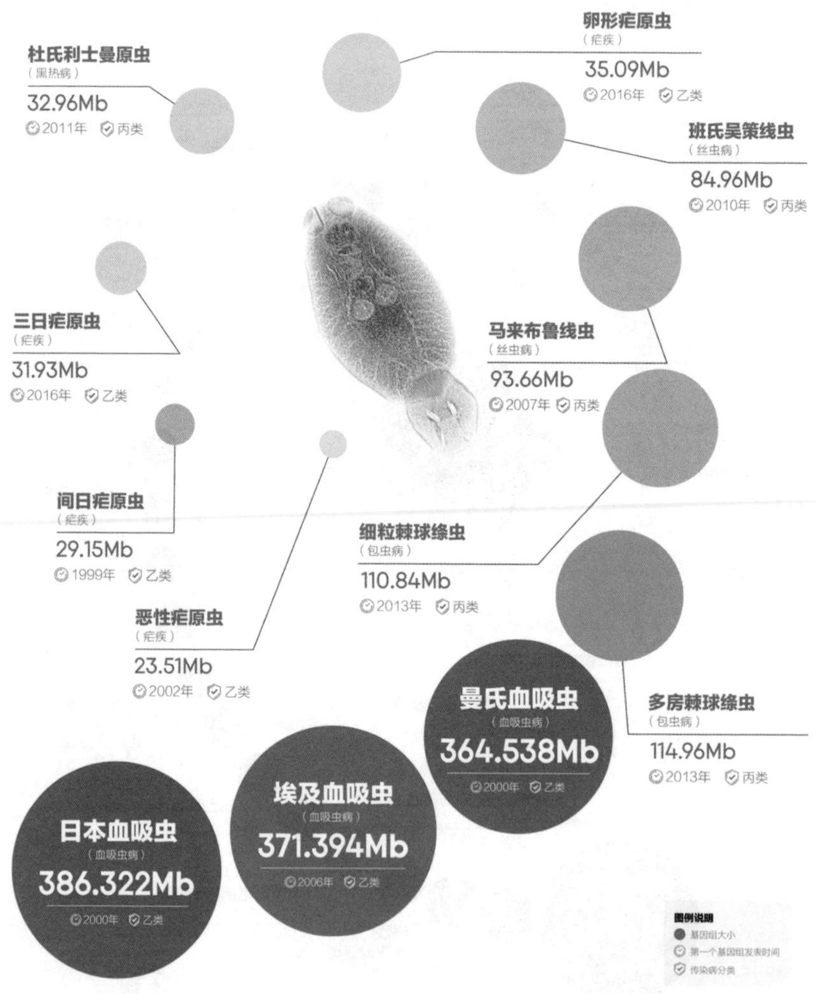

参考文献：

[1] CDC Centers for Disease Control and Prevention, about parasites. CDC. [28 November 2014].

支原体/衣原体 MYCOPLASMA

支原体是一类无细胞壁结构、介于独立生活和细胞内寄生生活之间的最小的原核生物。许多种类可使人和动物致病，有些腐生种类生活在土壤、污水和堆肥中[1]。属厚壁菌门柔膜菌纲，可以在培养基上形成极小的菌落。

支原体少数可以自由生活在静水中，但多数存在于人类与动物的消化道、呼吸道和泌尿生殖道中，可导致疾病。有的支原体可导致植物病害。

传染病分类	疾病名称	病原体名称	基因组大小	第一个基因组发表时间
/	/	肺炎支原体	0.82Mb	1996
/	/	鹦鹉热衣原体	1.17Mb	2011
/	/	沙眼衣原体	1.04Mb	2010

真菌 FUNGUS

真菌具有以甲壳素为主要成分的细胞壁，与动物同为异养生物，依赖其他生物制造的有机物为碳源，通常以渗透营养的方式取得养分，即分泌酶将环境中有机物大分子分解成小分子，再以扩散作用将小分子养分吸收到细胞中。真菌不能进行光合作用，其成长形态与植物一样不能移动，但可以通过菌丝的延长拓展栖地，也能通过经由有性或无性生殖产生的孢子进行长距离的传播（某些孢子还具有鞭毛，可在水中移动）。

传染病分类	疾病名称	病原体名称	基因组大小	第一个基因组发表时间
/	/	白色念珠菌	14.70Mb	2004
/	/	新生隐球菌	18.63Mb	2005
/	/	格特隐球菌	17.86Mb	2011

朊病毒 PRION

一种具感染性的致病因子，能引发哺乳动物的传染性海绵状脑病。朊毒体疾病（传染性海绵状脑病）和阿尔茨海默病、帕金森病同属于神经退化性疾病，拥有类似的致病机制。朊毒体在过去有时也被称为朊病毒。但现在已知它不是病毒，而是仅由蛋白质构成的致病因子。它虽然不含核酸，但可自我复制且具有感染性。

传染病分类	疾病名称	病原体名称	基因组大小	第一个基因组发表时间
/	克雅病（疯牛病）	朊病毒	约250个氨基酸	1982

参考文献：
[1] 周德庆，吴雪梅，编. 微生物学教程 第二版. 北京：高等教育出版社，2002年5月：45－46. ISBN 7040111160.

绘制者：吴彪

附录三：各级别生物安全实验室配置

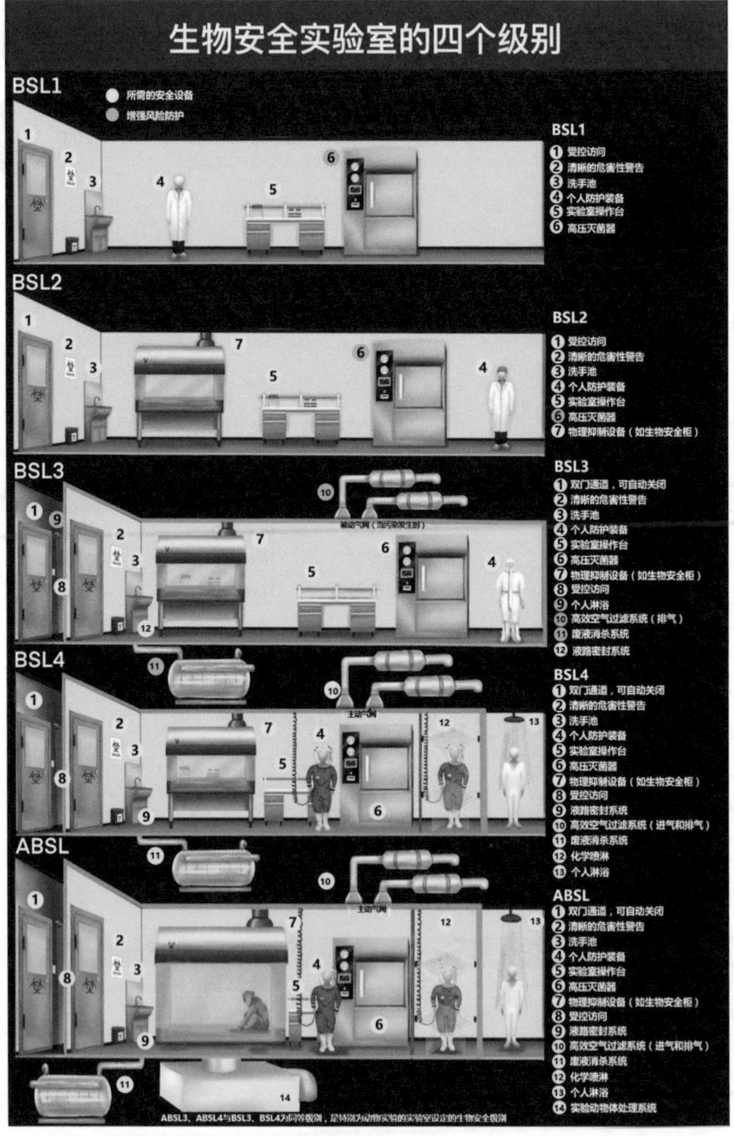

绘制者：符美丽

附录四：人名索引

吴有性（1582—1652年），明末著名医学家。其著作《瘟疫论》一书，开中医探讨传染病学研究之先河。他提出瘟疫是由一种不可见的异气所导致，由口鼻而入，与现代的病菌学、病毒学说接近，启发了清朝的瘟病学派。

齐长庆（1896—1992年），中国生物制品学家、兽医科学家、发明家。被称为“中国生物制品事业的奠基人和开创者”，为中国消灭天花、狂犬病疫苗的研制等均做出了很大的贡献。

赵铠（1930—），医学病毒学专家，北京生物制品研究所研究员。主要从事病毒疫苗研究开发工作。20世纪60年代起，先后主持研究开发了细胞培养天花疫苗、风疹减毒活疫苗和血源乙型肝炎疫苗。

约翰·斯诺（John Snow，1813—1858年），英国麻醉学家、流行病学家，被认为是麻醉医学和公共卫生医学的开拓者。

埃德温·查德威克（Edwin Chadwick，1800—1890年），英国著名的社会改革家，杰出的公共卫生领袖。

菲利波·帕齐尼（Filippo Pacini，1812—1883年），意大利解剖学家。

罗伯特·科赫（Robert Koch，1843—1910年），德国医生和细菌学家，世界病原细菌学的奠基人和开拓者。

顾方舟（1926—2019年），中国医学家、病毒与免疫学专家，曾任中国医学科学院院长、中国协和医科大学校长。他为中国消灭脊髓灰质炎做出了巨大贡献，被称为“中国脊髓灰质炎疫苗之父”和“糖丸之父”。

戴维·巴尔的摩（David Baltimore，1938—），美国生物学家，1975年诺贝尔生理学或医学奖获得者之一。

雷纳托·杜尔贝科（Renato Dulbecco，1914—2012年），意大利籍病毒学家，1975

年获诺贝尔生理学或医学奖。

霍华德·马丁·特明（Howard Martin Temin，1934—1994 年），美国遗传学家。20 世纪 70 年代，他在威斯康星大学麦迪逊分校研究转录酶，由于发现肿瘤病毒与细胞遗传物质之间的相互作用而与戴维·巴尔的摩、雷纳托·杜尔贝科一起获得 1975 年的诺贝尔生理学或医学奖。

罗伯特·加洛（Robert Gallo，1937— ），美国病毒学家。

吕克·蒙塔尼（Luc Montagnier，1932— ），法国著名病毒学家，艾滋病病毒的发现者之一，2008 年获得诺贝尔生理学或医学奖。

北里柴三郎（Kitasato Shibasaburo，1852—1931 年），日本医师，著名细菌学家，著名免疫学家。

亚历山大·耶尔森（Alexandre Yersin，1863—1943 年），又译叶赫森、耶尔辛，法国医生和细菌学家，鼠疫杆菌的发现者之一。

沃尔夫·哈夫金（Wolffe Haffkine，1860—1930 年），法国人，发明了世界上第一种霍乱和鼠疫疫苗。

伍连德（WU LIEN-TEH，1879—1960 年），字星联，祖籍广东广州府新宁县（今广东台山市），生于马来西亚槟榔屿。剑桥大学医学博士，中国卫生防疫、检疫事业创始人，中国现代医学、微生物学、流行病学、医学教育和医学史等领域先驱。

爱德华·詹纳（Edward Jenner，1749—1823 年），亦译作爱德华·金纳或琴纳，全名安特·爱德华·詹纳，英国医生、医学家、科学家，以研究及推广牛痘疫苗、防止天花而闻名，被称为“免疫学之父”。

路易斯·巴斯德（Louis Pasteur，1822—1895 年），法国著名微生物学家、爱国化学家。

卡罗·乌尔巴尼（Carlo Urbani，1956—2003 年），又译乌尔班尼或厄巴尼，意大利人，是首位确认 SARS 为一种全新疾病的医生。

保罗·埃尔利希（Paul Ehrlich，1854—1915 年），德国科学家，曾经获得 1908 年诺贝尔生理学或医学奖。较为著名的研究包括血液学、免疫学与化学治疗。

丹尼尔·盖杜谢克（Daniel Gajdusek，1923—2008 年），美国科学家，具有斯洛伐克和匈牙利血统。由于在库鲁病上的贡献，他与巴鲁克·塞缪尔·布隆伯格一起获得了 1976 年的诺贝尔生理学或医学奖。

史坦利·布鲁希纳（Stanley Prusiner，1942— ），1997 年获得诺贝尔生理学或医学奖。

约瑟夫·李斯特（Joseph Lister，1827—1912 年），第一代李斯特男爵，英国维多利亚时代的外科医师，外科消毒法的创始人及推广者。

夏尔·路易·阿方斯·拉韦朗（Charles Louis Alphonse Laveran，1845—1922 年），法国医师。

罗纳德·罗斯（Ronald Ross，1857—1932 年），英国医生、微生物学家、热带病医师，他一生最大的贡献是发现蚊子是传播疟疾的媒介，为此获得 1902 年诺贝尔生理学或医学奖。

朱利叶斯·瓦格纳–尧雷格（Julius Wagner Ritter von Jauregg，1857—1940 年），奥地利医学家，诺贝尔生理学或医学奖获得者。

罗伯特·伯恩斯·伍德沃德（Robert · Burns · Woodward，1917— 1979 年），美国有机化学家，现代“有机合成之父”，对现代有机合成做出了相当大的贡献，尤其是在合成和具有复杂结构的天然有机分子结构阐明方面，获 1965 年诺贝尔化学奖。

屠呦呦（1930—），女，汉族，药学家，第一位获诺贝尔科学奖项的中国本土科学家。

亚历山大·弗莱明（Alexander Fleming，1881—1955 年），英国细菌学家，生物化学家，微生物学家。

汤飞凡（1897—1958 年），医学微生物学家，医学教育家。世界上第一个分离出沙眼衣原体的人，沙眼病毒故又称为“汤氏病毒”，是世界上发现重要病原体的第一个中国人。

赛尔曼·A. 瓦克斯曼（Selman Abraham Waksman），美国著名微生物学家，1888 年生于俄国时期的乌克兰。1952 年，赛尔曼因发现链霉素而于 1952 年获诺贝尔生理学或医学奖。

贾雷德·戴蒙德（Jared Diamond，1937—），美国演化生物学家、生理学家、生物地理学家以及非小说类作家。

卡尔·兰德施泰纳（Karl Landsteiner，1868—1943 年），奥地利著名医学家、生理学家，因 1900 年发现了 A、B、O、AB 四种血型中的前三种，在 1930 年获得诺贝尔生理学或医学奖。

乔纳斯·索尔克（Jonas Edward Salk，1914—1995 年），美国实验医学家、病毒学家，主要以发现和制造出首例安全有效的“脊髓灰质炎疫苗”而知名。

阿尔伯特·沙宾（Albert Sabin，1906—1993 年），美国医学家，以发明“口服脊髓灰质炎疫苗”（OPV）而知名。

附录五：推荐阅读书单

《进击的病毒》，史钧，世界图书出版公司，2021.

《大瘟疫与人类之战》，芭芭拉·加拉沃蒂，天津科学技术出版社，2021.

《瘟疫周期：人口、经济与传染病的博弈循环》，查尔斯·肯尼，中信出版集团，2021.

《身体里的细菌》，妮可·特姆普/凯瑟琳·维特洛克/古月，北京时代华文书局，2021.

《我的第一本微生物学》，沙达德·卡伊德-萨拉赫·费隆，二十一世纪出版社，2021.

《微生物与人类》，约翰·波斯特盖特，中国青年出版社，2021.

《瘟疫：历史上的传染病大流行》，约翰·艾伯斯，中国工人出版社，2020.

《张文宏说感染》，张文宏，中信出版集团，2020.

《人类大瘟疫：一个世纪以来的全球性流行病》，马克·霍尼斯鲍姆，中信出版集团，2020.

《我包罗万象》，埃德·杨，北京联合出版公司，2019.

《微生物大百科》，史蒂夫·莫尔德/刘宣谷，北京联合出版公司，2019.

《哈里森感染病学》，Dennis L.Kasper/Anthony S.Fauci，上海科学技术出版社，2019.

《病毒星球》，卡尔·齐默，广西师范大学出版社，2019.

《大瘟疫：病毒、毁灭和帝国的抗争》，刘滴川，天地出版社，2019.

《流感病毒：躲也躲不过的敌人》，高福/刘欢，科学普及出版社，2018.

《菌物志》，斑斑/孙翔，北京联合出版公司，2018.

《我们只有10%是人类》，阿兰娜·科伦，北京联合出版公司，2018.

《大流感：最致命瘟疫的史诗》，约翰·M. 巴里，上海科技教育出版社，2018.

《欢迎走进微生物组》，罗勃·德赛尔/苏珊·帕金斯，清华大学出版社，2018.

《肠道·大肠·肠道菌》，Emeran Mayer，如果出版社，2018.

《对决病毒最前线》，阿里·可汗，时报出版社，2017.

《超图解菌种图鉴：感染科医师告诉你72种致病且致命的细菌》，岩田健太郎 / 石川雅之，东阪出版，2017.

《微生物的秘密战争》，弗洛伦斯·皮诺/张姝雨，电子工业出版社，2017.

《看不见的世界：微生物与人类的博弈》，伊丹·本–巴拉克，电子工业出版社，2017.

《小宇宙：细菌主演的地球生命史》，林恩·马古利斯/多里昂·萨根，漓江出版社，2017.

《消失的微生物》，马丁·布莱泽，湖南科学技术出版社，2016.

《微生物的巨大冲击》，罗布·奈特/布兰登·波瑞尔，天下杂志，2016.

《微观世界的博弈：细菌、文化与人类》，安妮·马克苏拉克，电子工业出版社，2015.

《上帝的跳蚤》，王哲，同心出版社，2015.

《致命伴侣：在细菌的世界里求生》，杰西卡·斯奈德·萨克斯，上海科技教育出版社，2014.

《瘟疫年纪事》，丹尼尔·笛福 / 许志强，上海译文出版社，2013.

附录六：推荐影视作品清单

釜山行 2：半岛 부산행 2- 반도（2020）

制片国家/地区：韩国

语言：韩语/英语/粤语

上映日期：2020–07–15（韩国）

血疫 第一季 The Hot Zone Season 1（2019）

制片国家/地区：美国

语言：英语

首播：2019–05–27（美国）

釜山行 부산행（2016）

制片国家/地区：韩国

语言：韩语

上映日期：2016–05–13（戛纳电影节）/2016–07–20（韩国）

病毒入侵 Pandemic（2016）

制片国家/地区：美国

语言：英语

上映日期：2016–04–01（美国）

神秘感染：第二阶段 Contracted：Phase II（2015）

制片国家/地区：美国

语言：英语

上映日期：2015-09-04（美国）

神秘感染 Contracted (2013)

制片国家/地区：美国

语言：英语

上映日期：2013-11-22（瑞士）

大明劫（2013）

制片国家/地区：中国大陆

语言：汉语普通话

上映日期：2013-10-25

流感 감기 (2013)

制片国家/地区：韩国

语言：韩语/英语/菲律宾语

上映日期：2013-08-14（韩国）

病毒 더 바이러스 (2013)

制片国家/地区：韩国

语言：韩语

首播：2013-03-01（韩国）

铁线虫入侵 연가시 (2012)

制片国家/地区：韩国

语言：韩语

上映日期：2012-12-06（中国大陆）/2012-06-28（韩国）

传染病 Contagion (2011)

制片国家/地区：美国/阿联酋

语言：英语/汉语普通话/粤语

上映日期：2011–09–03（威尼斯电影节）/2011–09–09（美国）

我是传奇 I Am Legend (2007)

制片国家/地区：美国

语言：英语

上映日期：2007–12–14（美国）

惊变 28 周 28 Weeks Later (2007)

制片国家/地区：英国/西班牙

语言：英语

上映日期：2007–05–11（英国）

感染 (2004)

制片国家/地区：日本

语言：日语

上映日期：2004–10–02

天堂病毒 Virus au paradis (2003)

制片国家/地区：法国/瑞典

语言：法语/英语/冰岛语/瑞典语

上映日期：2003–06–23（法国）

一级病毒 Absolon (2003)

制片国家/地区：加拿大/英国

语言：英语

上映日期：2003–03–10

基因之战 (2002)

制片国家/地区：中国大陆

语言：汉语普通话

首播：2002–02–15

十二猴子 Twelve Monkeys（1995）

制片国家/地区：美国

语言：英语 / 法语

上映日期：1995–12–08（纽约首映）/1996–01–05（美国）

极度恐慌 Outbreak（1995）

制片国家/地区：美国

语言：英语 / 韩语 / 法语

上映日期：1995–03–10（美国）

瘟疫降临 Någonting har hänt（1993）

制片国家/地区：瑞典

语言：瑞典语

上映日期：1993

瘟疫 Epidemic（1987）

制片国家/地区：丹麦

语言：丹麦语 / 英语

上映日期：1987–09–11

参考资料

【鼠疫】

Parkhill J., Wren B.W., Thomson N.R., Titball R.W., Holden M.T., Prentice M.B., Sebaihia M., James K.D., Churcher C., Mungall K.L., et al. Genome sequence of Yersinia pestis, the causative agent of plague. *Nature*. 2001;413(6855):523–7.

Deng W., Burland V., Plunkett 3rd G., Boutin A., Mayhew G.F., Liss P., Perna N.T., Rose D.J., Mau B., Zhou S., et al. Genome sequence of Yersinia pestis KIM. *J Bacteriol*. 2002;184(16):4601–11.

Song Y., Tong Z., Wang J., Wang L., Guo Z., Han Y., Zhang J., Pei D., Zhou D., Qin H., et al. Complete genome sequence of Yersinia pestis strain 91001, an isolate avirulent to humans. *DNA Res*. 2004;11(3):179–97.

Chain P.S., Carniel E., Larimer F.W., Lamerdin J., Stoutland P.O., Regala W.M., Georgescu A.M., Vergez L.M., Land M.L., Motin V.L., et al. Insights into the evolution of Yersinia pestis through whole–genome comparison with Yersinia pseudotuberculosis. *Proc Natl Acad Sci USA*. 2004;101(38):13826–31.

Cui Y., Yu C., Yan Y., Li D., Li Y., Jombart T., Weinert L.A., Wang Z., Guo Z., Xu L., et al. Historical variations in mutation rate in an epidemic pathogen, Yersinia pestis. *Proc Natl Acad Sci USA*. 2013;110(2):577–82.

Welch T.J., Fricke W.F., McDermott P.F., White D.G., Rosso M.L., Rasko D.A., Mammel M.K., Eppinger M., Rosovitz M.J., Wagner D., et al. Multiple antimicrobial resistance in plague: an emerging public health risk. *PLoS One*. 2007;2(3):e309.

Bos K.I., Schuenemann V.J., Golding G.B., Burbano H.A., Waglechner N., Coombes B.K., McPhee J.B., DeWitte S.N., Meyer M., Schmedes S., et al. A draft genome of Yersinia pestis from victims of the Black Death. *Nature*. 2011;478(7370):506–10.

Wagner D.M., Klunk J., Harbeck M., Devault A., Waglechner N., Sahl J.W., Enk J., Birdsell D.N., Kuch M., Lumibao C., et al. Yersinia pestis and the plague of Justinian 541–543 AD: a genomic analysis. *Lancet Infect Dis*. 2014;14(4):319–26.

Rasmussen S., Allentoft M.E., Nielsen K., Orlando L., Sikora M., Sjogren K.G., Pedersen A.G., Schubert M., Van Dam A., Kapel C.M., et al. Early divergent strains of Yersinia pestis in Eurasia 5,000 years ago. *Cell*. 2015;163(3):571–82.

Achtman M., Morelli G., Zhu P., Wirth T., Diehl I., Kusecek B., Vogler A.J., Wagner D.M., Allender C.J., Easterday W.R., et al. Microevolution and history of the plague bacillus, Yersinia pestis. *Proc Natl Acad Sci USA*. 2004;101(51):17837–42.

Morelli G., Song Y., Mazzoni C.J., Eppinger M., Roumagnac P., Wagner D.M., Feldkamp M., Kusecek B., Vogler A.J., Li Y., et al. Yersinia pestis genome sequencing identifies patterns of global phylogenetic diversity. *Nat Genet*. 2010;42(12):1140–3.

Harbeck M., Seifert L., Hansch S., Wagner D.M., Birdsell D., Parise K.L., Wiechmann I., Grupe G., Thomas A., Keim P., et al. Yersinia pestis DNA from skeletal remains from the 6(th) century AD reveals insights into Justinianic Plague. *PLoS Pathog*. 2013;9(5):e1003349.

Seifert L., Wiechmann I., Harbeck M., Thomas A., Grupe G., Projahn M., Scholz H.C., Riehm J.M.. Genotyping Yersinia pestis in historical plague: evidence for long–term persistence of Y. pestis in Europe from the 14th to the 17th century. *PLoS One*. 2016;11(1):e0145194.

【天花】

Breman J.G., Henderson D.A. Diagnosis and management of smallpox. *N Engl J Med*. 2002;346:1300–1308. doi: 10.1056/NEJMra020025.

Moore Z.S., Seward J.F., Lane J.M. Smallpox. *Lancet*. 2006;367:425–435. doi: 10.1016/S0140–6736(06)68143–9.

Fenner F., Henderson D.A., Arita I., Jezek Z., Ladnyi I.D. Smallpox and Its Eradication. WHO; Geneva, Switzerland: 1988.

Hopkins D.R. The Greatest Killer: Smallpox in History. *University of Chicago Press*; Chicago, IL, USA: 2002.

Esposito J.J., Sammons S.A., Frace A.M., Osborne J.D., Olsen–Rasmussen M., Zhang M., Govil

D., Damon I.K., Kline R., Laker M., et al. Genome sequence diversity and clues to the evolution of variola smallpox virus. *Science*. 2006;313:807–812. doi: 10.1126/science.1125134.

Biagini P., Theves C., Balaresque P., Geraut A., Cannet C., Keyser C., Nikolaeva D., Gerard P., Duchesne S., Orlando L., et al. Variola virus in a 300–year–old Siberian mummy. *N Engl J Med*. 2012;367:2057–2059. doi: 10.1056/NEJMc1208124.

Babkina I.N., Babkin I.V., Le U., Ropp S., Kline R., Damon I., Esposito J., Sandakhchiev L.S., Shchelkunov S.N. Phylogenetic comparison of the genomes of different strains of variola virus. *Dokl. Biochem. Biophys*. 2004;398:316–319. doi: 10.1023/B:DOBI.0000046648.51758.9f.

Li Y., Carroll D.S., Gardner S.N., Walsh M.C., Vitalis E.A., Damon I.K. On the origin of smallpox: Correlating variola phylogenics with historical smallpox records. *Proc Natl Acad Sci USA* . 2007;104:15787–15792. doi: 10.1073/pnas.0609268104.

【疟疾】

Daniels R.F., Schaffner S.F., Wenger E.A., Proctor J.L., Chang H.H., Wong W., Baro N., Ndiaye D., Fall F.B., Ndiop M., et al. Modeling malaria genomics reveals transmission decline and rebound in Senegal. *Proc Natl Acad Sci USA* , 2015;112: 7067–7072.

Dondorp A.M., Nosten F., Yi P., Das D., Phyo A.P., Tarning J., Lwin K.M., Ariey F., Hanpithakpong W., Lee S.J., et al. Artemisinin resistance in Plasmodium falciparum malaria. *N Engl J Med* ,2009; 361: 455–467.

Gardner M.J., Hall N., Fung E., White O., Berriman M., Hyman R.W., Carlton J.M., Pain A., Nelson K.E., Bowman S., et al. Genome sequence of the human malaria parasite Plasmodium falciparum. *Nature*,2002; 419: 498–511.

Jeffares D.C., Pain A., Berry A., Cox A.V., Stalker J., Ingle C.E., Thomas A., Quail M.A., Siebenthall K., Uhlemann A.C., et al. Genome variation and evolution of the malaria parasite Plasmodium falciparum. *Nat Genet* ,2007;39: 120–125.

Juliano J.J., Porter K., Mwapasa V., Sem R., Rogers W.O., Ariey F., Wongsrichanalai C., Read A., Meshnick S.R.. Exposing malaria in–host diversity and estimating population diversity by capture–recapture using massively parallel pyrosequencing. *Proc Natl Acad Sci USA*,2010;107: 20138–20143.

Lukens A.K., Ross L.S., Heidebrecht R., Javier Gamo F., Lafuente–Monasterio M.J., Booker M.L., Hartl D.L., Wiegand R.C., Wirth D.F.. Harnessing evolutionary fitness in Plasmodium falciparum for drug discovery and suppressing resistance. *Proc Natl Acad Sci USA*,2014;111: 799–804.

Manske M., Miotto O., Campino S., Auburn S., Almagro–Garcia J., Maslen G., O' Brien J., Djimde A., Doumbo O., Zongo I., et al. Analysis of Plasmodium falciparum diversity in natural infections by deep sequencing. *Nature*,2012;487: 375–379.

Miotto O., Almagro–Garcia J., Manske M., Macinnis B., Campino S., Rockett K.A., Amaratunga C., Lim P., Suon S., Sreng S., et al. Multiple populations of artemisinin–resistant Plasmodium falciparum in Cambodia. *Nat Genet*, 2013;45: 648–655.

Mu J., Awadalla P., Duan J., McGee K.M., Keebler J., Seydel K., McVean G.A., Su X.Z.. Genome–wide variation and identification of vaccine targets in the Plasmodium falciparum genome. *Nat Genet* ,2007; 39: 126–130.

Mu J., Myers R.A., Jiang H., Liu S., Ricklefs S., Waisberg M., Chotivanich K., Wilairatana P., Krudsood S., White N.J., et al. Plasmodium falciparum genome–wide scans for positive selection, recombination hot spots and resistance to antimalarial drugs. *Nat Genet*,2010; 42: 268–271.

Nair S., Nkhoma S.C., Serre D., Zimmerman P.A., Gorena K., Daniel B.J., Nosten F., Anderson T.J., Cheeseman I.H.. Single–cell genomics for dissection of complex malaria infections. *Genome Res*,2014; 24: 1028–1038.

Neafsey D.E., Lawniczak M.K., Park D.J., Redmond S.N., Coulibaly M.B., Traore S.F., Sagnon N., Costantini C., Johnson C., Wiegand R.C., et al. SNP genotyping defines complex gene–flow boundaries among African malaria vector mosquitoes. *Science*,2010; 330: 514–517.

Neafsey D.E., Galinsky K., Jiang R.H., Young L., Sykes S.M., Saif S., Gujja S., Goldberg J.M., Young S., Zeng Q., et al. The malaria parasite Plasmodium vivax exhibits greater genetic diversity than Plasmodium falciparum. *Nat Genet*,2012; 44: 1046–1050.

Neafsey D.E., Juraska M., Bedford T., Benkeser D., Valim C., Griggs A., Lievens M., Abdulla S., Adjei S., Agbenyega T., et al. Genetic diversity and protective efficacy of the RTS,S/AS01 malaria vaccine. *N Engl J Med* ,2015; 373: 2025–2037.

Thera M.A., Doumbo O.K., Coulibaly D., Laurens M.B., Ouattara A., Kone A.K., Guindo A.B., Traore K., Traore I., Kouriba B., et al. A field trial to assess a blood–stage malaria vaccine. *N Engl J Med* ,2011;365: 1004–1013.

Volkman S.K., Sabeti P.C., DeCaprio D., Neafsey D.E., Schaffner S.F., Milner D.A. Jr, Daily J.P., Sarr O., Ndiaye D., Ndir O., et al. A genome–wide map of diversity in Plasmodium falciparum. *Nat Genet*, 2007;39: 113–119.

Volkman S.K., Neafsey D.E., Schaffner S.F., Park D.J., Wirth D.F.. Harnessing genomics and genome biology to understand malaria biology. *Nat Rev Genet*,2012; 13: 315–328.

【霍乱】

J.F. Heidelberg, J.A. Eisen, W.C. Nelson, R.A. Clayton, M.L. Gwinn, R.J. Dodson, et al. DNA sequence of both chromosomes of the cholera pathogen Vibrio cholerae. *Nature*, 2000 ;406 (6795) : 477–483.

J. Chun, C.J. Grim, N.A. Hasan, J.H. Lee, S.Y. Choi, B.J. Haley, et al. Comparative genomics reveals mechanism for short–term and long–term clonal transitions in pandemic Vibrio cholerae. *Proc Natl Acad Sci USA*, 2009;106 (36):15442–15447.

C.S. Chin, J. Sorenson, J.B. Harris, W.P. Robins, R.C. Charles, R.R. Jean–Charles, et al. The origin of the Haitian cholera outbreak strain. *N Engl J Med,* 2011;364 (1) :33–42.

A. Mutreja, D.W. Kim, N.R. Thomson, T.R. Connor, J.H. Lee, S. Kariuki, et al. Evidence for several waves of global transmission in the seventh cholera pandemic. Nature, 2011;477 (7365): 462–465.

J. Kiiru, A. Mutreja, A.A. Mohamed, R.W. Kimani, J. Mwituria, R.O. Sanaya, et al. A study on the geophylogeny of clinical and environmental Vibrio cholerae in Kenya. *PLoS ONE*, 2013; 8 (9):e74829.

D. Domman, M.L. Quilici, M.J. Dorman, E. Njamkepo, A. Mutreja, A.E. Mather, et al. Integrated view of Vibrio cholerae in the Americas. *Science*, 2017;358 (6364): 789–793.

F.X. Weill, D. Domman, E. Njamkepo, C. Tarr, J. Rauzier, N. Fawal, et al. Genomic history of the seventh pandemic of cholera in Africa. *Science*, 358 (6364) (2017), pp. 785–789.

F.X. Weill, D. Domman, E. Njamkepo, A.A. Almesbahi, M. Naji, S.S. Nasher, et al. Genomic insights into the 2016–2017 cholera epidemic in Yemen. *Nature,* 2019;565 (7738) : 230–233.

A.M. Devault, G.B. Golding, N. Waglechner, J.M. Enk, M. Kuch, J.H. Tien, et al.

Second–pandemic strain of Vibrio cholerae from the Philadelphia cholera outbreak of 1849. *N Engl J Med*, 2014; 370 (4): 334–340.

D. Hu, B. Liu, L. Feng, P. Ding, X. Guo, M. Wang, et al. Origins of the current seventh cholera pandemic. *Proc Natl Acad Sci USA*, 2016;113 (48): E7730–E7739.

【肺结核】

G.B.D. Tuberculosis Collaborators. The global burden of tuberculosis: results from the Global Burden of Disease Study 2015. *Lancet Infect Dis*. 2018; 18: 261–284.

G.B.D. Tuberculosis Collaborators. Global, regional, and national burden of tuberculosis, 1990–2016: results from the Global Burden of Diseases, Injuries, and Risk Factors 2016 Study. *Lancet Infect Dis*. 2018; 18: 1329–1349.

Comas I .,Coscolla M., Luo T., et al. Out–of–Africa migration and Neolithic coexpansion of Mycobacterium tuberculosis with modern humans. *Nature Genet*. 2013; 45: 1176–1182.

Michelsen SW., Soborg B., Diaz L.J., et al. The dynamics of immune responses to Mycobacterium tuberculosis during different stages of natural infection: a longitudinal study among Greenlanders. *PLoS One*. 2017; 12: e0177906.

Shah N.S., Auld S., Brust J., et al. Transmission of extensively drug–resistant tuberculosis in South Africa. *N Engl J Med*. 2017; 376: 243–253.

Behr M., Edelstein P., Ramakrishnan L.. Revisiting the time table of tuberculosis. *BMJ*. 2018; 362: K2736.

Zak D.E., Penn–Nicholson A., Scriba T.J., et al. A blood RNA signature for tuberculosis disease risk: a prospective cohort study. *Lancet*. 2016; 387: 2312–2322.

Ortblad K., Salomon J., Barnighause T., Atun R.. Stopping tuberculosis: a biosocial model for sustainable development. *Lancet*. 2015; 386: 2354–2362.

Allix–Béguec C., Arandjelovic I.. The CRyPTIC Consortium and the 100 000 Genomes Project Prediction of susceptibility to first–line tuberculosis drugs by DNA sequencing. *N Engl J Med*. 2018; 379: 1403–1415.

Casali N., Nikolayevskyy V., Balabanova Y., et al. Evolution and transmission of drug–resistant tuberculosis in a Russian population. *Nat Genet*.2014; 46:279–286.

Cole S.T., Brosch R., Parkhill J., et al. Deciphering the biology of Mycobacterium tuberculosis from the complete genome sequence. *Nature*.1998 ;393:537–544.

【流感】

Abdel–Ghafar A. N., Chotpitayasunondh T., Gao Z.. et al. Update on avian influenza A (H5N1) virus infection in humans. *N Engl J Med.* 2008;358(3):261–273.

Ungchusak K., Auewarakul P., Dowell S. F.. et al. Probable person–to–person transmission of avian influenza A (H5N1). *N Engl J Med.* 2005;352(4):333–340.

Lowen A. C., Mubareka S., Steel J., Palese P.. Influenza virus transmission is dependent on relative humidity and temperature. *PLoS Pathog.* 2007;3(10):1470–1476.

Bedford T., Riley S., Barr I. G.. et al. Global circulation patterns of seasonal influenza viruses vary with antigenic drift. *Nature.* 2015;523(7559):217–220.

Rambaut A., Pybus O. G., Nelson M. I., Viboud C., Taubenberger J. K., Holmes E. C.. The genomic and epidemiological dynamics of human influenza A virus. *Nature.* 2008;453(7195):615–619.

Miller M. A., Viboud C., Balinska M., Simonsen L.. The signature features of influenza pandemics—implications for policy. *N Engl J Med.* 2009;360(25):2595–2598.

Libster R., Coviello S., Cavalieri M. L.. et al. Pediatric hospitalizations due to influenza in 2010 in Argentina. *N Engl J Med.* 2010;363(25):2472–2473.

Uyeki T. M., Cox N. J.. Global concerns regarding novel influenza A (H7N9) virus infections. *N Engl J Med.* 2013;368(20):1862–1864.

Chen Y., Liang W., Yang S.. et al. Human infections with the emerging avian influenza A H7N9 virus from wet market poultry: clinical analysis and characterisation of viral genome. *Lancet.* 2013;381(9881):1916–1925.

Xiong X., Martin S. R., Haire L. F.. et al. Receptor binding by an H7N9 influenza virus from humans. *Nature.* 2013;499(7459):496–499.

Janke B. H. Influenza A virus infections in swine: pathogenesis and diagnosis. *Vet Pathol.* 2014;51(2):410–426.

Valleron A. J., Cori A., Valtat S., Meurisse S., Carrat F., Boëlle P. Y.. Transmissibility and geographic spread of the 1889 influenza pandemic. *Proc Natl Acad Sci U S A.* 2010;107(19):8778–8781.

Sheng Z. M., Chertow D. S., Ambroggio X.. et al.Autopsy series of 68 cases dying before and during the 1918 influenza pandemic peak. *Proc Natl Acad Sci U S A*. 2011;108(39):16416–16421.

Taubenberger J. K., Reid A. H., Lourens R. M., Wang R., Jin G., Fanning T. G.. Characterization of the 1918 influenza virus polymerase genes. *Nature*. 2005;437(7060):889–893.

Fouchier R. A., Schneeberger P. M., Rozendaal F. W.. et al. Avian influenza A virus (H7N7) associated with human conjunctivitis and a fatal case of acute respiratory distress syndrome. *Proc Natl Acad Sci U S A*. 2004;101(5):1356–1361.

Bautista E., Chotpitayasunondh T., Gao Z.. et al. Clinical aspects of pandemic 2009 influenza A (H1N1) virus infection. *N Engl J Med*. 2010;362(18):1708–1719.

【脊髓灰质炎】

Aylward B., Yamada T.. The polio endgame. *N Engl J Med*. 2011;364(24):2273–5.

Kew O., Morris–Glasgow V., Landaverde M., Burns C., Shaw J., Garib Z., et al. Outbreak of poliomyelitis in Hispaniola associated with circulating type 1 vaccine–derived poliovirus. *Science*. 2002;296(5566):356–9.

Davis L.E., Bodian D., Price D., Butler I.J., Vickers J.H.. Chronic progressive poliomyelitis secondary to vaccination of an immunodeficient child. *N Engl J Med*. 1977;297(5):241–5.

DeVries A.S., Harper J., Murray A., Lexau C., Bahta L., Christensen J., et al. Vaccine–derived poliomyelitis 12 years after infection in Minnesota. *N Engl J Med*. 2011;364(24):2316–23.

【朊病毒】

Owen F., Poulter M., Lofthouse R., Collinge J., Crow T.J., Risby D., Baker H.F., Ridley R.M., Hsiao K., Prusiner S.B. Insertion in prion protein gene in familial Creutzfeldt–Jakob disease. *Lancet*. 1989;1:51–52.

Hsiao K., Baker H.F., Crow T.J., Poulter M., Owen F., Terwilliger J.D., Westaway D., Ott J., Prusiner S.B. Linkage of a prion protein missense variant to Gerstmann–Straussler syndrome. *Nature*. 1989;338:342–345.

Palmer M.S., Dryden A.J., Hughes J.T., Collinge J. Homozygous prion protein genotype predisposes to sporadic Creutzfeldt–Jakob disease. *Nature*. 1991;352:340–342.

Mead S., Uphill J., Beck J., Poulter M., Campbell T., Lowe J., Adamson G., Hummerich H., Klopp N., Ruckert I.M. Genome–wide association study in multiple human prion diseases suggests genetic risk factors additional to PRNP. *Hum Mol Genet*. 2011;21:1897–1906.

Gao C., Shi Q., Tian C., Chen C., Han J., Zhou W., Zhang B.Y., Jiang H.Y., Zhang J., Dong X.P. The epidemiological, clinical, and laboratory features of sporadic Creutzfeldt–Jakob disease patients in China: surveillance data from 2006 to 2010. *PLoS ONE*. 2011; 6:e24231.

Collinge J., Clarke A. A general model of prion strains and their pathogenicity. *Science*. 2007;318:930–936.

Brundin P., Melki R., Kopito R. Prion–like transmission of protein aggregates in neurodegenerative diseases. *Nat Rev Mol Cell Biol*. 2010;11:301–307.

【艾滋病】

Grossmann S., Nowak P., Neogi U.. Subtype–independent near full–length HIV–1 genome sequencing and assembly to be used in large molecular epidemiological studies and clinical management. *J Int AIDS Soc*. 2015; 18: 20035.

Gall A., Ferns B., Morris C., et al. Universal amplification, next–generation sequencing, and assembly of HIV–1 genomes. *J Clin Microbiol* .2012; 50(12): 3838–44.

Berg M.G., Yamaguchi J., Alessandri–Gradt E, et al. A Pan–HIV Strategy for Complete Genome Sequencing. *J Clin Microbiol*. 2016; 54(4): 868–82.

Liu S.L., Rodrigo A.G., Shankarappa R, et al. HIV quasispecies and resampling. *Science*. 1996; 273(5274): 415–6.

Barrangou R., Fremaux C., Deveau H., Richards M., Boyaval P., Moineau S., Romero D.A., Horvath P.. CRISPR provides acquired resistance against viruses in prokaryotes. *Science*. 2007;315:1709–12.

【非典】

Boursnell M.E.G., Brown T.D.K., Foulds I.J., Green P.F., Tomley F.M., Binns M.M. Completion of the sequence of the genome of the coronavirus avian infectious bronchitis virus. J Gen Virol. 1987;68:57–77.

Ar Gouilh M., Puechmaille S.J., Diancourt L., Vandenbogaert M., Serra–Cobo J., Lopez Roig M., Brown P., Moutou F., Caro V., Vabret A., Manuguerra J.C. SARS–CoV related Betacoronavirus and diverse Alphacoronavirus members found in western old–world. *Virology*. 2018;517:88–97.

Belouzard S., Chu V.C., Whittaker G.R. Activation of the SARS coronavirus spike protein via sequential proteolytic cleavage at two distinct sites. *Proc Nat Acad Sci U S A*. 2009;106:5871–5876.

Channappanavar R., Fehr A.R., Vijay R., Mack M., Zhao J., Meyerholz D.K., Perlman S. Dysregulated type I interferon and inflammatory monocyte–macrophage responses cause lethal pneumonia in SARS–CoV–infected mice. *Cell Host Microbe*. 2016;19:181–193.

de Wit E., van Doremalen N., Falzarano D., Munster V.J. SARS and MERS: recent insights into emerging coronaviruses. *Nat Rev Microbiol*. 2016;14:523–534.

Guan Y., Zheng B.J., He Y.Q., Liu X.L., Zhuang Z.X., Cheung C.L., Luo S.W., Li P.H., Zhang L.J., Guan Y.J., Butt K.M., Wong K.L., Chan K.W., Lim W., Shortridge K.F., Yuen K.Y., Peiris J.S.M., Poon L.L.M. Isolation and characterization of viruses related to the SARS coronavirus from animals in Southern China. *Science*. 2003;302:276–278.

Guan W.J., Ni Z.Y., Hu Y., Liang W.H., Ou C.Q., He J.X., Liu L., Shan H., Lei C.L., Hui D.S.C., Du B., Li L.J., Zeng G., Yuen K.Y., Chen R.C., Tang C.L., Wang T., Chen P.Y., Xiang J., Li S.Y., Wang J.L., Liang Z.J., Peng Y.X., Wei L., Liu Y., Hu Y.H., Peng P., Wang J.M., Liu J.Y., Chen Z., Li G., Zheng Z.J., Qiu S.Q., Luo J., Ye C.J., Zhu S.Y., Zhong N.S., China Medical Treatment Expert Group for, C Clinical characteristics of coronavirus discasc 2019 in China. *N Engl J Med*. 2020;382(18):1708–1720. doi: 10.1056/NEJMoa2002032.

Tsui SK, Chim SS, Lo YM, Chinese, University of Hong Kong Molecular SARS Research Group Coronavirus genomic–sequence variations and the epidemiology of the severe acute respiratory syndrome. *N Engl J Med*. 2003;349:187–188.

【埃博拉】

Baize S., et al. Emergence of Zaire Ebola virus disease in Guinea. *N Engl J Med*. 2014;371:1418–1425.

Gire S.K., et al. Genomic surveillance elucidates Ebola virus origin and transmission during the 2014 outbreak. *Science*. 2014;345:1369–1372.

Park D.J., et al. Ebola virus epidemiology, transmission, and evolution during seven months in Sierra Leone. *Cell*. 2015;161:1516–1526.

Hoenen T., et al. Virology. Mutation rate and genotype variation of Ebola virus from Mali case sequences. *Science*. 2015;348:117–119.

Simon–Loriere E., et al. Distinct lineages of Ebola virus in Guinea during the 2014 West African epidemic. *Nature*. 2015;524:102–104.

Carroll M.W., et al. Temporal and spatial analysis of the 2014–2015 Ebola virus outbreak in West Africa. *Nature*. 2015;524:97–101.

Tong Y.G., et al. Genetic diversity and evolutionary dynamics of Ebola virus in Sierra Leone. *Nature*. 2015;524:93–96.

Quick J., et al. Real–time, portable genome sequencing for Ebola surveillance. *Nature*. 2016;530:228–232.

Leroy E.M., et al. Fruit bats as reservoirs of Ebola virus. *Nature*. 2005;438:575–576.

Leroy E.M., et al. Multiple Ebola virus transmission events and rapid decline of central African wildlife. *Science*. 2004;303:387–390.

Maganga G.D., et al. Ebola virus disease in the Democratic Republic of Congo. *N Engl J Med*. 2014;371:2083–2091.

【新冠】

Zhu N., et al. A Novel Coronavirus from patients with pneumonia in China, 2019. *N Engl J Med*. 2020;382:727–733. doi: 10.1056/NEJMoa2001017.

Wu Z., McGoogan JM. Characteristics of and important lessons from the coronavirus disease 2019 (COVID–19) outbreak in china: summary of a report of 72314 cases from the Chinese Center for Disease Control and Prevention. *JAMA*. 2020;323:1239–1242. doi: 10.1001/jama.2020.2648.

Wu F., et al. A new coronavirus associated with human respiratory disease in China. *Nature*. 2020;579:265–269. doi: 10.1038/s41586–020–2008–3.

Zhou P., et al. A pneumonia outbreak associated with a new coronavirus of probable bat origin. *Nature*. 2020;579:270–273. doi: 10.1038/s41586–020–2012–7.

Chen N., et al. Epidemiological and clinical characteristics of 99 cases of 2019 novel coronavirus pneumonia in Wuhan, China: a descriptive study. *Lancet*. 2020;395:507–513. doi: 10.1016/S0140–6736(20)30211–7.

Lu R., et al. Genomic characterisation and epidemiology of 2019 novel coronavirus:

implications for virus origins and receptor binding. *Lancet*. 2020;395:565–574. doi: 10.1016/S0140–6736(20)30251–8.

Zhang Y.Z., Holmes E.C.. A genomic perspective on the origin and emergence of SARS–CoV–2. *Cell*. 2020;181:223–227. doi: 10.1016/j.cell.2020.03.035.

Lam T.T., et al. Identifying SARS–CoV–2 related coronaviruses in Malayan pangolins. *Nature*. 2020;583:282–285. doi: 10.1038/s41586–020–2169–0.

Sit T.H.C., et al. Infection of dogs with SARS–CoV–2. *Nature*. 2020 doi: 10.1038/s41586–020–2334–5.

Hoffmann M., et al. SARS–CoV–2 cell entry depends on ACE2 and TMPRSS2 and is blocked by a clinically proven protease inhibitor. *Cell*. 2020;181:271–280. doi: 10.1016/j.cell.2020.02.052.

Chandrashekar A., et al. SARS–CoV–2 infection protects against rechallenge in rhesus macaques. *Science*. 2020;369:812–817. doi: 10.1126/science.abc4776.

Shang J., et al. Structural basis of receptor recognition by SARS–CoV–2. *Nature*. 2020;581:221–224. doi: 10.1038/s41586–020–2179–y.

Walls A.C., et al. Structure, function, and antigenicity of the SARS–CoV–2 spike glycoprotein. *Cell*. 2020;181:281–292. doi: 10.1016/j.cell.2020.02.058.pp

Bao L., et al. The pathogenicity of SARS–CoV–2 in hACE2 transgenic mice. *Nature*. 2020;583:830–833. doi: 10.1038/s41586–020–2312–y.

Guan W.J., et al. Clinical characteristics of coronavirus disease 2019 in China. *N Engl J Med*. 2020;382:1708–1720. doi: 10.1056/NEJMoa2002032.

Lu X., et al. SARS–CoV–2 infection in children. *N Engl J Med*. 2020;382:1663–1665. doi: 10.1056/NEJMc2005073.

Zou L., et al. SARS–CoV–2 viral load in upper respiratory specimens of infected patients. *N Engl J Med*. 2020;382:1177–1179. doi: 10.1056/NEJMc2001737.

Meselson M.. Droplets and aerosols in the transmission of SARS–CoV–2. *N Engl J Med*. 2020;382:2063. doi: 10.1056/NEJMc2009324.

Wang W., et al. Detection of SARS–CoV–2 in different types of clinical specimens. *JAMA*.

2020;323:1843–1844.

Wu Y., et al. A noncompeting pair of human neutralizing antibodies block COVID–19 virus binding to its receptor ACE2. *Science*. 2020;368:1274–1278. doi: 10.1126/science.abc2241.

Shi R., et al. A human neutralizing antibody targets the receptor–binding site of SARS–CoV–2. *Nature*. 2020;584:120–124. doi: 10.1038/s41586–020–2381–y.

Gao Q., et al. Development of an inactivated vaccine candidate for SARS–CoV–2. *Science*. 2020;369:77–81. doi: 10.1126/science.abc1932.

Jackson L.A., et al. An mRNA vaccine against SARS–CoV–2 – preliminary report. *N Engl J Med*. 2020 doi: 10.1056/NEJMoa2022483.

Xia S., et al. Effect of an inactivated vaccine against SARS–CoV–2 on safety and immunogenicity outcomes: interim analysis of 2 randomized clinical trials. *JAMA*. 2020;324:1–10. doi: 10.1001/jama.2020.15543.

后记 & 致谢

见天地、见众生、见自己

在一个人的命运中，最大的幸运莫过于在年富力强时发现了自己人生的使命。

——斯蒂芬·茨威格

2022 年，已经步入了不惑的第三个年头。

幼年时，必先感谢我的父母，因为我是独子，所以你们常常带着我上山下海，抓螃蟹、捕蝴蝶，让我在生机盎然而美丽的大自然中开心成长。

高考前，感谢用“二十一世纪是生命科学的世纪”“误导”了我的前辈们，是你们让我毫不犹豫选择了生物工程专业，才使我有机会来迎接“生命世纪”的加速到来。

毕业后，感谢汪建、杨焕明等一众华大创始人在 1999 年创立华大，让 2002 年毕业的学子能有机会接触到世界级的平台。而我也注定和微生物有缘，刚毕业就开始申报乙型肝炎病毒的试剂，10 个月后即抗击非典。面对未知病原，我没㞞，华大人都没㞞。

若没有抗击非典的挺身而出，就没有新冠抗疫的当仁不让。须知没有人能发国难财，所有组织也必将与国运同行。

在此书封笔之际（2022 年 2 月上旬），新冠奥密克戎株仍在多国肆虐，而中国多地还在正面迎战动态清零。疫情终将过去，但回顾这两年，我深深地理解到，我们不是生活在一个和平的年代，只是恰好生活在了和平的国家。

不要浪费了一次伟大的危机。

——丘吉尔

这本书本应该更早面世，只是我真的很难停笔。

每当我觉得新冠疫情即将结束的时候，就又来了续集：检测快到位了，阿尔法开始变异；疫苗快普及了，德尔塔天翻地覆；口服药上市了，奥密克戎再起波澜……这是人类第一次如此动态、精准、详细地看着我们和一个全新病毒的互作，而疫情也如照妖镜一般，把人类的自大和愚蠢映射得无地自容。多少次在夜深人静的时候，看着无下限的甩锅、无智商的阴谋论……我无比感慨，恰恰因为人类的分裂而不是病毒的狡猾，导致疫情迟迟结束不了。而我更担心的是，相比于人类和病毒共存更麻烦的是，持不同见解的人类究竟能不能共存下去？为什么新的变异毒株总是层出不穷？那是因为人类整体的防疫成功从不取决于长板，比如中国，而一定取决于做得最不好的国家和地区。不客气地讲：如果人类不共享公共卫生产品，那么病毒必将共享世界。

但同样，我看到了科学家、医生、行业从业者都还在努力奋战与病毒赛跑，无论哪一个国家和地区都有无比温情的故事，人类在灾难面前从未绝望并会更加团结，而生物技术应用和生命科学普及也变得史无前例地重要。新的疫情一定还会来到，希望人类面对未知挑战会更加从容。

没有从天而降的英雄，只有挺身而出的凡人。

在这次全球抗疫中，尹哥最自豪的就是华大有超过 3500 名小伙伴投入了全球抗疫一线。无论是大年初一的逆行武汉，还是在全球 30 多个国家建立起了超过 90 个“火眼”实验室，他们以实际行动履行了“招之即来，来之能战，战则必胜”的诺言。这其中，有在武汉现场火线举行婚礼的新人，有在风雪途中翻车却仍然坚持带伤调试设备的，有在海外超过 600 天连续奋战至今未归的，甚至还有冒着战争的风险依然坚持确保归国航班通畅的……篇幅有限，我仅在这里将其中一部分“凡人”的名字列于下，或许若干年后给晚辈讲起，亦会重温这一热血时刻，而后之览者，亦将有感于斯文。

蔡贤杵、曹苏杰、陈均响、陈禄安、陈松恒、陈唯军、陈戊荣、陈雅莉、程征宇、董杰、杜玉涛、方晓、符美丽、傅玮、高良俊、高强、何毅敏、侯勇、胡国海、黄金、霍世杰、霍守江、纪婵媛、姜丹、姜华艳、蒋慧、晋向前、赖传武、李光耀、李景、李君良、李俊桦、李宁、李文宇、李雯琪、李云、梁洁、廖璐萍、林佳、林思远、林阳、刘健、刘龙奇、刘心、刘洋、刘烨、刘宇、卢浩荣、鲁明江、陆瑶、罗忠鹏、马红霞、马清滢、马喆、牟峰、倪培相、聂喜芳、欧荣、彭震宇、钱璞毅、尚飞宇、邵旭凌、石欣莹、史文琳、宋海峰、苏航、孙林、汤健胜、唐美芳、田志坚、田中明、汪建、汪水峰、王博、王晶、王奎、王俏、王旭、王智锋、吴昊、吴红龙、吴仁花、吴焱、夏志、项飞、肖兰、谢青、熊韬、熊小华、熊玉芬、徐讯、徐颖、许四虎、许振朋、杨碧澄、杨娟、杨兰、杨田田、杨昀、余德健、袁健、曾昊、曾文君、张二春、张红云、张伟、张夏、张永卫、张治英、章文蔚、赵建涛、赵立见、周锐、朱师达、朱帅、朱岩梅、诸葛晨晖、訾金等（以姓氏拼音为序，排名不分先后）。

最后，依然感谢为本书贡献内容、插图、照片以及参与审校的小伙伴：Flora Feng、陈城超、程征宇、陈戊荣、方晓东、符美丽、霍世杰、李杏、李雯琪、刘冰、刘瑞清、刘渊、马清滢、覃福林、宋敬东、宋修华、苏航、夏志、杨爱国、王志卫、吴彪、吴红龙、赵飞、郑涛等（以姓氏拼音为序，排名不分先后）。

还要感谢我的家人，成书期间恰逢抗疫，前 400 天几乎无休，更谈不上有精力照顾家中，但你们却从不吝惜对我的鼓励和支持，无论几点回家，都永远有一盏灯为我亮着。

最后，特别感谢我从事科普工作以来的所有支持者，是你们的包容和期望，使我保持了长久创作的精力和动力，终于让我得以完成这本心心念念的《生命密码 3》，以飨读者。